U0306152

呼伦贝尔市农业科学研究所科研工作20年

(1998—2018)

◎ 闫任沛　主编

中国农业科学技术出版社

图书在版编目（CIP）数据

呼伦贝尔市农业科学研究所科研工作 20 年：1998-
2018/ 闫任沛主编 . —北京：中国农业科学技术出版社，
2019.10

　ISBN 978-7-5116-4435-0

　Ⅰ.①呼… Ⅱ.①闫… Ⅲ.①农业科学—科学研究工作—
研究进展—呼伦贝尔— 1998-2018 Ⅳ.① S

中国版本图书馆 CIP 数据核字（2019）第 213929 号

责任编辑　李　雪　徐定娜
责任校对　贾海霞

出 版 者　中国农业科学技术出版社
　　　　　北京市中关村南大街 12 号　邮编：100081
电　　话　（010）82109707（编辑室）（010）82109702（发行部）
　　　　　（010）82109709（读者服务部）
传　　真　（010）82109707
网　　址　http://www.castp.cn
发　　行　各地新华书店
印 刷 者　北京建宏印刷有限公司
开　　本　787 mm×1 092 mm　1 /16
印　　张　16.5
字　　数　361 千字
版　　次　2019 年 10 月第 1 版　2019 年 10 月第 1 次印刷
定　　价　98.00 元

内容简介

　　本书将内蒙古自治区呼伦贝尔市农业科学研究所（1998—2018 年）科研工作 20 年的资料进行整理归纳，编写成《呼伦贝尔市农业科学研究所科研工作 20 年（1998—2018）》一书。本书收集的资料详实，按照系统进行编写，是一本科研历史的总结，也是一本科研成果的汇总，对呼伦贝尔市农业科学研究所的未来发展以及呼伦贝尔农业产业进步，起到借鉴参考作用。

　　本书共分 16 章，内容包括大豆、马铃薯、玉米、水稻、小麦、果树、蔬菜、植物保护、生物技术等科研推广成果，包括研究所人才建设、设施建设、基地建设和平台建设，也包括了研究所方方面面的管理科学及扶贫攻坚与社会服务工作，是一本具有较高实用和收藏价值的 20 年的所志及科技成果汇编，可供从事农业科技的管理人员、研究人员、专业技术人员及高校专业师生阅读参考。

呼伦贝尔市农业科学研究所科研工作 20 年（1998—2008）

编 委 会

主　　任：闫任沛

副 主 任：李东明　　于　平　　孙宾成

委　　员（按姓氏笔画排序）：

于奇升　　于晓刚　　乔雪静　　任　珂　　刘秩汝

孙如建　　李惠智　　邹　菲　　张晓莉　　邵玉彬

胡兴国　　姜　伟　　柴　燊　　郭荣起

编写人员

主　　编：闫任沛

执行主编：陈申宽

副 主 编：李东明　　于　平　　孙宾成

分章主编（按姓氏笔画排序）：

朱雪峰　　孙　艳　　孙东显　　李殿军　　张　琪

庞全国　　姜　波　　塔　娜

文字核校：李　岚

前　言

呼伦贝尔市位于祖国东北地区，地处东经 115°31′～126°04′、北纬 47°05′～53°21′。总面积 25.3 万 km²，东部与黑龙江省为邻，北和西北与俄罗斯接壤，西和西南部同蒙古国交界，边境线总长 1 723.82km。全市辖 13 个旗市区，132 个乡镇苏木，36 个街道办事处，呼伦贝尔市总人口为 269.7 万人。男性人口 1 378 224 人，女性人口 131.9 万人，各占总人口的 51.10% 和 48.90%。在人口构成中，农业人口 1 008 527 人，非农业人口 168.8 万人，各占总人口的 37.40% 和 62.60%，其比为 1:1.67。城填人口 149.3 万人，乡村人口 122.1 万人。

2016 年农作物总播面积 185.59 万 hm²，位居全区第一。粮食产量为 60.35 亿 kg，位居全区第二。其中玉米种植面积和产量位居全区第三，大豆、小麦种植面积和产量均位于全区第一，且呼伦贝尔市是全区高蛋白大豆的主产区。近年油菜种植面积在 15.33 万 hm² 左右，总产量 20 万 t 左右，面积和产量均居全区第一。2016 年，全市年销售收入 500 万元以上粮食加工企业 46 户（其中大豆加工企业 8 户）、油料加工企业 4 户，实现销售收入为 224.7 亿元。主要有呼伦贝尔东北阜丰生物科技有限公司、呼伦贝尔合适佳食品有限公司等粮油加工企业。

呼伦贝尔是内蒙古大豆主产区，是国家指定大豆种子繁育基地。多年来大豆面积约占自治区大豆面积的 70%，产量约占 80%。几十年来，呼伦贝尔地区各级领导、农业技术推广人员、农业科研技术人员和农业教育专业教师等在大豆的生产技术研究、品种培育、有害生物防治、科学施肥等方面不断的探索，取得了丰厚的成果。仅获得市级以上的大豆成果奖励就有 70 余项。全市现有规模大豆加工企业 10 家，年设计加工能力 50 万 t。以莫旗豆都集团、扎兰屯淳江油脂、阿荣旗兴益油脂等加工企业为龙头，产品以油脂为主，蛋白加工为 3 000t。为充分发挥大豆生产的优势和潜力，呼伦贝尔市将在农田开发时间短、农药化肥少、环境条件好的地区重点发展高油的绿色食品大豆，以适应市场需求，提高大豆质量等级，提高市场竞争力和经济效益。

呼伦贝尔市气候冷凉湿润，昼夜温差大，是内蒙古自治区唯一被确定为国家级的种薯繁育基地。近年马铃薯种植面积在 8 万 hm² 左右，鲜薯总产量 240 万 t 左右，面积和产量均居全区第二。2016年，全市规模以上马铃薯加工企业5户，实现销售收入3.7亿元。马铃薯生产加工企业主要有海拉尔麦福劳有限责任公司、呼伦贝尔鹤声薯业发展有限公司、呼伦贝尔恒屹农牧业有限公司、内蒙古兴佳薯业有限公司等。近年蔬菜种植面积在1.33万hm²左右，设施蔬菜种植面积0.187万hm²左右，蔬菜总产量60万t左右，面积和产量居全区第七位。

目前，全市特色种植面积达到23.98万hm²，特色养殖达到541.4万羽（头、只）。全市特色产业年产值达到41.9亿元，11.5万农牧户从事特色产业生产。2016年，全市销售收入500万元以上的特色产业加工企业20户，预计完成销售收入36亿元。根据统计，产值位于前三位的特色产业是沙果、食用菌和榛子，分别为7.4亿元、4.7亿元、4亿元；从发展前景看，蓝莓、中草药产业具有较大优势。休闲农业与观光旅游，符合呼伦贝尔市发展定位，必将成为新的经济增长点。重点龙头企业有呼伦贝尔环球瞭望生物科技公司、阿荣旗蒙天源科技有限公司、呼伦贝尔长征饮品有限公司等。

2018年是呼伦贝尔市农业科学研究所（以下简称农研所）建所60周年。多年来，数代农研人艰苦奋斗、勇于奉献、不断开拓，在大豆、马铃薯、植保、玉米、园艺、稻麦、土肥、生物技术、科技开发等领域硕果累累。尤其是近20年来，借助科技兴国战略的不断推进，农研所干部职工团结协作，努力争先，先后建成多个科研平台和创新团队，开展了多项国内外合作项目。农研所密切结合生产实际，在高油、高蛋白大豆，高淀粉马铃薯研究方面，达到了国内先进水平，在植保研究和玉米早熟品种选育领域达到了自治区领先水平，其他学科在呼伦贝尔也都属于前列，成果创新和转化强力助推呼伦贝尔市种植业和农业产业化健康稳定发展，谱写了与时俱进的新时代辉煌乐章。

1997年农研所曾编辑出版过"呼伦贝尔盟农业科学研究所志"。本书在"所志"基础上重点把1998—2018年的资料进行整理归纳，编写成《呼伦贝尔市农业科学研究所科研工作20年（1998—2018）》一书。此书尽力争取所有事件都实事求是，对历史负责；同时也力求温故知新，对呼伦贝尔市农业科学研究所的未来发展以及呼伦贝尔农业产业进步，起到一定的借鉴参考作用。

在本书编撰过程中，我们得到了内蒙古自治区和呼伦贝尔市两级组织部、内蒙古农牧科学研究院、呼伦贝尔市农牧业局、呼伦贝尔市科学技术局、扎兰屯职业学院等单位领导的关心支持，得到了所内外多位行业专家老师的帮助指导和鼓励，得到了内蒙古大豆育种人才创新团队和植保科技创新团队的经费资助，对此我们表示衷心的感谢！在近20年的农业科研工作中，农研所老领导、老专家、全体同仁以及经常合作的所外专家学者，为农研所的发展壮大呕心沥血、出谋划策、埋头苦干、关心支持，做出了突出贡献，在此对他们的付出和业绩表示崇高敬意！

本书由闫任沛担任编委会主任、主编，陈申宽担任执行主编，李东明、于平、孙宾成担任副主任、副主编。前言和第一章由闫任沛负责编写；第二章由孙宾成负责编写；第三章由姜波、任珂、于晓刚、刘秩汝编写；第四章由李殿军、闫任沛编写；第五章由朱雪峰负责编写；第六章由塔娜编写；第七章由孙艳、海林编写；第八章由李东明编写；第九章由孙东显负责编写；第十章由于平负责编写；第十一章由李东明、李殿军负责编写；第十二章由庞全国编写；第十三章、第十四章分别由相关科室或项目负责人编写；第十五章由符合条件的相关个人和团队负责人编写；第十六章由闫任沛负责编写。本次收录人物，针对的是上次所志没有收录的专家和领导，包括农研所在职或近 20 年内退休、调出、对农研所各项事业做出较大贡献的高级职称、高学历人员；主要环节干部；重要团队成员（包含部分所外成员）。稿件收集后由主编、副主编分别核对、整理、修改，在广泛征求意见基础上，多次完善改动。最后请扎兰屯职业学院学报编辑部再次统稿，进行整理、润色、核校。

由于时间仓促，经验不足，水平有限，资料缺乏，本书可能存在一些不足和错漏之处。真诚希望各位读者不吝赐教，以利于我们今后更好地开展各项工作。

闫任沛

2019 年 4 月 25 日

目　录

第一章
概　述

第一节　呼伦贝尔市概况

一、地理环境

（一）位置境域

呼伦贝尔市地处东经 115° 31′ ～ 126° 04′、北纬 47° 05′ ～ 53° 20′。东西 630km、南北 700km，总面积 25.2 777 万 km²，占内蒙古自治区（简称内蒙古）面积的 21.4%，相当于 山东、江苏两省面积的总和。南部与兴安盟相连，东部以嫩江为界与黑龙江省为邻，北 部和西北部以额尔古纳河为界与俄罗斯接壤，西部和西南部同蒙古国交界。边境线总长 1 733.32km，其中中俄边界 1 051.08 km，中蒙边界 682.24 km。

（二）地形特点

呼伦贝尔市西部位于内蒙古高原东北部，海拔 550 ～ 1 000m，为呼伦贝尔大草原； 大兴安岭以东北——西南走向纵贯呼伦贝尔市中部，海拔 700 ～ 1 700m，构成呼伦贝 尔林区；东部为大兴安岭东麓，东北平原—松嫩平原边缘，海拔 200 ～ 500m，有种植 业为主的农业经济区分布。地形总体特点为西高东低，地势分布呈由西到东地势缓慢 过渡。

（三）气候特点

呼伦贝尔地处温带北部，大陆性气候显著。以根河与额尔古纳河交汇处为北起点，向 南大约沿 120° E 经线划界：以西为中温带大陆性草原气候；以东的大兴安岭山区为中温 带季风性混交林气候，低山丘陵和平原地区为中温带季风性森林草原气候，"乌玛—奇 乾—根河—图里河—新帐房—加格达奇—125°E 蒙黑界"以北属于寒温带季风性针叶林 气候。全市气候特点是冬季寒冷漫长，夏季温凉短促，春季干燥风大，秋季气温骤降霜 冻早；热量不足，昼夜温差大，有效积温利用率高，无霜期短，日照丰富，降水量差异大，降水期多集中在 7—8 月。全年气温冬冷夏暖，温度较差大。全市大部分地区年平均气温在 0℃以下，只有大兴安岭以东和岭西少部分地区在 0℃以上，岭东农区年平均气温在 1.3 ～ 2.4℃，大兴安岭地区为 -2.0 ～ 5.3℃，牧区为 0.4 ～ 3.0℃。最冷月（1 月）平均气温在 -18 ～ -30℃，最热月（7 月）平均气温在 16 ～ 21℃。降水量变率大，分布不均匀，年际变化也大。冬春两季各地降水一般为 40 ～ 80mm，占年降水量 15% 左右。夏季降水量大而集中，大部地区为 200 ～ 300mm，占年降水量 65% ～ 70%，秋季降水量相应减少，总的分部趋势是：农区 60 ～ 80mm，林区 50 ～ 80mm，牧区 30 ～ 50mm。

二、自然资源

（一）土地资源

截至 2007 年，呼伦贝尔市土地总面积 2 500 万 hm²，资源丰富，类型多样，全市土地有八大类，二级分类共 42 种类型，耕地土壤以黑土，暗棕壤，黑钙土和草甸土为主，土质肥沃，自然肥力高。2007 年，全市土地面积 25.3 万 km²，天然草场面积 840 万 hm²，占全市土地面积的 33.2%，退耕还草面积 6.67 万 hm²，退牧还草面积 32 万 hm²；地方有林地面积 453 万 hm²。

（二）草原资源

呼伦贝尔草原位于大兴安岭以西，是牧业四旗——新巴尔虎右旗、新巴尔虎左旗、陈巴尔虎旗、鄂温克旗和海拉尔区、满洲里市及额尔古纳市南部、牙克石市西部草原的总称。由东向西呈规律性分布，地跨森林草原、草甸草原和干旱草原三个地带。除呼伦贝尔草原东部（约占草原总面积的 10.5%）为森林草原过渡地带外，其余多为天然草场。多年生草本植物是组成呼伦贝尔草原植物群落的基本生态性特征，草原植物资源约 1 000 余种，隶属 100 个科 450 属。

呼伦贝尔草场主要有山地草甸、山地草甸草原、丘陵草甸草原、平原丘陵干旱草原、沙地植被草地、低地草甸草场六大类。

（三）森林资源

大兴安岭在蒙古高原与松辽平原之间，自东北向西南，逶迤纵贯千余里，构成了呼伦贝尔市林业资源的主体。截至 2007 年，呼伦贝尔市境内有林地面积 0.127 亿 hm²，占全市土地总面积的 50%，占自治区林地总面积的 83.7%；呼伦贝尔市森林覆盖率 49%，森林活立木总蓄积量 9.5 亿 m³，全市森林活立木蓄积量占自治区的 93.6%，占中国的 9.5%；呼伦贝尔市林区的主要树种有兴安落叶松、樟子松、白桦、黑桦、山杨、蒙古栎等。

（四）矿产资源

截至 2007 年，全市探查到的各类矿产达 40 余种，矿点 370 多处。其中 57 处矿点已探明，主要有煤炭、石油、铁、铜、铅、锌、钼、金、银、铼、铍、铟、镉、硫铁矿、芒硝、萤石、重晶石、溴、水泥灰岩等。煤炭探明储量是辽宁、吉林、黑龙江三省总和的1.8倍。

（五）水资源

截至 2007 年，呼伦贝尔市水资源总量为 286.6 亿 m^3：地表水资源量 272 亿 m^3，占中国地表水资源量的 1%，占全区地表水资源量的 73%；地下水资总量 14.6 亿 m^3。全市人均占有水资源量为 1.1 万 m^3，高于世界人均占有量，是全国人均占有量的 4.66 倍。水能资源理论蕴藏量 246 万 kW，水域面积 48.32 万 hm^2。

（六）生物资源

呼伦贝尔市野生植物资源相当丰富，共有野生植物 1 400 多种，有经济价值的野生植物达 500 种以上，主要有野生药用植物、野生经济植物、野生油料植物、野生纤维植物、野生淀粉植物、野生食用植物、野生果品植物等。

植被分布由森林向草原过渡。

呼伦贝尔市野生动物品种和数量繁多。据不完全统计，全市野生动物种类占中国种类总数的 12.3%，占自治区的 70% 以上，居第一位。全市 313 种鸟类中，受国家保护的鸟类有 60 多种，如丹顶鹤、白头鹤、白鹤、灰鹤、大天鹅、小天鹅等。

三、人口

2017 年，呼伦贝尔市户籍人口为 257.92 万人，其中男性人口 130.69 万人，女性人口 127.23 万人，各占总人口的 50.7% 和 49.3%。在人口构成中，城镇人口 166.61 万人，乡村人口 91.31 万人，各占总人口的 64.6% 和 35.4%。

四、民族

全市有 42 个民族，汉族、蒙古族、达斡尔族、鄂温克族、鄂伦春族、回族、满族、俄罗斯族、朝鲜族、壮族、藏族、锡伯族、苗族、土家族、彝族、维吾尔族、柯尔克孜族、高山族、布依族、畲族、傣族、侗族、羌族、黎族、哈萨克族、土族、白族、景颇族、佤族、纳西族、赫哲族、京族、瑶族、基诺族、仡佬族、东乡族、傈僳族、撒拉族、水族、哈尼族、门巴族、阿昌族。

第二节 呼伦贝尔市农业概况

一、农牧渔业自然资源基本情况

（一）自然资源优势得天独厚

呼伦贝尔辖区内有全国保护最好的 8 万 km^2 草原、12 万 km^2 森林、3 万 km^2 湿地，有占内蒙古自治区（以下简称内蒙古或自治区，全书同）73% 的地表水资源量，草原、森林和湿地面积占全市总面积的 93%。空气质量优良率达 99.3%，全市 99% 以上地区水质、土壤、空气等环境指标符合开发绿色、有机食品的标准，是全国发展绿色有机食品产业环境条件最好的地区之一。

（二）耕地总量大，有机质含量高

全市耕地面积居全区第一位，常年种植面积在 2 700 万亩（1 亩约等于 667m^2，1 公顷 =15 亩。全书同）左右，土壤肥沃，以坡耕地为主，土壤类型以黑土、黑钙土、栗钙土、暗棕壤为主，土壤有机质平均含量为 5% ～ 10%，分别高于全国和全区的平均水平 2.08% 和 4% ～ 6%。全市耕地化肥平均施用量为 18.9kg/ 亩，分别低于全国和全区的平均水平 47.6kg/ 亩和 30.3kg/ 亩。全市节水灌溉面积达 2 589 万 hm^2，占总播种面积的 14.4%。水田面积 1.027 万 hm^2，实际水稻种植面积达到 2.43 万 hm^2。

（三）草原生态良好，草产业前景广阔

呼伦贝尔大草原总面积 0.0 993 亿 hm^2，可利用面积 0.092 亿 hm^2，是全市畜牧业发展的重要物质基础和牧民赖以生存的基本生产资料。牧业四旗（新左旗、新右旗、陈旗、鄂温克旗）是呼伦贝尔草原畜牧业生产的主要区域。近几年，通过落实草原生态补奖、开展草牧场确权及基本草原划定等一系列草原保护与建设措施，草原植被盖度、草群高度和平均产草量分达到 72%、39.9cm 和 114kg，各项指标均位列全区第一。

（四）水域资源丰富，发展潜力较大

境内有嫩江、额尔古纳河两大水系，大小河流 3 000 多条，湖泊 500 多个，水库 20 余座。境内的两大湖泊：呼伦湖面积约 22.67 万 hm^2，中蒙界湖贝尔湖面积 6 万 hm^2（位于我国境内水域 0.4 万 hm^2）。全市渔业总水面积达到 53.7 万 hm^2，占全区 60% 以上，其中已利用面积 29.53 万 hm^2，位列全区第一。

二、农牧业供给侧结构性改革采取的措施

（一）统筹调整种养结构

一是以稳粮、优经、扩饲为主线，重点调减籽粒玉米向粮改饲、粮草轮作和粮豆轮作方向发展，由"一粮独大"向粮经饲三元结构转变。2017年农作物总播面积185.93万 hm^2，与2016年基本持平，籽粒玉米种植调减14.39万 hm^2，大豆种植达到60.27万 hm^2，马铃薯7.04万 hm^2，小麦30.93万 hm^2，油菜14.35万 hm^2，种草24万 hm^2。粮经饲比例进一步优化，由84.7∶11.4∶3.9调整为83∶12.5∶4.5。面对严重旱情，农牧部门通过加大田间管理、补充水源井、开展毁补种、促早熟等措施，最大限度降低干旱对粮食产量影响，粮食产量60亿 kg。

二是以"稳羊增牛"为主线，重点加快优良品种培育，优化畜种结构，转变"一羊独大"局面。面对旱情，积极采取措施，保证牲畜存栏基础上，调优种畜结构，2017年牧业年度牲畜存栏预计达到2 200万头只，大畜同比增长12%，小畜同比下降8%。农区重点发展绿色规模养殖，带动全市推进肉牛肉羊产业发展。预计年底奶牛、肉牛、肉羊、生猪规模化养殖水平分别达到65%、38%、75%和70%。牧区重点推广三河牛，加大呼伦贝尔羊、呼伦贝尔短尾羊育种和扩繁力度，按照全程可追溯和绿色有机饲养标准，做精做细肉羊产业。目前三河牛扩繁场建成6个、呼伦贝尔短尾羊选育达到20万只，安格斯肉牛与当地群体遗传改良，杜泊羊、澳洲白绵羊经济杂交等成效明显。

（二）打好绿色生态牌

一是实施草原保护工程。组织实施了8.13万 hm^2 退牧还草工程，目前各项目旗市已完成招投标，相关工作正稳步推进。2017年落实新一轮草原补奖政策，禁牧112.47万 hm^2，草畜平衡578.07万 hm^2，6.3亿元补奖资金已全部拨付到位。配套出台了《呼伦贝尔市禁牧和草畜平衡监督管理实施办法》，并将草原补奖资金发放与禁牧和草畜平衡制度落实情况挂钩。面对因旱而起的鼠虫害，全市投入大量人力物力资金，对54.7万 hm^2 鼠害、14.99万 hm^2 虫害进行了有效生物防治，目前鼠虫害基本得到控制。

二是推进草牧业试验试点区建设。按照汪洋副总理对呼伦贝尔市生态草牧业发展的指示精神，组织编制了《生态草牧业试验试点区工作实施方案》和《呼伦贝尔百万人工种草计划》。各项工作已全面展开，共整合资金2.6亿元，完成多年生人工种草1.8万 hm^2，改良天然草地4万 hm^2，休牧和划区轮牧3.33万 hm^2，重点推广了本地优良品种呼伦贝尔杂化苜蓿。目前全市草产业育种、生产、加工、销售链已现雏形。

三是加大草原监督执法力度。出台了《开展打击毁林毁草专项行动实施方案》，印发了《关于加强呼伦贝尔市天然打草场保护利用的指导意见》《严厉打击非法采挖和收购运输草原野生植物专项整治工作方案》等政策文件，保持高压态势，严厉打击毁草和非法采

挖中草药行为。按照中央、自治区巡视组和自然资源资产审计反馈的 6 个问题，分别制定了整改方案，明确了整改时间和目标任务，依法规范草原征占用管理，切实加大对未办理草原手续，破坏草原资源行为的打击力度。同时建立草原智能化监管大数据市级平台，通过叠加遥感、无人机、物联网等空、天、地多层次手段，加大草原监督管理力度。

四是积极推动绿色循环发展。按照国家和自治区要求，全面开展控肥、控药、控水、控膜"四大行动"，大力推进节本增效、节能降耗生产模式，各旗市区已开展禁养区划定工作并全力推进畜禽粪污处理及资源化利用工作。深入实施藏粮于地、藏粮于技战略，提升耕地质量 0.67 万 hm^2 黑土地保护和 1.33 万 hm^2 健康土壤建设项目已全面展开。

（三）加快推进农牧业产业化经营

一是抓龙头。市政府出台了《关于促进农牧业产业化发展若干政策》，扶持壮大本土龙头企业和积极引进国内外知名大型龙头企业。目前正筹备成立农牧业发展基金和农牧业担保公司，通过金融放大方式，支持乳、肉、粮等主导产业龙头企业加快发展，重点打造"高精强"现代农畜产品生产加工业。2017 年全市销售收入 500 万元以上农畜产品加工企业增加 5 家，达到 166 家，实现销售收入 156.5 亿元，同比增长 3.5%，工业增加值达到 49.7 亿元，同比增长 3.5%，企业实现利润 6.6 亿元，同比增长 6.5%。

二是打品牌。积极组织编制推进品牌农牧业发展的具体实施意见，推动品牌宣传系统化、长期化，在国家级媒体继续做好呼伦贝尔物产品牌宣传，积极组织企业参加国内有影响力的农畜产品博览会并推动在北京、上海等地建设呼伦贝尔农畜产品精品馆。同时加大"呼伦贝尔"地域品牌的申报和使用，积极开展沙果、榛子、蘑菇、蓝莓、牧草等呼伦贝尔地理标志商标的申报工作，并扩大"呼伦贝尔牛肉、羊肉、黑木耳、马铃薯"四个集体商标的使用范围。

三是完善利益联结机制。出台了《关于深化农村牧区改革建立完善龙头企业与农牧民紧密型利益联结机制工作方案》，通过做大做强龙头企业、培育新型经营主体、引导建立新型融资机制等途径，以订单合同、服务协作、价格保护和流转聘用等方式，形成农企紧密型利益联结模式。农企利益联结比例达到 53%。龙头企业直接或间接带动 16 万农牧户受益，人均年增收入在 2 000 元以上。

（四）提升农畜产品质量安全监管水平

呼伦贝尔市始终树立"管行业即管安全"和"发现问题是业绩，消除隐患是政绩"的理念，落实好监管责任，以铁的手段强化农畜产品质量安全监管，此项工作已列入旗市区年度考核指标，市财政已将农畜产品监管工作经费纳入财政预算，各旗市区也正抓紧落实中。充分发挥市农畜产品检测中心作用，从田间地头、牧养场开始抓起，重点推进标准化和可追溯体系建设，组织制定了呼伦贝尔肉牛、肉羊、马铃薯、黑木耳、小麦、油菜、奶牛和蔬菜八大系列 19 个标准。20 万只肉羊实现了打电子耳标芯片，28 种农产品在自治区追溯信息平台实现登记。150 种农畜产品企业纳入到了市级农畜产品质量安全追溯信息平台。连续多年保持了重大农畜产品质量安全问题"零发生"。

（五）积极稳妥推进农村牧区三项改革

一是积极稳妥推进土地草牧场确权工作。2015 年阿荣旗、新右旗首先开展了全区农村土地确权登记颁证试点和草牧场确权试点工作并全力推进，2016 年 6 月底顺利通过自治区验收。阿荣旗土地确权实测面积 28.2 万 hm²，148 个村全部建立了土地承包管理系统操作平台。新右旗完成 51 个嘎查草原所有权证发放工作，发放率达到 100%。按照自治区要求，要完成扎兰屯、莫旗土地确权整旗推进试点工作，莫旗计划土地确权 41.87 万 hm²，扎兰屯计划土地确权 19.67 万 hm²。同时要全面完成 9 个旗市区的草牧场确权工作，各项工作正按照实施方案有序推进中。

二是稳步推进农村集体产权制度改革试点工作。阿荣旗 2015 年被批准为全国 29 个集体资产股份权能改革试点单位之一，也是自治区唯一一个试点旗县。包括农村集体产权股份合作制改革和农村集体资产股份权能改革两项改革。阿荣旗 118 个试点村已经完成了农村集体产权股份合作制改革，发放了股权证书 4.1 万本。农村集体资产股份权能改革试点工作，正在按照试点方案要求稳步有序推进中。

三是贯彻落实农村牧区土地草牧场"三权分置"改革。按照自治区印发的《关于完善农村牧区土地草原所有权承承包权经营权分置办法的实施意见》，在前期调研的基础上，拟制了贯彻落实意见。

（六）强化农牧业科技支撑能力

健全完善基层农技推广服务体系，抓好优良品种的选育推广、农牧业生产配套关键性技术推广，加快培育新型农牧业经营主体。2017 年仅上半年就完成新型职业农牧民培训 1 600 人。探索运用物联网、"互联网 +"等技术，实现对规模化养殖小区、重点黑土地、重点草牧场和家庭农牧场的监管、监测、预警及调度。推进农牧业机械智能化，探索将机械化秸秆还田、精准施肥、农机合作社管理、农机跨区作业及机械化耕种收等纳入到农机精准作业平台管理范围，2017 年上半年已完成机耕 73.33 hm²、机播 135.33 万 hm²，农牧业机械总动力达到 470 万千瓦。

三、农牧业各产业取得的成效

全市规模以上农畜产品加工企业 166 户，实现销售收入 436.3 亿元，同比增长 8.1%，位居全区第四。全市销售收入 50 亿元以上的企业 1 家，10 ～ 50 亿元的企业 2 家。全市"三品一标"总量达 283 个，其中，无公害农产品 107 个，绿色食品认证 103 个，有机食品认证 43 个，均位居全区第二；农畜产品地理标志 30 个，连续 8 年位居全区第一。

（一）畜牧业

肉牛、肉羊、奶牛、马等各畜种发展较全面，地方优良品种主要有三河牛、三河马、呼伦贝尔羊、呼伦贝尔细毛羊等。三河牛是中国培育的第一个乳肉兼用型牛新品种。从澳洲引进的安格斯肉牛养殖规模在国内处于领先。肉羊胚胎移植、肉羊杂交技术较成熟。马的冷冻精液制作工艺和人工授精技术处于国内领先水平。乳业方面：2016 年牧业年度全市奶牛存栏 60.6 万头，同比减少 14.5%。其中荷斯坦奶牛 32.5 万头，位居全区第二；三河牛 10 万头。2016 年鲜奶产量 118 万 t，同比下降 7.1%。全市年销售收入 500 万元以上乳品加工企业 16 家，乳业加工能力为日处理鲜奶 6 000t。2016 年实现销售收入 30.8 亿元。主要有呼伦贝尔雀巢、阿荣旗双娃、阿荣旗雪花和陈旗欧比佳等乳制品加工企业。乳品企业多数经营困难，有的处于停产半停产状态，有的只能勉强维持，只有少数企业通过转型升级，前景看好。肉产业方面。2016 年牧业年度，全市牲畜存栏达到 2 176.26 万头只，位居全区第三，同比增长 1.85%。其中牛存栏 201.68 万头，同比持平；羊存栏 1 747.42 万只，同比增长 1.9%；生猪存栏 195.86 万口，同比增长 2.3%。马匹存栏 24 万匹以上，占全区马总数的 28.5%。2016 年肉类总产量达 27 万 t，其中牛肉产量 10.1 万 t，羊肉产量 11.3 万 t，猪肉产量 4 万 t。2016 年，全市年销售收入规模以上肉类加工企业 51 个，实现销售收入 98.4 亿元。重点龙头企业有呼伦贝尔肉业集团、呼伦贝尔元盛食品公司、内蒙古伊赫塔拉牧业发展有限责任公司、呼伦贝尔绿祥清真肉食品有限责任公司等。此外，在禽类养殖方面，扎兰屯市宏祥畜禽养殖合作社规模较大，主要以孵化雏鸡为主，每年向周边等地销售雏鸡 400 万羽。

（二）粮油产业

2016 年农作物总播面积 185.59 万 hm²，位居全区第一。粮食产量为 60.35 亿 kg，位居全区第二。其中玉米种植面积和产量位居全区第三，大豆、小麦种植面积和产量均位于全区第一，且呼伦贝尔市是全区高蛋白大豆的主产区。近年油菜种植面积在 15.33 万 hm² 左右，总产量 20 万 t 左右，面积和产量均居全区第一。2016 年，全市年销售收入 500 万元以上粮食加工企业 46 户（其中大豆加工企业 8 户）、油料加工企业 4 户，实现销售收入为 224.7 亿元。主要有呼伦贝尔东北阜丰生物科技有限公司、呼伦贝尔合适佳食品有限公司等粮油加工企业。

（三）马铃薯蔬菜产业

呼伦贝尔市气候冷凉湿润，昼夜温差大，是内蒙古自治区唯一被确定为国家级的种薯繁育基地。近年马铃薯种植面积在 8 万 hm² 左右，鲜薯总产量 240 万 t 左右，面积和产量均居全区第二。2016 年，全市规模以上马铃薯加工企业 5 户，实现销售收入 3.7 亿元。马铃薯生产加工企业主要有海拉尔麦福劳有限责任公司、呼伦贝尔呼垦薯业发展有限公司、呼伦贝尔恒屹农牧业有限公司、内蒙古兴佳薯业有限公司等。近年蔬菜种植面积在

1.33 万 hm² 左右，设施蔬菜种植面积 0.187 万 hm² 左右，蔬菜总产量 60 万 t 左右，面积和产量居全区第七位。

（四）饲草饲料产业

特有的呼伦贝尔杂花苜蓿是高寒高纬度地区高产优质牧草品种。粗蛋白含量可达 19.2%，干草产量 500kg/亩以上，是天然草场干草产量的 5～7 倍。正常年份天然草原打贮草 280 万 t 左右。全市多年生饲草种植面积 5.83 万 hm²。现有苜蓿种植面积 2 万 hm²，收获呼伦贝尔杂花苜蓿种子 17.5 万 kg。华和农牧业有限公司已经成为全区最大的苜蓿种植企业。2016 年，全市规模以上饲草饲料加工企业 13 户，实现销售收入 19.4 亿元。现有莫旗成功秸秆饲料公司、呼伦贝尔市鸿发生物科技有限公司等本土加工企业，蒙草抗旱、草都科技等企业已经入驻呼伦贝尔市。

（五）特色产业

目前，全市特色种植面积达到 23.98 万 hm²，特色养殖达到 541.4 万羽（口只）。全市特色产业年产值达到 41.9 亿元，11.5 万农牧户从事特色产业生产。2016 年，全市销售收入 500 万元以上的特色产业加工企业 20 户，预计完成销售收入 36 亿元。根据统计，产值位于前三位的特色产业是沙果、食用菌和榛子，分别为 7.4 亿元、4.7 亿元、4 亿元；从发展前景看，蓝莓、中草药产业具有较大优势。休闲农业与观光旅游，符合发展定位，必将成为呼伦贝尔市新的经济增长点。重点龙头企业有呼伦贝尔环球瞭望生物科技公司、阿荣旗蒙天源科技有限公司、呼伦贝尔长征饮品有限公司等。

（六）渔 业

2016 年全市水产品总量达到 3.76 万 t，同比增长 2.7%，占全区水产品总量的 24%，位居全区第一。其中：捕捞产量 1.69 万 t；养殖产量 2.08 万 t。渔业经济总产值 6.1 亿元，同比增长 6%，占全区总产值的 20.7%，位居全区第一。渔业生产企业主要有呼伦贝尔呼伦湖渔业公司和呼伦湖罐头食品有限公司，2015 年实现销售收入 8 700 万元。

四、目前存在主要问题

一是国内农畜产品价格"天花板"效应已成为新常态，生产成本"地板"效应明显抬升，农牧民持续增收压力较大。二是农牧业产业化经营水平和农畜产品加工转化率低于自治区平均水平，龙头企业带动能力还有待提升。三是连续三年干旱对涉农涉牧改革进度，特别是对种植结构调整、畜种结构调整带来一定困难。我们将加大工作力度，确保按时保质保量完成。四是农牧业基础薄弱，抗灾能力不强，发展现代农牧业任重道远。

五、农牧业发展相关意见建议

（一）做好全市现代农牧业发展规划

建议尽快出台呼伦贝尔现代农牧业（2017—2020）发展规划。规划要坚持有所为、有所不为和错位发展、差异化发展的原则，避免各自为政、产业趋同化的发展模式，优化产业布局，推动特色优势产业向优势区域集中，龙头企业向优势产业集聚，努力打造好呼伦贝尔物产品牌。发展规划要有助于种养加协调平衡，配套衔接，良性循环；一二三产相互促进，相辅相成。

（二）加强科技支撑，壮大农牧业科技人员队伍

在集成创新方面，要加大农牧产业链尤其关键环节的创新力度，提高成果转化效率，让农业科技真正成为引领现代农业发展和支撑农牧业迈向更高台阶的阶梯。要下大力气培育优质、高产、多抗、早熟、广适应性、受市场欢迎的新品种，要围绕加工业、休闲农业选育更多有特色的专用品种；根据粮食和畜禽市场及生态环境的不断变化，不断推出安全、高效、环保、节本的综合防控措施，切实为作物和畜禽生长发育保驾护航；建立完善生产技术标准体系；加强农牧业生产保障体系的创新融合。充分落实科技人才政策，调动科技人员集成创新和成果转化的积极性。引进和培养更多的科技人才、新型农牧民，给农业科研推广机构更多的保护和支持。

（三）加大资金投入力度

一是积极争取国家、自治区政策和资金支持。积极争取国家一二三产业融合发展试点、国家现代农牧业示范区和自治区现代农牧业试点项目支持。二是设立农牧业发展基金，成立农牧业担保公司。建议市委、市政府通过财政注入资金，同时吸收涉农重点龙头企业参股，确定一家市级金融机构作为合作方，形成一定资金规模的农牧业发展基金，并成立或委托有资质的管理机构开展基金投资业务。成立农牧业担保公司或入股自治区财信公司，利用基金开展担保业务。旨在通过金融部门放大或 PPP 模式支持产业化企业发展，重点支持乳、肉、草等六大产业，打造"高精强"现代农牧业。三是继续加大农牧业产业化专项资金支持力度。呼伦贝尔市农畜产品资源富集，知名度、美誉度很高。但农畜产品加工企业相对比较落后，好产品要卖出好价钱必须要有品牌，必须有知名企业去推动。所以建议市委、市政府在原来每年 5 000 万元农牧业产业化专项资金的基础上，再增加 2 000 万元，支持市级以上农牧业产业化重点龙头企业发展。整合相关部门涉农涉牧资金，策划开展一系列"呼伦贝尔"品牌的宣传活动，真正提升"呼伦贝尔"品牌的影响力和知名度，全力推进农牧业产业化发展。

（四）推进农牧业产业化园区建设

为使优势资源充分聚集，产业融合发展，实现互补，建议市委、市政府统筹规划市级

绿色农畜产品加工园区。建议在岭东和岭西各建立一个农畜产品精深加工园区。在基础设施建设、物流服务、电子商务等方面做好配套。出台税费、金融、土地等方面的优惠政策，吸引国内外有影响力的品牌企业入驻，依托其品牌效应，实现农畜产品的提档升级。支持禾牧阳光牛肉加工等本地高端产品精深加工项目入驻园区，提高农畜产品附加值，实现本地中小企业提档升级，带动农牧民增收。

（五）落实好国家草牧业试验试点区建设

草牧业是呼伦贝尔市在全国最大的比较优势，应充分利用好。建设好国家级生态草牧业试验试点区，是利国、利市、利民的大事，具有重要的战略意义。建议市委、市政府积极向上争取国家草牧业发展试点试验区早日启动实施，建设一批标准化草原"品牌"原料加工基地，构建生态草牧联结机制，做大做强生态草产业和草食畜牧业，为绿色有机畜产品生产提供优质牧草原料，打造全国重要的有机畜产品生产基地。一是在 2017 年市本级财政预算中列支一定资金支持草牧业产业化发展。同时整合相关部门涉草涉牧资金，集中用于草牧业试验试点区建设，建立全产业链牧草产业运营体系。二是建议把海拉尔打造成"东北亚草原文化交流中心"，建议每 1～2 年在海拉尔举办一次东北亚（世界）生态草牧业高峰论坛，吸引国内外著名草牧业专家学者和领导齐聚呼伦贝尔，共商草原生态保护和利用大计。会议期间可配套开展草原文化交流、民族体育交流、草牧业产品展销等活动，提高呼伦贝尔生态草牧业产品知名度，把呼伦贝尔打造成东北亚乃至世界的草牧业科学研究和发展核心区域。

第三节　呼伦贝尔市农业科学研究所概况

一、历史沿革

呼伦贝尔盟农业科学研究所（简称农科所或农研所，全书同）建于 1958 年，距今已度过 60 个春秋。其前身 1950 年曾是呼伦贝尔纳文慕仁盟农事试验场，1951 年改名呼纳盟果树园艺场，1952 年改为内蒙古农林技术学校示范农场，1957 年又分为呼盟农业试验站和呼盟园艺实验站。1958 年农科所是在呼盟农业试验站基础上改建而成。1964 年考虑主要农区在乌兰浩特所在的南部地区，呼盟委、盟公署决定呼伦贝尔盟农业科学研究所大部分人员设备从扎兰屯搬迁至乌兰浩特，原址留守部分改为呼伦贝尔盟农业科学研究所分所。1969 年内蒙古东部区被拆分，呼伦贝尔盟划归黑龙江省管辖，乌兰浩特地区划归吉林省管辖，扎兰屯呼伦贝尔盟农业科学研究所分所更名黑龙江省呼伦贝尔盟农业科学研究所。1979 年，内蒙古东部地区恢复原建制，呼伦贝尔等地重新划归内蒙古自治区管辖，乌兰浩特也回归呼伦贝尔，呼伦贝尔盟农业科学研究所在乌兰浩特重建，原扎兰屯呼伦贝尔盟农业科学研究所改为呼伦贝尔盟园艺研究所，只留园艺和马铃薯两个科室，其余人员、设备全部调往乌兰浩特。1980年兴安盟成立，原呼伦贝尔盟农业科学研究所变成兴安盟农业科学研究所。部分人员回到扎兰屯，呼盟委决定撤销呼盟园艺研究所，在扎兰屯原址恢复呼伦贝尔盟农业科学研究所。2001年呼伦贝尔盟撤盟建市，呼伦贝尔盟农业科学研究所更名呼伦贝尔市农业科学研究所。

二、不同时期的主要工作内容

（一）1958—1964年，农研所初创时期

早期在组建队伍、购置设备仪器、修筑房舍、建防风林带和果园的同时，进行了农家品种整理、生产经验总结，并在谷子、马铃薯、植保等方面开展了一些试验。后期逐步引进玉米、小麦、谷子、马铃薯、果树、植保、土肥新技术进行试验示范。

（二）1966—1976年，动荡时期

除进行一些新品种引进和原始材料收集，一些小的病虫害生物防治试验，科研和建设工作基本停顿。

（三）1977—1998年，科研工作全面恢复和发展时期

此期马铃薯、果树、植保、玉米、大豆、小麦、谷子、土肥等科研项目全面推进，育种科室主要开展了作物品种资源引进收集整理、新品种选育、栽培技术试验和品种推广。马铃薯研究室还开展了实生种子生产与利用研究。植保研究室相继开展了玉米丝黑穗、白僵菌和赤眼蜂的土法生产与应用、草地螟、向日葵菌核病、果树腐烂病、大豆根潜蝇、大豆胞囊线虫病、大豆重迎茬减产原因和解决途径、大豆水稻田杂草、平菇栽培、牧草病害种类调查等多项试验研究。此期育成20多个梨、小苹果、大豆、马铃薯、玉米、小麦新品种，尤其是马铃薯、果树、大豆、小麦不仅育成多个新品种，还多次获得国家、区、盟科技成果奖励，植保也取得10多项国家、区、盟创新成果奖励。1984年开始，随着呼伦贝尔改革开放试验区的设立，农研所开始了多轮的科研体制和机构改革，其中在岗创收、下海经商也曾经成为农科所的主要任务之一。此期专门成立了成果转化创收机构—农研所科技开发公司。1996年在扎兰屯市中心还设立了给农作物看病抓药的农研所庄稼医院。此期建成了石头院墙、办公大楼、玻璃温室、网棚、家属楼、商店、仓库等新的基础设施，并数次进行了土壤改良。购置了一批办公设施、科研仪器、运输车辆及农机具。

（四）1999—2018年，农科所科研设施建设、项目承接快速发展时期

在此期相继建成内蒙古大豆引育种中心、国家大豆改良分中心、科技部国际科技合作基地、国家大豆原种繁育基地、国家农作物产业技术体系——大豆、马铃薯两个综合实验站，承接了国家农业部（2018年，国务院组织机构调整，农业部更名为农业农村部，

下同）科学实验站——呼伦贝尔标准站的试运行任务，已与植保、天敌、农业环境、品种资源、土肥等数据中心完成业务对接和专业培训，并逐步展开试验观察。相继承担了国家科技部科技支撑项目、农业科技成果转化资金项目、公益性行业科技专项、农业部科技支撑项目、产业技术体系项目、行业科技项目、国家高科技发展项目（863项目）和其他大豆、马铃薯、玉米育种栽培合作研究项目。国内科技合作、交流、成果转化日趋紧密，先后同中国农业科学院、内蒙古农牧业科学院、内蒙古农业大学、黑龙江省农业科学院、东北农业大学、呼伦贝尔农垦生态研究院、呼垦薯业、扎兰屯职业学院、内蒙古大学等大专院校开展合作。已逐步建成大豆、马铃薯、植保、玉米、园艺、生物技术、稻麦等7个创新团队，通过项目合作和科技特派员活动，育成品种和成果创新速度明显加快，科研和成果转化能力进一步提升。

这一时期大豆、马铃薯仍以育种为主，国家产业体系工作为辅，多次承担国家和自治区联合攻关项目，选育出一大批区审和国审品种，还卓有成效地开展了成果转化推广工作；玉米室多次承担市级计划项目，后期参加自治区团队，协助内蒙古农业大学开展了数项国家和自治区级栽培试验研究项目，育种室也培育出几个新品种。园艺室相继开展了无土栽培、榛子野生驯化和新品种培育、蔬菜花卉引种栽培等实验研究。稻麦室主要开展了品种引进试验，示范推广工作。植保室和生物室相继开展了豆科作物根瘤菌应用、大豆疫霉根腐病、向日葵有害生物综合防治、马铃薯茎尖脱毒与繁育基地建设、马铃薯有害生物及综合防治等多项试验研究，还协助内蒙古农业科学院、内蒙古种子管理站等单位开展了多年的食用豆有害生物调查与防治、新农药田间鉴定等项目。

本时期结合项目建成了一栋智能连栋温室、两座温室、一个新菜窖、2 000 m² 以上的仓库、7 000 m² 晒场、20多眼机井、一个小冷藏室，改造了原有的网棚、试验室、小水库、办公区院墙和一座温室。在中和试验区建成了大坝、鱼塘、围栏、晒场、机井和道路，西山果树资源圃也进行了通电、围墙建设和有效保护。陆续购置了近千万元农机具、实验仪器和设备。

2002年农研所原试验区（扎兰屯西郊），除办公区和西山资源区外大部分被扎兰屯市征占置换，新试验区位于扎兰屯市区西南方向47 km 外的中和镇。

三、不同时期取得的主要成果

（一）1958—1998年

1.1958—1977年

立项课题42个。基本完成了项目计划任务，多数进行了验收。没有育成品种和获奖成果。

2.1978—1984年

共立项55项，其中15项成果获得区盟科技进步奖。包括1978年"苹果腐烂病综合防治技术"获黑龙江省科学大会奖；1980 年"玉米丝黑穗发病条件及防治""马铃薯新品种呼薯 1 号""马铃薯新品种 361"分别获内蒙古科技成果四等奖；1981 年"马铃薯新品种——内薯 3 号""呼梨 72 辐 1 新品系"分获内蒙古自治区技术改进三等奖；"内豆 2 号品种培育""马铃薯新品种科新 1 号引进推广"分别获内蒙古自治区技术改进四等奖；"呼梨 72 辐 1 新品系"获自治区科技进步三等奖。

正式育成品种 6 个。它们是呼薯 1 号、内豆一号、内豆 2 号、内单 2 号、呼薯 3 号、马铃薯 361。

3. 1985—1997 年

立项 40 多个，获科技成果奖 63 个，其中国家级奖项 7 项，省部级奖项 15 个。获奖成果主要包括：1985 年参与完成的"玉米品种资源对大小斑病和丝黑穗病抗性鉴定"分获农业部科技进步一等奖和国家科技进步三等奖；协作项目"国家攻关春小麦选育"获国家科技进步一等奖。1987 年参与的"马铃薯脱毒技术和良种繁育体系研究"获中国科学院一等奖；协作项目"呼盟草地螟发生规律与预测预报和防治研究"获农业部科技进步三等奖。1988 年"内豆 3 号的选育"获得内蒙古科技进步二等奖；协作成果"旱地农业综合增产技术的开发研究"获内蒙古科技进步二等奖；"利用马铃薯实生种子生产种薯增产效应的研究"获内蒙古科技进步三等奖。1989 年"犁辐射育种提高抗寒性"获内蒙古自然科学三等奖。1990 年"极抗寒苹果新品种海黄果""犁抗寒育种新品种——呼苹香梨""马铃薯无毒种薯生产技术的研究"分别获内蒙古科技进步三等奖。1991 年"内豆 3 号新品种应用开发"获自治区科技进步三等奖。1992 年"梨抗寒新品种选育——呼苹香梨"获自治区科技进步三等奖；协作项目"东三盟旱地农业综合栽培技术开发"获自治区科技进步三等奖；"呼盟向日葵菌核病发生规律及防治研究"获呼盟科技进步一等奖。1993 年"呼盟旱作甜菜十万亩增产技术"获农业部丰收计划二等奖；协作项目"龙辐二牛心大白菜推广"获黑龙江省成果推广三等奖。1994 年"大豆根潜蝇发生规律与防治研究""马铃薯杂种实生种子选育及开发利用研究""山定子显性矮化基因的发现"分别荣获呼盟科技进步一等奖；"黑河 5 号引进开发"等获得呼盟科技进步二等奖；"抗寒耐贮味甜苹果新品种甜铃"获呼盟科技进步三等奖。1995 年"马铃薯杂种实生种子选育及开发利用研究"获得内蒙古自治区科学技术进步二等奖；"马铃薯高淀粉品种内薯 7 号"、协作项目"呼盟农区主要牧草病害调查与防治研究"分获内蒙古自治区科学技术进步三等奖。1996 年共获各级成果奖励 12 项，《马铃薯实生种子选育及开发利用研究》获国家科技进步三等奖；"马铃薯加工专用系列品种"获国家"八五"科技攻关重大成果奖；"矮化显性遗传抗寒种质资源——扎矮山定子"1996 年荣获内蒙古农业厅科技进步特等奖；"呼盟向日葵、大豆菌核病流行与生态控制研究""呼单 4 号选育和推广""梨抗旱新品种（三个新品种）开发"分别获得呼盟科技进步一等奖。1997 年农研所参加的"内蒙古向日葵、大豆菌核病综合防治研究"项目获自治区科技进步一等奖;"大豆新品种及增产配套技术"获国家丰收三等奖。1998年"内豆4号大豆新品种选育与推广"获自治区科技进步二等奖。

1984—1998年共审认定新品种10个,分别是:呼梨71-11-9、内豆3号、呼单4号、蒙薯7号、内豆4号、呼薯7号、呼薯8号、呼单5号、呼单6号、呼丰6号、绥农11号(认定)。

(二)1999—2018年

共获成果奖励39项。其中国家级2项,省部级17项。主持或参加的市厅级科技成果共20项。

2005年农研所参加的"高油高产大豆新技术示范与推广"项目获得全国农牧业丰收一等奖;2018年农研所参加的"大豆优异种质挖掘、创新与利用"项目获国家科技进步二等奖。1999年农研所联合主持的"大豆根潜蝇预测预报与综合防治技术的研究"项目获内蒙古自治区科技进步三等奖。2000年"大豆孢囊线虫病综合防治技术研究与推广"项目获内蒙古自治区农牧业丰收三等奖。"绥农11号大豆引种推广"获呼盟科技进步三等奖。2002年"呼北豆1号选育推广""高油大豆蒙豆9号选育推广"分别获呼盟科技进步三等奖。2003年"蒙豆9号"获国家重点新产品证书;农研所参加的"呼伦贝尔盟大豆疫霉根腐病的发生及防治技术研究"获内蒙古自治区科技进步二等奖。2004年高淀粉新品种"蒙薯10号"获国家重点新产品证书,并列入国家重点新产品推广计划。2005年农研所参加的"小麦、大豆、马铃薯高产优化栽培管理决策支持系统研究"项目荣获内蒙古自治区科技进步一等奖。2009年参加的"淀粉加工专用型马铃薯新品种云薯201选育和应用"项目获云南省科技进步二等奖。2012年农研所参加的"大豆优异种质资源创制理论、技术与新品种选育及应用"项目获吉林省科技进步二等奖;"国审大豆"蒙豆14号"品种选育及推广应用"项目获呼伦贝尔市人民政府科技进步一等奖;"向日葵病虫杂草综合防治技术研究与推广"项目获内蒙古农牧业丰收二等奖。2014年"国审大豆蒙豆14号品种选育及推广应用"获内蒙古自治区农牧业丰收奖三等奖;"野生榛子人工栽培技术研究"获呼伦贝尔市科技进步三等奖。2015年"野生榛子栽培技术研究与推广"项目荣获内蒙古农业丰收二等奖。2016年高产优质大豆"蒙豆14、蒙豆36、登科一号品种选育与推广应用"项目获自治区2015年年度科技进步二等奖。2017年协作完成的"向日葵列当综合防控技术应用与推广"和"芸豆新品种引进及高产高效栽培技术研究与推广"项目分别获内蒙古自治区农牧业丰收一、二等奖。2016年联合主持的"优质高产蒙字系列大豆新品种选育与应用"项目获内蒙古自治区2018年度科技进步二等奖;"高油、稳产、广适应国审大豆黑农70的选育与推广"项目获黑龙江省科技进步三等奖;农研所参加的"大豆优异种质挖掘、创新与利用"项目获国家科技进步二等奖;"高蛋白大豆蒙豆30号、蒙豆36号、蒙豆37号品种选育及推广应用"项目获呼伦贝尔市科学技术进步奖一等奖;联合主持的"马铃薯晚疫病综合防治技术研究"获呼伦贝尔市科学技术进步奖二等奖。

1999年——2018年通过审定的品种共计48个，其中国审品种6个。国审品种有：蒙豆16号、登科1号、蒙薯21号、蒙豆359、蒙豆44、蒙豆1137。其他品种有：呼单8号、蒙豆6号、呼单9号、呼单10号、蒙薯14号、蒙薯13号、蒙豆7号、札幌绿、蒙豆9号、蒙豆11号、蒙豆10号、呼北豆1号、蒙豆12号、蒙豆13号、蒙豆15号、卫道克、维拉斯、蒙豆14号、抗线4号、蒙豆17号、蒙豆14号、蒙豆19号、蒙豆20号、蒙豆21号、蒙豆26号、蒙豆18号、蒙薯20号、蒙薯16号、登科3号、蒙豆32号、蒙豆33号、蒙豆34号、蒙豆35号、蒙豆36号、蒙豆37号、蒙豆38号、蒙豆39号、蒙豆45、呼单517、蒙豆44、蒙豆42、蒙豆43等。

蒙豆359、蒙豆44号、蒙豆45号、蒙豆39号、呼单17、登科一号、蒙豆30号、蒙豆33号、蒙豆36号、蒙豆38号、蒙豆42号、蒙豆43号、蒙豆1137号等品种获国家新品种保护。

四、获得的主要荣誉

（一）1998年以前获得的荣誉称号

1. 个人荣誉

1998年前，单位职工共荣获各级荣誉称号73人次，盟市及以上荣誉45人次，省区以上36人次，国家级荣誉17人次。其中姜兴亚、布仁巴雅尔、安秉植、孟庆炎、徐淑琴曾荣获国务院特殊津贴；蒋洪业、郭先民、姜兴亚、郭秀、孟庆炎、邵光仪、徐东河、于纪祯、安秉植曾获国家民委、劳人部、科协三部门授予的"少数民族地区优秀科技工作者"；郭秀获得国务院三部一委授予的国家攻关春小麦选育科技进步一等奖；姜兴亚获国家"五一劳动奖章"；刘砚梅、隋启君、张万海、邵玉彬等分别获省区级荣誉。

2. 单位荣誉

单位共获各级荣誉称号75项，其中国家级8项，自治区15项，盟厅级32项。

1996年全区农业科研院所综合评估居地区所第一，获国家三部委颁发的"马铃薯加工专用系列品种八五成果奖"；1978年获盟委、公署"植保组在科学技术中做出优异成绩"荣誉；1986年分获"文明单位"和"先进单位"称号；1990年和1991年分获"先进单位"和"试验区建设先进单位"；1992年获"盟科教年先进集体"和"实干年活动成绩显著先进集体"；1996年获"先进集体"。

（二）1998年以来获得的荣誉称号

1. 个人荣誉

共获得各级个人荣誉140多人次，其中国家级荣誉13人次，自治区级57人次，市级31人次。

2002 年刘淑华、刘连义、姜波当选第四届中国马铃薯专业委员会委员。2006 年闫任沛、刘淑华、邵玉彬、徐长海、塔娜、姜波等 6 名科技人员入选呼伦贝尔市级科技特派员。2007 年刘淑华被授予自治区"劳动模范"；闫任沛被评为内蒙古农牧业优秀科技人员；姜兴亚获内蒙古自治区首届杰出人才奖。2008 年张万海获聘国家大豆产业体系岗位专家；刘淑华任国家马铃薯产业技术体系呼伦贝尔综合试验站站长；闫任沛入选"内蒙古自治区有突出贡献的中青年专家"；塔娜入选内蒙组织部"西部之光访问学者"。2010 年闫任沛、张志龙分别当选呼伦贝尔市"421 人才工程"第一层次、第二层次人才。2013 年闫任沛荣获首届呼伦贝尔英才和自治区草原英才工程—"大豆新品种培育产业创新人才团队"带头人。2014 年孙宾成荣获自治区科协、人事厅"首届内蒙古科技标兵"称号，并接替张万海成为国家大豆产业技术体系"育种岗位专家"。2015 年姜波、刘连义、刘淑华、王贵平、任珂当选第七届中国马铃薯专业委员会委员；刘淑华晋升二级研究员；闫任沛入选"自治区第五批草原英才"并进入呼伦贝尔市首届 532 高层次人才培养工程第一层次人选；呼伦贝尔市委优选李殿军、郑连义挂职到扎兰屯任村支部第一书记。2016 年农研所 21 名科技人员入选农牧业科技成果评审专家库入库专家；7 名科技工作者当选内蒙古科技厅选派的支援三区科技专家；孙宾成、胡兴国、任珂等进入本年度"呼伦贝尔市 532 高层次人才培养工程"第二层次人选；孙宾成当选呼伦贝尔优秀科技人员；闫任沛、孙宾成分别获得呼伦贝尔市十二期间科技创新先进个人；于晓刚被市委组织部选派到扎兰屯市中和镇挂职党委副书记。2017 年孙宾成、宋景荣分别当选十三五期间大豆、马铃薯国家产业技术体系呼伦贝尔综合试验站站长；孙如建入选西部之光访问学者；闫任沛入选呼伦贝尔首届十佳英才暨百名行业领军人才；孙宾成、胡兴国分别入选第 3 届呼伦贝尔英才；闫任沛晋升二级研究员岗位，朱雪峰、乔雪静、姜波分别当选呼伦贝尔市和扎兰屯市人大代表、政协委员；呼伦贝尔市委组织部选派于奇生到莫旗担任精准扶贫驻村工作队队员。2018 年孙宾成受聘农业部大豆专家指导组成员；呼伦贝尔市委组织部选派朱雪峰到扎兰屯担任精准扶贫驻村工作队队员。

此外，刘连义、刘淑华、孙艳、冯占阁分别当选过呼伦贝尔市和扎兰屯市人大代表或政协委员；李东明、朱雪峰被授予扎兰屯市科技创新先进个人；有 15 名科技人员入选扎兰屯科技特派员；2 人入选扎兰屯市科普讲师团；还有一些科技人员分别获得扎兰屯"助村兴农先进个人""优秀科技特派员""优秀党员"等荣誉称号。

2. 单位荣誉

此期农研所共获得 47 项荣誉，其中国家级 8 项，自治区级 15 项，呼伦贝尔市 12 项。包括 2002 年农研所争取到"内蒙古大豆引育种中心"；2003 年争取到"国家大豆改良中心呼伦贝尔分中心"和"国家大豆原种基地"；2005 年农研所育成的"蒙薯 10 号"被国家农业部、科技部评为国家第三批优质农作物新品种。农研所参加的"小麦、大豆、马铃薯高产优化栽培管理决策支持系统研究"荣获内蒙古自治区科技进步一等奖。农研所参加的"高油高产大豆新技术示范与推广"获得全国农牧业丰收一等奖。2006 年农研所获得"国家区试工作先进单位"荣誉称号。2008 年农研所加入大豆和马铃薯国家产业技术体系。2013 年农研所"大豆新品种培育产业创新人才团队"首次获得自治区认定,同年获得呼伦贝尔市"文明单位标兵"称号。2015 年农研所荣获自治区组织部、科技厅等十部委授予的"全区优秀法人科技特派员"称号。2016 年农研所荣获第七届全市人才工作先进集体,2017 年农研所再次入选自治区草原英才工程—大豆人才创新团队,大豆人才创新团队入选呼伦贝尔首届十佳团队、植保人才创新团队入选呼伦贝尔市科技创新团队;农研所初步入选国家农业科学试验站—呼伦贝尔综合站。2018 年农研所参加的大豆项目获国家科技进步二等奖 1 项,省市级科技进步奖 4 项。

(文中一些信息来源于《呼伦贝尔年鉴》《呼伦贝尔市农业局文件汇编》《呼伦贝尔市科学技术志 1947—2007》《呼伦贝尔盟农业科学研究所志》、呼伦贝尔市政府网等)

第二章
大豆研究

第一节 大豆育种四十年

一、大豆遗传育种研发体系

（一）大豆生产需求与育种目标

大豆是内蒙古主要的粮食和经济作物之一，在粮食生产中占重要的地位，除阿拉善盟大部地区、锡林郭勒盟牧区及乌海外，其他盟市广泛种植，主要栽培区集中在呼伦贝尔市、通辽市、赤峰市和兴安盟，是全区第二大农作物。

内蒙古在 20 世纪 90 年代以前大豆的种植面积一直稳定在 20 万～30 万 hm²，总产量为 15 万～20 万 t，90 年代后大豆的生产发展加速。1992 年大豆的种植面积突破 35 万 hm²，2017 年仅呼伦贝尔市大豆种植面积就达 60 万 hm²。

内蒙古是中国重要的高油大豆生产基地，属于东北春大豆高脂肪亚区。2002 年起，内蒙古作为高油大豆主产区，呼伦贝尔市莫力达瓦旗独立承担了农业部 3.33 万 hm² 高油高产大豆示范基地建设项目，并被农业部确定为 8 个高油大豆示范县。此外，内蒙古还组织实施了农业部丰收计划项目和内蒙古农业厅首批农业科技招标项目，以绿色高油大豆配套技术推广为主要研究内容。"九五"期间内蒙古大豆产区的单产水平远低于全国平均水平，大豆平均单产为 85kg/亩，而全国平均为 115kg/亩，随着育种水平和栽培措施的提高，至 2017 年，呼伦贝尔市大豆平均单产达 154kg/亩。

"十三五"期间，大豆育种目标正由高油大豆育种向适宜机械化种植的高蛋白高产大豆育种转变。

（二）育种相关科技项目

呼伦贝尔市农业科学研究所自"九五"期间开始承担和主持自治区的大豆重点课题，并主持和参加大豆丰收计划和大豆基地建设等项目，主要以育种研究为主、配套高产栽培技术研究为辅,与多家科研院(所)、校联合攻关研究。1981年,内蒙古自治区建设大豆良种系列及良种开发基地,重点系列大豆优良种子供应区内各地大豆生产用种。1994年起,自治区农业厅设立大豆基地建设项目和栽培技术研究项目,同时呼伦贝尔市科技局也设有多个大豆研究项目,开展了大豆生态型、野生大豆资源收集、抗病资源材料收集等研究。自"十二五"开始,内蒙古科研单位承担的项目不断增多,经费1800万元,项目档次也不断提升,先后承担了科技部转基因重大专项,农业部行业科技和产业技术体系多个国家级项目。

(三)研究平台与力量

内蒙古大豆研究起步于20世纪60—70年代,此时只有呼伦贝尔盟农业科学研究所一家单位进行大豆的研究。自1960年开始,进行大豆农家种、大豆新品种的收集工作;1969年,开始进行杂交育种工作;1980年,内蒙古审定了第一批大豆品种内豆1号和内豆2号,解决了生产上对特早熟大豆品种的需求。20世纪60年代,农研所大豆研究力量相对薄弱,70年代初,才陆续有本科毕业生从事专门的大豆育种工作。随着时代的发展,科研人员的学历和水平也不断提高,大部分为硕士或博士毕业生。"十五"期间,2003年建立国家大豆改良呼伦贝尔分中心,"十二五"入选国家农业科技创新与集成示范基地,科研人员水平的提高和科研经费支持力度的加大,内蒙古品种审定的速度也不断加快。在各项目资金的支持下,全区的育种水平也不断提高。在全区育种单位中,呼伦贝尔市农业科学研究所(以下简称呼伦贝尔市农科所,2001年以前称呼伦贝尔盟农业科学研究所)的审定品种数量较多,共审定大豆品种48个,占全区审定大豆品种数量49%。

二、大豆新品种选育与推广利用

(一)概 述

"八五"前,内蒙古育成大豆品种比较匮乏,审定的大豆品种只有4个,种植品种为农家种或外省引进品种,随着科研投入力度加大和水平的提高,自"十五"开始,育种单位育成品种生态类型逐渐变多,其中喜肥水,主茎型,亚有限结荚习性品种居多。"十一五""十二五"期间,内蒙古科研建设经费、研究经费逐渐增多,育成品种生育期多样化,自1900~2900℃均有不同育成品种,选育速度也加快,此阶段主要以高油、抗病、适于机械化栽培为育种目标,"十三五"育种目标逐渐由高油转向高蛋白育种。

(二)高产、多抗品种

1. 蒙豆14号

特征特性:该品种平均生育期113d,株高74.8cm,单株有效荚数27.7个,长叶,白花,无限结荚习性。种皮黄色,黄脐,籽粒圆形。百粒重17.9g。经接种鉴定,表现为中感大豆花叶病毒病I号株系,感III号株系,抗大豆灰斑病。蛋白质40.70%,脂肪20.93%。

产量表现：2004 年参加北方春大豆早熟组品种区域试验，平均产量 2 250kg/hm²，比对照黑河 18 增产 7.5%（极显著）；2005 年续试，平均产量 2 681kg/hm²，比对照增产 7.4%（极显著）；两年区域试验平均产量 2 468kg/hm²，比对照增产 7.4%。2005 年生产试验，平均产量 2 360kg/hm²，比对照增产 3.9%。

栽培要点：保苗 25 万～ 30 万株/hm²；施磷酸二铵 150kg/hm²。

适宜区域：适宜在黑龙江第三积温带下限和第四积温带、吉林东部山区、内蒙古呼伦贝尔中南部和兴安盟北部、新疆维吾尔自治区（简称新疆）北部地区春播种植。

2. 登科 1 号

特征特性：该品种生育期 111d，长叶、紫花、无限结荚习性。株高 79.5cm，主茎 14.1 节，有效分枝 0.7 个，底荚高度 15.1cm，单株有效荚数 22.2 个，单株粒数 52.5 粒，单株粒重 9.7g，百粒重 18.7g。籽粒圆形，种皮黄色，黄脐。接种鉴定，中感灰斑病，中感花叶病毒病 1 号株系，感花叶病毒病 3 号株系。粗蛋白含量 37.74%，粗脂肪含量 22.18%。

产量表现：2007 年参加北方春大豆早熟组品种区域试验，产量 155.2kg/亩，比对照黑河 18 增产 11.6%，极显著；2008 年续试，产量 195.3kg/亩，比对照黑河 43 增产 10.6%，极显著；两年区域试验产量 175.3kg/亩，比对照增产 11.1%。2008 年生产试验，产量 175.4kg/亩，比对照黑河 43 增产 6.5%。

栽培要点：5 月上旬播种，种植密度 1.33 万～ 1.67 万株/亩，中等肥力地块每亩施种肥磷酸二铵 10kg，钾肥 2.67kg。

适宜区域：适宜在黑龙江第三积温带下限和第四积温带、吉林东部山区、内蒙古呼伦贝尔中部和南部、新疆北部地区春播种植。

3. 蒙豆 359

特征特性：北方春大豆早熟品种，春播生育期 117d，比对照克山 1 号晚 1d。株型收敛，无限结荚习性。株高 79.5cm，主茎 14.5 节，有效分枝 0.6 个，底荚高度 11.2cm，单株有效荚数 27.2 个，单株粒数 66.9 粒，单株粒重 11.4g，百粒重 17.3g。尖叶，白花，灰毛。籽粒圆形，种皮黄色、微光，种脐黄色。接种鉴定，中抗花叶病毒病 1 号株系，中感花叶病毒病 3 号株系，中感灰斑病。籽粒粗蛋白含量 40.93%，粗脂肪含量 21.26%。

产量表现：2014—2015 年参加国家北方春大豆早熟组品种区域试验，两年平均产量 192.4kg/亩，比对照增产 5.0%。2016 年生产试验，平均产量 159.3kg/亩，比对照克山 1 号增产 9.1%。

栽培技术要点：5 月上中旬播种，机械垄上双行精量点播。种植密度，高肥力地块 18 000 株/亩，中等肥力地块 20 000 株/亩，低肥力地块 22 000 株/亩。施腐熟有机肥 1 000 ～ 2 000kg/亩，氮磷钾三元复合肥 20kg/亩或磷酸二铵 10kg/亩、硫酸钾 2.5kg/亩、尿素 2.5kg/ 亩作基肥，初花期追施尿素 2kg/ 亩。

适宜区域：适宜在黑龙江第三积温带下限和第四积温带、吉林东部山区、内蒙古呼伦贝尔南部、新疆北部春播种植。

4. 蒙豆 1137

特征特性：在北方春播生育期平均 119d，比对照克山 1 号晚 1d，属早熟普通大豆品种。亚有限结荚习性，株型收敛，株高 73.2cm，主茎 14.2 节，有效分枝 0.1 个，底荚高度 15.8cm，单株有效荚数 25.6 个，单株粒数 60.2 个，单株粒重 10.8g。尖叶，白花，灰色茸毛。籽粒圆形，种皮黄色、微光，种脐黄色，百粒重 18.9g。接种鉴定，抗灰斑病，中感花叶病毒 1 号株系和 3 号株系。籽粒粗蛋白含量 40.77%，粗脂肪含量 19.53%。

产量表现：2016—2017 年参加北方春大豆早熟组品种区域试验，平均产量 2 587.5kg/hm²，比对照克山 1 号增产 7.4%；2017 年生产试验，平均产量 2 751.0kg/hm²，比对照克山 1 号增产 9.6%。

栽培要点：5 月上中旬播种，机械垄上双行等距精量点播，保苗高肥力地块 27.0 万株 /hm²、中等肥力地块 30.0 万株 /hm²、低肥力地块 33.0 万株 /hm²。施底肥腐熟农肥 15 ～ 30t/hm²，种肥氮磷钾三元复合肥 300kg，初花期追尿素 75kg。

适宜区域：黑龙江第三积温带下限和第四积温带、吉林东部山区、内蒙古兴安盟北部和呼伦贝尔市大兴安岭南麓地区、新疆北部地区春播种植。

5. 蒙豆 44

特征特性：北方春大豆极早熟品种，春播生育期平均 118d，比对照黑河 45 晚熟 1d。株型收敛，亚有限结荚习性。株高 70.2cm，主茎 14.7 节，有效分枝 0.4 个，底荚高度 12.7cm，单株有效荚数 22.1 个，单株粒数 50.5 粒，单株粒重 8.3g，百粒重 17.0g。尖叶，紫花，灰毛。籽粒圆形，种皮黄色、微光，种脐黄色。接种鉴定，中感花叶病毒病 1 号株系，感花叶病毒病 3 号株系，中感灰斑病，籽粒粗蛋白含量 39.15%，粗脂肪含量 18.88%。

产量表现：2016—2017 年参加北方春大豆极早熟组品种区域试验，两年平均产量 144.6kg/ 亩，比对照增产 4.7%。2017 年生产试验，平均产量 160.0kg/ 亩，比对照黑河 45 增产 3.1%。

栽培要点：5 月上中旬播种，机械垄上双行等距精量点播；种植密度，高肥力地块 18 000 株 / 亩，中等肥力地块 20 000 株 / 亩，低肥力地块 22 000 株 / 亩；施腐熟有机肥 1 000 ～ 2 000kg/ 亩作基肥，氮磷钾三元复合肥 20kg 或磷酸二铵 10kg、硫酸钾 2.5kg、尿素 2.5kg 作种肥。

适宜区域：适宜在黑龙江省、内蒙古自治区积温 1 900 ～ 2 100℃地区春播种植。

（三）优质与特用品种

小粒大豆—蒙豆 6 号

特征特性：无限结荚习性。株高 80 ～ 110cm，分枝 3 ～ 6 个。紫花。灰茸毛。小圆叶。结荚密，多 3 粒荚。籽粒鲜黄，脐无色。百粒重 9 ～ 11.8g。粗蛋白 37.8% ～ 41.9%，粗脂肪 18.1% ～ 19.3%。生育期 110d，需活动积温 2 100℃。耐旱，耐瘠薄。抗蚜虫及病毒病，根腐及叶斑类病害较轻。籽粒大小均匀且无硬石豆，比一般栽培大豆的芽率高、芽势强，不易破碎，吸水脱水快，种子寿命长。特别适合作纳豆原料出口，也适合加工豆芽菜，豆芽口味好、产量高。植株纤细，茎叶比低，适应性强，很适宜作豆科牧草。

产量表现：1996—1998 年区试产量 1 971kg/hm²，比内豆 4 号增产 21.8%。1998—1999 年生产示范产量 1 514kg/hm²，增产 18.4%。

栽培要点：中等肥力地块，保苗 22.5 万～ 37.5 万株 /hm²。做牧草种植保苗 37.5 万～ 75 万株 /hm²。

适宜区域：内蒙古呼盟、兴安盟 2 100℃积温区。可在 1 600℃以上积温区做牧草种植。

（四）小 结

从改革开放初期的品种收集，到今天以市场为导向的新品种选育。随着育种目标的不断变化，内蒙古大豆品种发生了显著的变化。品种的抗倒伏性越来越强。随着生产的发展，栽培条件的改变，杆强的丰产性品种代替了原有的易倒伏、低产品种；品种的品质正逐步提高。其表现是，不仅品种的籽粒外观得到改善，如色泽，脂肪和蛋白含量也大幅提高，一些品种的大豆异黄酮等次生代谢产物含量也不同程度的有所增加；品种的抗病性变强，大豆灰斑病、根腐病、菌核病等一些常见的大豆病害在大豆生产中已经不是制约大豆产量的主要因素。大豆机械化程度的提高，使育种目标向密植、杆强、结荚部位高、透光性好的尖叶型发展。

三、大豆优异种质鉴评与育种亲本创制

我国种植大豆已有 5 000 多年的历史，品种资源极为丰富。据初步估计，全国大豆品种资源有 7 000 多种。根据大豆品种特性和耕作制度的不同，分为五个主要产区，内蒙古作为东北三省一区为主的春大豆区是我国大豆生产的主产区之一，在 20 世纪 90 年代豆类种植分布就已较广，其中面积较大的包括呼伦贝尔盟（市）49%、赤峰（15%）、兴安盟（14%）（图 2-1）。

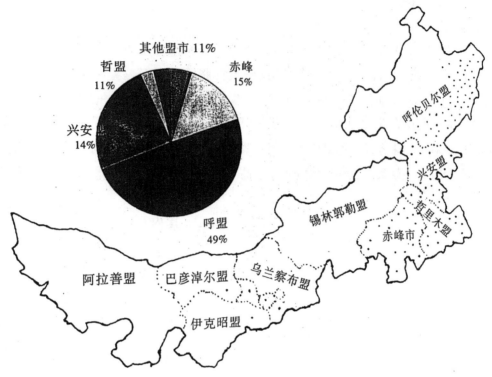

图2-1　内蒙古自治区豆类分布（1994—1996年）

内蒙古地域辽阔，气候差异很大，种植的大豆熟期分为极早、早、中早、中熟四个熟期。自20世纪60年代以来，通过田间表型、近红外品质分析、室内抗性接种、分子标记鉴定等手段，对不同来源资源进行产量、脂肪、蛋白、抗病、耐旱、耐寒等方面的评价分析，发掘具有优异性状的大豆特异性基因资源材料；同时，利用这些材料采用聚合杂交、轮回选择、分子标记辅助选择，创制适合自治区境内≥10℃活动积温1 900～2 700℃不同大豆生态区种植的优良品种。

近年来，内蒙古大豆育种在注重提高品种丰产性、抗性的基础上，开始重视大豆品质问题，逐步开始利用国内外优异资源及野生大豆品种作为亲本材料进行育种实践，并已育成了一批高产、高油及特用大豆等品种，形成了不同类型的种质资源类群。

（一）大豆种质资源评价与利用

20世纪50年代，内蒙古各科研单位、原种场开始进行大豆资源引进及育种工作，种质资源份数较少，资源谱比较集中，种质资源同质性严重，多数为地方种或农家种。种质资源的同质性及相似性，导致杂交优势潜力不足，深度挖掘价值不大。70年代开始，自治区各科研单位重点开展了收集整理农家种、引进大豆新品种，进行种植观察。1972—1998年，从国内外引进和评价大豆品种（系）近千份，其中紫花4号、大白眉、铁荚青、四粒黄、克交228、黑河103、黑河3号、丰收10号、丰收12号、丰收21号、绥农10

号、绥农 11 号和合丰 25 号，至今仍有部分是生产的主栽品种或搭配品种。在引进过程中，既作育种亲本，又同时应用于生产的品种（系）材料，有合丰 25 号、绥农 11 号、黑河 5 号和黑河 7 号等。

进入 21 世纪以来，内蒙古育种工作者主要利用两种途径丰富大豆种质资源：一是通过大豆产业体系平台从各育种单位引进资源 300 多份，其中从黑河农业科学院、中国农业科学院作物科学研究所引进瑞典和俄罗斯远东地区 MG000 组和 MG00 组材料 40 余份，并对其特征特性在不同生态区做进一步的鉴定筛选，评价在当地的适应性、抗逆性、抗病性及品质的变化等。引进和选育了耐密植、抗倒伏、耐涝、耐疫霉根腐病的品种华疆 2 号、华疆 4 号、内豆 4 号、北豆 43、黑河 49、黑河 45，黑河 43、垦鉴豆 27、登科 1 号、登科 5 号等，耐旱性较好的品种蒙豆 12、蒙豆 13、蒙豆 16、丰豆 2 号、呼交 06-248 等，耐菌核病的品种安 06-513、抗线 4 号、垦鉴豆 27 等，高蛋白品种蒙豆 11、蒙豆 36、东农 35、黑农 48、东农 48、黑生 101 等。二是收集农家种和野生大豆资源，内蒙古自治区地域辽阔，有温带、寒温带两个气候带，而且生态条件复杂多样，在各种生态类型的代表地域都有野生大豆资源。目前已在内蒙古东北部大杨树镇等各种生态类型的代表地域收集到农家种和野生大豆 50 份左右，并从中发现了一批珍稀的基因源，在育种中利用多代回交转育方式克服野生大豆的不利性状，创造出蛋白质含量高、产量性状突出的后代材料，取得了较大进展。据不完全统计，目前内蒙古自治区各育种单位共保存大豆品种资源 2500 多份。

为便于研究与应用，经过观察、鉴定和整理，大豆品种可分为以下几类。

1. 野生大豆

经实地调查，在自治区境内共发现 6 大居群，莫力达瓦甘河居群、扎兰屯居群、乌兰浩特市郊居群、通辽市郊居群、赤峰翁牛特旗居群。内蒙古野生大豆资源丰富生物学特性多样。野生大豆随纬度的升高生育期变短、株高变矮，单株分枝减少，茸毛色变浅，叶的长宽比变大，百粒重变小，耐盐碱性减弱。

在内蒙古，农民对野生大豆的认识较少，赤峰、通辽等地的农民把野生大豆当作杂草、牧草饲养牲畜，而在兴安盟北部、呼伦贝尔岭南农民把野生大豆当作杂草进行防除，特别在多年重迎茬大豆田，野生大豆已成为豆田内灾难性杂草，但在呼伦贝尔岭北地区，部分牧民把野生大豆作为优良牧草来种植。近年来，随着种植制度的改变，轮作后原有大豆田间或地头的野生大豆基本被灭掉，自治区境内野生、半野生大豆种群减少。

2. 高油大豆

通过引进、选育得到了一些优良高油高产大豆品种，其中适于在呼伦贝尔市、兴安盟北部和赤峰市部分地区种植的品种包括：蒙豆 9 号、蒙豆 12 号、蒙豆 14 号、绥农 14、垦农 18、垦农 19、合丰 40 号、合丰 41 号、疆莫豆 1 号、黑河 27 号、东农 44 号、东农

46、蒙豆 7 号，呼伦贝尔市南部个别乡镇、兴安盟中南部和通辽市部分地区可以选用东农 434、黑农 37 号。

3. 高蛋白大豆

自治区育种单位也从中国农业科学院作物科学研究所引进了加拿大蛋白豆、冀豆 12 等高蛋白材料，利用这些资源进行杂交、回交，培育的高蛋白大豆品种主要有蒙豆 11、蒙豆 36 和蒙豆 37 等，这些品种适宜在黑龙江第四积温带、内蒙古呼伦贝尔中部和南部、新疆北部地区春播种植。

4. 极早熟大豆

内蒙古东北部地区气候冷凉，≥ 10℃ 活动积温在 1 700 ～ 2 300℃，作物生育期短，一般只有 79 ～ 115d，并且多为山区小气候明显，同一个地区山上山下气候大不一样，就连同一地块而言南坡北坡气温亦有很大差别。该地区土壤多为黑土，降水充沛，主要种植小麦、油菜及超早熟大豆。该地区种植大豆要求 5 月下旬播种，8 月底以前成熟。为此，在这一生产区域，应积极选育短日性极弱，在不断光照条件下也能开花成熟，所需活积温在 1 800℃ 左右的超早熟品种。

从育种单位引进超早熟大豆东农 36，这一品种曾将大豆种植向北推进了约 100km，开创了超早熟大豆育种的先河，之后引进了东农 47-10、东农 78-34、北豆 16、东大 1 号、黑河 44 和黑河 49 等超早熟品种。从根河市等地收集了超早熟材料满归豆等极早熟农家品种。

5. 抗性大豆

1994 年开始，呼伦贝尔市农科所、兴安盟农科所对 300 多份材料的抗孢囊线虫、抗根潜蝇、抗根腐病、抗灰斑病等性状进行鉴定，筛选出绥农 11 号、呼丰 6 号、内豆 3 号、克 86-19 等综合抗性好的品种（系）。根据当地种植环境，呼伦贝尔市农科所大豆研究室进行了针对性的品种选育工作，选育出适宜当地种植的品种，使其品种在特定的环境中展现出较强的适应性。其中选育的品种主要有蒙豆 9、蒙豆 12、蒙豆 13、蒙豆 15、蒙豆 16、蒙豆 30、登科 1 号和登科 4 号等。这些品种在特定的不良条件中能够更好地适应当地环境，有助于提高产量及品质。兴安盟农科所利用自身条件选育出兴抗线 1 号、兴抗线 2 号等多份抗胞囊线虫病的特色品种。同时，当地还认定、推广了一些黑龙江省的品种，在这些品种中表现较好的有克山 1 号、黑河 18、黑河 36 和黑河 43 等。

（二）优异亲本解析与育种利用

大豆育种实践表明，凡不断有新品种从中育成的骨干资源必定是具有较多优良性状、适应性好、配合力高的骨干亲本。明确一定时期内育种的核心亲本对育种亲本选配有指导意义，特别是对不同地区之间的基因交流，拓宽遗传基础有重要推动作用。

20 世纪 50 年代，自治区各育种单位开始进行大豆育种工作。以呼伦贝尔市农科所为例，由于资源有限，每年配制组合约 20 ～ 40 个。利用日本和加拿大小粒豆杂交，育成了适应呼伦贝尔市和兴安盟生产的超小粒大豆品系 10 个。1991 年开始，将当地适种品种与外引优良品种杂交，选育出呼交 9441、呼交 94-103 等一批优良品系。

2000 年以来，各育种单位从不同生态条件地区收集亲缘关系远、成熟期早的亲本资源材料，同时利用其他组别中株型好、品质优良、抗倒伏、抗炸荚、抗病性强的品种与当地主栽品种进行杂交、回交等，逐步聚合导入目标性状，对后代材料的农艺性状和抗病性进行鉴定与筛选，创造优异的新种质、新材料，为选育综合性状优良的超早熟品种提供丰富的基础材料。

在亲本组配及品种选育过程中，涌现出了 dekabig、北丰 14 号、绥农 10 号、绥农 14 号等一批性状优良、配合力高的优异骨干亲本资源。其中，利用国外资源 dekabig 选育出了蒙豆 33、蒙豆 45、登科 14 号等品种；利用北丰 14 号选育出蒙豆 18、蒙豆 28、北国 919 等品种；利用北丰 9 号培育出晨环 1 号、圣豆 168 等；利用黑河 18 号选育出登科 4 号、晨环 1 号、北国 919、登科 9 号、登科 13 号；利用黑河 38 号选育出登科 5 号、蒙豆 38 号、蒙豆 42 等；利用疆莫豆 1 号（垦鉴豆 27 号）育成登科 8 号、蒙豆 45、鑫兴 1 号等品种；利用垦鉴豆 27 号育成北豆 42、登科 1 号、登科 14 号、天源二号等品种；利用蒙豆 13 号育成蒙豆 36 号、登科 7 号；利用蒙豆 14 号育成登科 4 号、登科 9 号、登科 13 号、蒙豆 359 等品种；利用蒙豆 28 号育成蒙豆 43、蒙豆 1137 等品种；利用蒙豆 9 号育成蒙豆 12 号、蒙豆 17 号、蒙豆 19 号、蒙豆 21 号、蒙豆 26 号等；利用内豆 4 号育成蒙豆 32 号、登科 2 号、蒙豆 37 号等品种；利用绥农 10 号育成蒙豆 12 号、蒙豆 21 号、蒙豆 39 号、蒙豆 26 号、登科 6 号、登科 8 号等品种；利用绥农 11 号育成蒙豆 13 号、蒙豆 18 号、蒙豆 28 号等品种；利用绥农 14 号育成黑农 59、蒙科豆 4 号等品种；利用蒙豆 16 号育成蒙豆 30、蒙豆 33 等品种。

同时，结合本单位育种的实际，通过与南北方产业体系育种专家进行沟通交流，形成了本单位特色的育种方法和思路。在配置杂交组合时，要注意亲本的选择，如果用两个亲缘关系较近的早熟材料做亲本相互杂交，杂交后代出现早熟超亲现象的组合比例较低。我们在用亲本进行杂交时，除用东北大豆品种进行杂交外，还将华北晚熟春大豆晋豆、汾豆系列等与东北大豆进行杂交，选育超早熟大豆品种。利用南方、黄淮海资源与当地早熟品种杂交和回交，创新新种质和中间材料；利用 MG Ⅰ～MG Ⅱ 与极早熟品种杂交，进行新品种培育；利用 MG00～MG0 品种与当地主栽品种杂交，进行品种改良。在品种选育的过程中，根据种质的来源，制定育种目标，避免了后代材料选择的盲目性和随意性。构建了遗传距离较远的家系，如以蒙豆 14、绥农 10、蒙豆 28、蒙豆 39、蒙豆 359 等为黄色荚家系骨干亲本，以内豆 4、垦鉴豆 27、黑河 18、绥农 14、蒙豆 13 等为褐色荚家系的骨干亲本，以东农 35、甘 10-248、dekabig 为棕色茸毛的家系的骨干亲本。不同家系之间进行杂交，利于选择出具有突出性状的品种。如以灰色茸毛品种垦鉴豆 27 为母本，以棕色茸毛品种 dekabig 为父本育成了蒙豆 45，以黄色荚品种蒙豆 14 为母本，以灰色茸毛品种 5W57 为父本，培育成国审品种蒙豆 359。

东北特早熟品种间的近似度较大，遗传距离较近，品种间配制杂交组合选育突破性品种的可能性较小，因此改良创新种质非常重要。通过大豆产业技术体系每年的工作总结会，每个单位都展现出不同生态区的特属种质及优良品种，通过引进这些种质并与特早熟品种进行杂交，经过系列的筛选，可创新培育出具有突出特点的新种质。如利用内豆 4 作为亲本创新出 MG0000 组品系呼交 2123、呼交 2479、呼交 2465 等，利用齐黄 34（高产、抗倒、抗涝）与黑河 43（早熟、稳产）杂交，后代群体分离非常丰富，目前已选育出早熟、抗倒伏、无分枝、矮杆（株高 20～50cm）种质 8 份，半矮杆（株高 50～60cm）种质 5 份，这些种质耐密植，可作为培育新品种的中间材料，也可作为平播密植试验材料，登科 1 号与南方春大豆华春 6 号杂交，培育出分枝收敛、节间较短、荚粒数较多、粒大、半矮杆种质 6 份，利用黑河 18 与冀豆 17 杂交创新出分枝多、茎杆弹性好、早熟的种质 2 份。这些种质融合了南方品种的热带血缘和黄淮海品种的血缘，扩充了遗传基础，目前已作为中间材料被其他单位引进和利用。

此外，自 1980 年以来，我国大豆科技工作者对收集、保存的野生大豆主要农艺性状进行了鉴定，研究了野生大豆的利用技术，逐步开始利用野生大豆品种作为亲本材料进行育种实践，利用超早熟的野生大豆与现有大豆亲本进行杂交，从中选育生育期较短、综合性状表现优异的杂交后代。利用野生大豆创造出的蛋白质含量高、产量性状突出的中间材料具有遗传基础广和变异丰富的特点。形成了不同类型的种质资源类群，获得呼野 10-365、呼交 12-69 等中间材料。在大豆育种程序中应用这些材料将增大遗传多样性，缓解大豆育种遗传基础狭窄的状况，为大豆育种工作带来活力和突破。

大量的野生大豆利用研究结果表明，野生大豆所具有的有利性状如高蛋白、多荚、多粒和抗逆性强等通过种间杂交可以遗传，野生大豆茎蔓生缠绕、裂荚和小粒等不利性状可以克服。

（三）小　结

内蒙古自治区的大豆资源收集、育种工作已开展了近 70 年。研究初期，种质资源份数较少，资源谱相对比较集中。随着对外交流的扩大，陆续通过大豆产业体系等平台从各育种单位引进国内外资源，同时考察搜集农家种及野生大豆资源。通过丰富资源材料，育种工作者扩大了亲本的选择范围，筛选得到了一批骨干亲本资源，充分利用大豆品种资源中的丰富变异，进行亲本选配和后代选择，育成了一大批优质高产多抗、同时适宜我区东北部及中西部不同生态区的大豆新品种，极大地推动了我区大豆育种和生产的迅速发展。

四、育种方法与技术创新

品种是改变大豆产量、品质和抗性的基础，品种的选育和改良也就成为大豆育种的核心工作。内蒙古大豆主产区大豆育种工作开始较早，在育种过程中出现了一批高产、抗逆、品质优异的新品种，使主栽品种合理更替。提高大豆产量的关键是靠品种的遗传基础和育种技术的创新，同时使品种与配套栽培技术有机结合，才能实现大豆生产的飞跃。目前，大豆育种的主要方法有引种、系统育种、杂交育种、辐射育种、化学诱变育种、分子育种等。

（一）引　种

世界大豆发展史也是一部大豆引种史。从利用上分析，大豆引种可归纳为直接审核、认定利用和作为育种亲本间接利用两大类。例如，20 世纪 80 年代，呼伦贝尔市农科所从国内外收集、引进和评价大豆品种，认定了黑河 5 号、黑河 7 号和绥农 11 号等优良品种，直接进行推广应用。利用优异品系呼交 94-106，与美国品种 Weber 杂交，选育出国审高油大豆品种蒙豆 14 号，而呼交 94-106 也是外引品种合丰 25 × 黑河 7 的后代。目前，呼伦贝尔地区利用国内外一批品种作为杂交亲本，已培育了一批高产、抗倒伏、耐逆的品系。

（二）自然变异选择育种（纯系育种、系统育种）

自然变异选择育种（纯系育种、系统育种）是自花授粉作物常用的育种方法，其选择的基础是自然变异。

① 大豆有 0.03% ～ 1.1% 的天然杂交；② 基因突变。因此，自然变异选择育种（纯系育种、系统育种）是大豆品种改良的一种主要途径，但由于自然变异的局限性，这种方法在突破性作用方面比不上其他方法。

这种方法是简单易行较实用的传统方法，多年来一直沿用，在育种开展初期就育成了诸多品种和品系，如耐重迎茬高产品种呼丰 6 号为丰山 1 号变异株系选育成，蒙豆 9 号是通过丰收 10 号变异株系选出的，适合稀植栽培的品系材料呼系 93-102（大粒黄）等也为系选材料。

（三）杂交育种

目前世界各国推广的大豆品种有 60% 以上是杂交方法育成的，今后，杂交育种仍是大豆育种的主要方法。当前，自治区种植的大豆良种大多是这种方法育成的，例如生产上主推过的蒙豆 12 号为绥农 10 × 蒙豆 9 系谱法选育而成，高蛋白大豆品种蒙豆 36 号为蒙豆 13 × 黑农 37 杂交选育而成，近年来育成的国审品种蒙豆 1137 为蒙豆 28 × 引北安杂交育成。兴安盟农科所育成的抗胞囊线虫病的兴抗线 1 号为抗线 2 号 × 花佛 100 杂交后代。

（四）诱变育种

诱变育种主要是利用物理或化学的方法，处理大豆种子及植株，使之产生基因突变，从其后代中选择从而育成大豆新品种。物理方法主要是用 X 射线、Y 射线、热中子等；化学方法主要是用有机化学试剂处理风干种子、萌动种子及幼苗，使之产生基因突变。国内外自 20 世纪 30 年代开始，即采用理化方法处理大豆进行诱变育种工作，并育成一批大豆新品种，其中较有名的品种有单个育成的雷光、雷电；黑龙江省农业科学院大豆研究所在国内首先开展辐射育种，育成了黑农 5 号、黑农 8 号及丰收 11 号；铁岭农业科学研究所育成的铁丰 18 号；中国科学院遗传研究所育成的诱变 30 等。区内科研单位在 1994 年就曾利用钴 60 丙种射线，育成极早熟大豆内豆 4 号、稳产广适品种蒙豆 5 号、高蛋白高产新品系呼辐 8012，在大豆生育期、品质、产量等性状改进方面，取得了一定突破。

（五）轮回选择育种

轮回选择是从某一群体选择理想个体、杂交、再选择、再杂交，实现基因和性状的重组，从而增加所需优良基因频率，形成一个新群体的育种方法，这种方法可以将我国上千份的优异种质资源和优良品种导入到一个自然群体中，形成一个聚集大量优异基因的种质基因库群体。我国大豆轮回选择育种研究起步较晚，所见报道较少。自王金陵将大豆轮回选择法介绍到国内以来，直到 20 世纪 90 年代初期我国才开展了大豆轮回群体选择研究。宋启健等利用 ms1ms1 核不育系建立了 2 个轮回选择群体。1991 年开始，呼伦贝尔市农科所尝试用轮回选择育种法将当地适应种品种与外引品种杂交，使内外地资源中的优异基因聚合，选育出呼交 96-32、呼交 97-521 等一批优良品系。2016 年起，又利用河北省农林科学院粮油作物研究所改良的 ms1 轮回选择群体为母本，以 92 份具有早熟、高产、抗病、抗倒、耐逆等优良性状的东北地区优异大豆品种（系）群体为父本，构建内蒙古北方春大豆轮回选择群体。赤峰农业科学院 2013 年春从吉林省农科院引进核不育系 ms6ms6 的轮回选 F2 代材料为群体基础，进行轮回群体选择育种。

（六）分子育种

1. 大豆分子标记育种

在大豆育种中，当目标性状难以通过表型进行鉴定时，可利用分子标记与决定目标性状基因紧密连锁的特点，达到通过标记选择目标性状的效果。中国关于重要性状的分子标记鉴定中，对大豆孢囊线虫病（SCN）抗性、灰斑病（FLS）抗性、花叶病毒病（SMV）抗性、耐盐性等进行过探索。呼伦贝尔市农科所与中国农业科学院作物科学研究所合作，利用分子标记创制聚合 3 个抗性、优质 QTL 的新种质呼交 9725，并利用其培育出抗灰斑病、蛋白质油分双高（64.88％）的蒙豆 36 号等优质高产品种，实现了品质和产量协同提高。

2.大豆转基因育种

大豆遗传转化不仅是鉴定基因功能的重要手段，也是培育大豆新品种的重要途径之一。20世纪80年代初我国开始大豆遗传转化研究，开创了中国大豆转基因研究的历史。我国大豆转基因所用的方法包括花粉管通道法、农杆菌介导法、基因枪法、PEG法等，其中前两种方法应用较多，后两种方法应用较少。呼伦贝尔市农科所于2009年开始参与转基因专项东北地区早熟大豆育种的相关工作，其中选育的抗除草剂大豆新品系呼交06-698为农业部批准进行环境安全评价试验的转基因大豆品种。在转基因回交转育过程中，利用SSR标记，对后代单株进行选择，有目的地进行定向回交，提高了育种效率。

综上，内蒙古自治区的大豆育种目前仍以常规育种为主。然而，以抗除草剂转基因大豆品种为代表的大豆分子育种在全国乃至全球的应用证明，大豆分子育种正在大豆育种中发挥越来越大的作用。当然，分子育种的发展离不开常规育种，我们必须继续将二者有机结合，为创新育种方法、提升自治区大豆育种水平助力。

五、大豆种业发展

大豆是自交作物，经济效益较杂交作物种子相差很大，当前中国大豆种业发展还比较缓慢。随着国家农业供给侧改革的调整，大豆的市场需求以及种植面积都将大幅度提高，在新的形势下，中国大豆种业体系更加完善，机制更加健全，逐步进入一个多元化发展时代。

改革开放后，大豆生产得到快速发展，生产中对大豆种子的需求日益增加，这一时期育成了大量优良品种，各级种子管理系统逐步走向正轨，日渐规范化。进入2000年，随着育成品种的增多，大豆种业开始进入了全面竞争时代。

内蒙古大豆的良种覆盖率已达85%以上，但是种子的集约化程度仍然不高，在种子生产上，种业公司没有稳定的繁育基地，靠与农户签订合同的方式进行种子生产，由于部分农民科技素质不高，种子纯度和质量问题时有发生，种子加工一般以机选为主，有的企业采用人力选种器，种子质量差。从事大豆育种的种业公司少，经费长期不足，导致大豆种业科技水平低。尽管国家在一些项目上投资建设了良种繁育基地，对种子基础建设及设备投入较大，但效率低下，与国外相比差距很大。种业公司有大有小，实力有强有弱，有极少的企业有自主知识产权，很多企业是购买育种单位的品种，部分企业配备的人员不专业，等等，这些都限制了当地大豆种业的发展。

内蒙古大豆种业的发展应加强大豆科技创新推广应用体系的建设，逐步推进种业管理体制，大力推进大豆育繁销一体化，使种业企业真正成为科技创新的主体，加强与科研单位联合，开展现代育种技术，培育一批有核心竞争力的大豆种业企业。

六、与国际先进水平的比较

20 世纪 80 年代，内蒙古的呼伦贝尔市农科所开始了大豆辐射育种，以电子、快中子，钴 60 射线照射大豆品种、杂交种及后代干种子诱变，育成了极早熟大豆内豆 4 号、高产稳产适应性广的蒙豆 5 号等大豆品种和一些高蛋白品系。这种辐射育种技术当时已经达到国内先进水平。

内蒙古大豆经过近 40 年的发展，育种技术有了长足的发展。仅在呼伦贝尔境内使用的大豆品种就 100 多个，这些品种有内蒙古审定的，也有认定和引种的。内蒙古中西部地区以前主要使用农家品种生产大豆用于满足本地需要，东部大豆主产区新品种普及率高，但因生态类型多，生产规模大，品种更新快，很少有绝对的主栽品种，许多农民盲目引种，形成了种植品种杂乱的局面，抵御生产风险的能力较差。

2014 年呼伦贝尔市农科所的科研人员以内蒙古自治区已审定的大豆品种为试验材料进行生育期组的划分，制定了基于品种生育期组的内蒙古自治区大豆种植区划，绘制了基于品种生育期组的内蒙古自治区大豆种植区划图，规范内蒙古自治区大豆熟期组的划分标准，实现了与国际通用标准接轨。更加明确各主栽品种的适应区域、品种布局、制定地区间引种方案，为进行种植区划及种植业调整提供了科学依据，同时也可为育种者准确投放品种参试地点以及与国内外交流提供了便利条件，极大地促进了内蒙古自治区大豆产业健康的发展。

内蒙古大豆种植区划工作，便于育种者品种交流，利于加快育种进度，增加品种投放的准确性，进而节约大量的科研成本，提高育种质量与效率；利于种植户减少盲目跨区引种带来不必要的生产风险；更利于政府决策部门引导大豆产业科学合理的布局，促进内蒙古大豆产业健康发展，同时也可作为评价内蒙古大豆区域试验点布局合理性的一项指标，社会效益巨大。

七、大豆育种研发趋势分析

内蒙古的大豆研究始于 20 世纪的 50 年代，主要是收集整理农家品种，60 年代开始了大豆杂交育种，80 年代起开展了大豆辐射育种、大豆系统育种、大豆生态育种等。进入 90 年代，又开展了大豆轮回选择育种、抗病虫育种、高蛋白育种、高油育种和特用大豆育种，并取得一定成效。

进入 21 世纪，大豆高产和优质成为育种的主要目标，从内蒙古大豆品种水平看，进一步提高产量的潜力还很大，要加强稳产性状如抗倒伏、抗病、抗旱品种的选择。目前有些品种产量高、品质好，但由于抗倒性不好，不耐旱，种植风险大，不能大面积推广。在品质方面，应以优质专用大豆品种为主。育种实践表明，蛋白脂肪同时高的品种难以育成，专用型品种选育应该是今后的育种方向。内蒙古目前为止已经审定的大豆品种中的高蛋白品种有蒙豆 11、蒙豆 36 和蒙豆 37 等，双高品种有蒙豆 13、蒙豆 30、蒙豆 39 等。

产量形成不但与产量性状基因有关，还取决于与之互作的遗传背景。大豆高产最终来源于日光能的高效率利用，群体光能利用的高低取决于植株的光合效率和群体结构。在大豆品种产量水平达到一定高度后，要实现高产突破，株型的作用更重要。理想株型育种是实现大豆超高产的重要途径。内蒙古大豆主产区主要集中在呼伦贝尔市，赤峰、通辽和兴安盟等地有零星种植，这些地区日照短，选育有利于通风透光的半矮杆株型可提高全冠层光合速率，进而提高群体产量。

生物技术在大豆育种上已经得到广泛应用，并取得了许多引人瞩目的成绩，可以解决大豆育种中许多现实问题，发展前景广阔。结合内蒙古本地育种的实际情况，应开展分子设计育种，选育抗病、抗虫、耐旱的亲本材料的研究，筛选与性状连锁的分子标记，进行分子标记辅助育种；同时，应与植保学科加强协作，积极吸取植物病理学、流行病学和病虫检测技术方面的最新成果，提高抗病虫育种的效果。在选育新品种的同时，还应该研究与其相配套的高产优质和节本增效的栽培技术，做到良种良法结合，提高大豆生产的综合效益。

第二节　研究室概况

一、育成大豆品种情况

近 40 年已育成的大豆品种情况详见表 2-1。

表 2-1　近 40 年已育成的大豆品种情况

品种名称	育成单位	育成年份	审定部门	育种方法	父、母本	特征特性	品种类型	产量潜力（kg/亩）	推广地区及面积（亩）	效益
"六五"—"八五"期间										
内豆1号（呼丰1号）	呼盟农科所	1980	内蒙古自治区农作物品种审定委员会	杂交	7999-71×合交13	株高 70～85cm，主茎节数较多，有效分枝 2 个，无限节荚习性。白花、尖叶、荚多 为 3～4 粒，百粒重17g，脂肪含量21.84%。耐旱、高产、稳产		160	呼盟、兴安盟及邻近的黑龙江省部分县市	

（续表）

品种名称	育成单位	育成年份	审定部门	育种方法	父、母本	特征特性	品种类型	产量潜力（kg/亩）	推广地区及面积（亩）	效益
内豆 2 号（呼丰 2 号）	呼盟农科所	1980	内蒙古自治区农作物品种审定委员会	杂交	丰收 11×丰收 10	株高 52cm，白花、尖叶、叶片窄小稀疏，株型收敛，有限结荚习性，百粒重 23.9g，脂肪含量 19.1%。抗倒伏、喜肥水	早熟	140	1 900℃积温区	
内豆 3 号	呼盟农科所	1986	内蒙古自治区农作物品种审定委员会	杂交	丰收 10×珲春豆	株高 50～70cm，有限结荚习性，圆叶、白花、灰毛、脐浅褐色，百粒重 20g，蛋白质含量 40.40%，脂肪含量 19.36%，喜肥水		150	2 100℃以上积温区	
内豆 4 号	呼盟农科所	1994	内蒙古自治区农作物品种审定委员会	辐射	呼 5121	株高 60～80cm，株型收敛，百粒重 20g 以上，种子发芽快，生长发育进程快，开花较早，抗倒伏，抗食心虫病，苗势强。蛋白质含量 41.96%，脂肪含量 21.01%	早熟	135	1 900℃积温区	
呼丰 6 号	呼盟农科所	1995	内蒙古自治区农作物品种审定委员会	早熟变异株系选	丰山 1 号	株高 63.9cm，圆叶、紫花，百粒重 19.2g，脂肪含量 20.59%，蛋白含量 39.00%。抗倒伏，抗灰斑病、菌核病等多种病虫害		150	2 100℃积温区	

（续表）

品种名称	育成单位	育成年份	审定部门	育种方法	父、母本	特征特性	品种类型	产量潜力（kg/亩）	推广地区及面积（亩）	效益
"九五"—"十一五"期间										
蒙豆5号	呼盟农科所	1997	内蒙古自治区农作物品种审定委员会	辐射	呼5121	株高80～100cm，白花、尖叶、无限结荚习性，脐淡褐色，百粒重20～22g，脂肪含量20.68%，蛋白质含量41.84%。抗食心虫、抗炸荚、耐瘠薄		145	2 100℃积温区	
蒙豆6号	呼盟农科所	2000	内蒙古自治区农作物品种审定委员会	杂交	札幌小粒豆×加拿大小粒豆	株高80～110cm，无限结荚习性，紫花、灰茸毛、小圆叶，百粒重9～11.8g，蛋白质含量37.8%～41.9%，脂肪含量18.1%～19.3%。耐旱、耐瘠薄、抗蚜虫、病毒病等病虫害。芽率高，适作纳豆及豆科牧草	小粒	135	呼伦贝尔、兴安盟和黑龙江2 100～2 200℃积温区	
蒙豆9号	呼盟农科所	2002	内蒙古自治区农作物品种审定委员会	变异株系选	丰收10号	紫花、灰茸毛、亚有限结荚习性，株高70cm左右，百粒重20g，种皮金黄色，种脐黄色，籽粒圆球形，籽粒蛋白质含量38.06%，脂肪含量23.09%，含油量高。抗旱、抗倒伏、抗病毒病	高产	170	1 950℃以上积温区	

（续表）

品种名称	育成单位	育成年份	审定部门	育种方法	父、母本	特征特性	品种类型	产量潜力（kg/亩）	推广地区及面积（亩）	效益
蒙豆10号	呼盟农科所	2002	内蒙古自治区农作物品种审定委员会	杂交	克89-19×黑河5	株高为120cm，分枝0.5～2.0个，亚有限结荚习性，白花，灰茸毛，种皮黄色，无色脐，百粒重22g左右，籽粒蛋白质含量40.28%，脂肪含量18.75%。抗旱、抗霜霉病	高产	180	2 300℃以上积温区	
蒙豆11号	呼盟农科所	2002	内蒙古自治区农作物品种审定委员会	杂交	早羽×克73-辐52	主茎高70cm左右，无限结荚习性，分枝1～3个，白花，浅褐色脐，百粒重20g左右，灰茸毛，籽粒蛋白质含量45.31%，脂肪含量17.19%。中度抗旱、抗炸荚、抗叶部病害	高蛋白	165	1 900℃以上积温区	
"十一五"期间										
蒙豆12号	呼伦贝尔市农业科学研究所	2003	内蒙古自治区农作物品种审定委员会	杂交育种	绥农10号×蒙豆9号	亚有限结荚习性，一般株高80 cm，无分枝，叶片为披针叶，叶片中等大小，叶色浓绿，落叶性好。紫花，灰茸毛，荚深褐色，三、四粒荚比例大。百粒重20g左右，籽粒圆球形，种皮金黄色，有光泽，种脐黄色。脂肪含量为22.88%，蛋白含量38.58%	高油	180	≥10℃需有效积温2 200℃以上地区	

（续表）

品种名称	育成单位	育成年份	审定部门	育种方法	父、母本	特征特性	品种类型	产量潜力（kg/亩）	推广地区及面积（亩）	效益
蒙豆13号	呼伦贝尔市农业科学研究所	2003	内蒙古自治区农作物品种审定委员会	杂交育种	北87－7×绥农11号	无限结荚习性，一般株高100cm，无分枝，叶片为披针叶，叶片中等大小，叶色浓绿，落叶性好。白花，灰茸毛，荚深褐色，三、四粒荚比例大。百粒重20g左右，种脐黄色。蛋白质含量43.84%，脂肪含量19.27%	高蛋白	180	需有效积温2 300℃以上地区	
蒙豆15	呼伦贝尔市农业科学研究所	2003	内蒙古自治区农作物品种审定委员会	杂交育种	绥农84－5674×北87－7	亚有限结荚习性，一般株高70㎝，无分枝，叶片为披针叶，叶片中等大小，叶色浓绿，落叶性好。白花，灰茸毛，荚深褐色，三、四粒荚比例大。百粒重24g左右，种脐黄色。蛋白质含量40.14%，脂肪含量20.61%	高油	180	≥10℃有效积温2 200以上地区	
蒙豆14	呼伦贝尔市农业科学研究所	2004	内蒙古自治区农作物品种审定委员会	杂交育种	呼交94－106×Weber	无限结荚习性，株高80cm左右，分枝1～3个，主茎18节，节间短，茎秆弹性强，抗倒伏，耐肥水、丰产性好；披针叶，叶片浓绿色、比较小；白花、灰茸毛；三、四粒荚达70%以上，荚黄色，弯镰刀形；籽粒圆形、粒黄色，脐无色，外观品质好；百粒重19g左右；脂肪含量平均为22.23%，蛋白含量38.41%	高油	160	≥10℃有效积温2 200以上地区	

（续表）

品种名称	育成单位	育成年份	审定部门	育种方法	父、母本	特征特性	品种类型	产量潜力（kg/亩）	推广地区及面积（亩）	效益
蒙豆16	呼伦贝尔市农业科学研究所	2005	内蒙古自治区农作物品种审定委员会	杂交育种	93—286×蒙豆7号	株高为75～80cm，长叶，花白色，茸毛灰色，亚有限结荚习性。主茎结荚，分枝少。籽粒圆形，种皮黄色，子叶黄色，无色脐，百粒重22g左右，有光泽脂肪含量为19.98%，蛋白含量39.24%		140	≥10℃有效有效积温2080℃以上地区种植	
蒙豆17	呼伦贝尔市农业科学研究所	2005	内蒙古自治区农作物品种审定委员会	杂交育种	89—9×蒙豆9号	株高80cm左右，长叶、白花、茸毛灰色、亚有限结荚习性，落叶，抗炸荚；主茎结荚，分枝少，结荚密集，荚熟色褐色，3～4粒荚多。百粒重19g左右，籽粒圆形，黄皮，子叶黄色、无色脐。蛋白质含量39.89%，脂肪含量21.21%		170	≥10℃有效积温2200℃以上地区种植	
蒙豆19	呼伦贝尔市农业科学研究所	2006	内蒙古自治区农作物品种审定委员会	杂交育种	蒙豆9号×蒙豆7号	紫花、圆叶、灰色茸毛、亚有限结荚习性，荚熟色为褐色；荚弯镰型，株高69.7cm，百粒重26g左右，种皮黄色，脐无色，。脂肪含量为22.39%，蛋白质含量37.92%	高油	120	≥10℃有效积温1800℃以上地区种植	

（续表）

品种名称	育成单位	育成年份	审定部门	育种方法	父、母本	特征特性	品种类型	产量潜力（kg/亩）	推广地区及面积（亩）	效益
蒙豆20	呼伦贝尔市农业科学研究所	2006	内蒙古自治区农作物品种审定委员会	杂交育种	北丰九号×嫩良4号	紫花、长叶、灰色茸毛、亚有限结荚习性；荚熟色为褐色，3～4粒荚多；株高75.3cm，百粒重22.0g左右，成熟时落叶；种皮黄色，黄脐，籽粒圆形。粗蛋白（干基）含量41.69%，粗脂肪（干基）含量19.66%		150	≥10℃有效积温2 000以上地区	
蒙豆21	呼伦贝尔市农业科学研究所	2006	内蒙古自治区农作物品种审定委员会	杂交育种	绥农10号×蒙豆9号	白花、长叶、灰色茸毛、亚有限结荚习性；分枝1～2个，荚熟色为褐色，3～4粒荚多；株高91.8cm，百粒重16.0g，成熟时落叶；种皮黄色，黄脐，籽粒园形。粗蛋白（干基）含量37.92%，粗脂肪（干基）含量22.38%	高油	180	≥10℃有效积温2 100℃以上地区种植	
蒙豆14	呼伦贝尔市农业科学研究所	2006	农业部国家农作物品种审定委员会	杂交育种	呼交94-106×Weber	无限结荚习性，株高80cm左右，分枝1～3个；披针叶，叶片浓绿色、比较小；白花、灰茸毛；三、四粒荚达70%以上，荚黄色、弯镰刀形；籽粒圆形、粒黄色，脐无色；百粒重19g左右；脂肪含量平均为22.23%，蛋白质含量38.41%		160	≥10℃活动积温2 200℃以上地区种植	

（续表）

品种名称	育成单位	育成年份	审定部门	育种方法	父、母本	特征特性	品种类型	产量潜力（kg/亩）	推广地区及面积（亩）	效益
蒙豆26号	呼伦贝尔市农业科学研究所	2007	内蒙古自治区农作物品种审定委员会	杂交育种	绥农10号×蒙豆9号	株高85cm，长叶、紫花、茸毛灰色、亚有限结荚习性，种皮黄色、子叶黄色，无色脐，百粒重21g左右，蛋白质（干基）含量：41.95%，脂肪（干基）含量：22.77%	高油	130	≥10℃活动积温2 200℃以上地区种植	
蒙豆18号	呼伦贝尔市农业科学研究所	2007	内蒙古自治区农作物品种审定委员会	杂交育种	绥农11号×北丰14号	株高79.33cm，长叶、白花、茸毛灰色、亚有限结荚习性，种皮黄色、子叶黄色，无色脐，百粒重19.0g左右，蛋白质（干基）含量：38.88%，脂肪（干基）含量：20.65%		140	≥10℃活动积温2 200℃以上地区种植	
蒙豆28	呼伦贝尔市农业科学研究所	2008	内蒙古自治区农作物品种审定委员会	杂交育种	绥农11号×北丰14号	株高68cm左右，长叶、白花、茸毛灰色、亚有限结荚习性，落叶，抗炸荚；主茎结荚，分枝少，主茎节数12~13节，结荚高度14.8cm，植株中部荚丰富；籽粒圆形，黄皮、黄脐。粗蛋白含量38.41%，粗脂肪含量21.97%。百粒重17.2g			≥10℃活动积温2 300℃以上地区、种植	

（续表）

品种名称	育成单位	育成年份	审定部门	育种方法	父、母本	特征特性	品种类型	产量潜力（kg/亩）	推广地区及面积（亩）	效益
登科1号	呼伦贝尔市农业科学研究所	2009	农业部国家农作物品种审定委员会	杂交育种	蒙豆13×垦鉴豆27	长叶、紫花、无限结荚习性。株高79.5cm，百粒重18.7g。籽粒圆形，种皮黄色，黄脐，粗蛋白含量37.74%，粗脂肪含量22.18%		180	≥10℃活动积温2 200℃以上地区种植	
蒙豆30	呼伦贝尔市农业科学研究所	2009	内蒙古自治区农作物品种审定委员会	杂交育种	蒙豆16号×89-9	株高100cm，长叶、白花、茸毛灰色、亚有限结荚习性、种皮黄色，子叶黄色，淡褐脐，百粒重20g左右，粗蛋白含量43.59%，粗脂肪含量21.00%	高蛋白	160	≥10℃活动积温2 400℃以上地区种植	
登科3号	呼伦贝尔市农业科学研究所	2010	内蒙古自治区农作物品种审定委员会	杂交育种	丰豆2号×呼交03-286	株高100cm，圆叶、紫花、茸毛灰色、亚有限结荚习性、种皮黄色，子叶黄色，黑脐，百粒重20g左右，粗蛋白含量37.64%，粗脂肪含量22.98%		140	≥10℃活动积温2 100℃以上地区种植	
蒙豆32	呼伦贝尔市农业科学研究所	2010	内蒙古自治区农作物品种审定委员会	杂交育种	内豆4号×呼交03-932	株高75cm，披针叶、紫花、茸毛灰色、亚有限结荚习性、种皮黄色，子叶黄色，黄脐，百粒重22g左右，粗蛋白含量40.56%，粗脂肪含量22.80%	高油	125	≥10℃活动积温1900℃以上地区种植	

（续表）

品种名称	育成单位	育成年份	审定部门	育种方法	父、母本	特征特性	品种类型	产量潜力（kg/亩）	推广地区及面积（亩）	效益
蒙豆33	呼伦贝尔市农业科学研究所	2010	内蒙古自治区农作物品种审定委员会	杂交育种	蒙豆16号×Dekabig	株高85cm，披针叶、白花、茸毛灰色、亚有限结荚习性，种皮黄色，子叶黄色，黄脐，百粒重22g左右，粗蛋白含量42.16%，粗脂肪含量22.91%	高油	150	≥10℃活动积温2250℃以上地区种植	

"十二五"至今

品种名称	育成单位	育成年份	审定部门	育种方法	父、母本	特征特性	品种类型	产量潜力（kg/亩）	推广地区及面积（亩）	效益
登科2号	呼伦贝尔市农业科学研究所	2011	内蒙古自治区农作物品种审定委员会	杂交育种	内豆4号×呼交04-3	株高80cm，披针叶、白花、茸毛灰色、无限结荚习性，种皮黄色，子叶黄色，黄脐，百粒重23g左右，粗蛋白含量39.18%，粗脂肪含量21.08%		180	≥10℃活动积温2250℃以上地区种植	
蒙豆31	呼伦贝尔市农业科学研究所	2011	内蒙古自治区农作物品种审定委员会	杂交育种	（哈97-5404×合丰47）	株高100cm，披针叶、白花、茸毛灰色、无限结荚习性，种皮黄色，子叶黄色，淡褐脐，百粒重20g左右，粗蛋白含量43.59%，粗脂肪含量21.00%			≥10℃活动积温2400℃以上地区种植。	
蒙豆34号	呼伦贝尔市农业科学研究所	2012	内蒙古自治区农作物品种审定委员会	杂交育种	中作992×蒙豆17号	株高73cm，披针叶，紫色花冠、灰色茸毛，亚有限结荚习性，熟色深褐色圆形，黄色种皮，黄色种脐，百粒重18.3g，粗蛋白含量41.21%，粗脂肪含量21.19%，抗大豆灰斑病1、7号混合生理小种，中感大豆花叶病毒SMVⅠ号株系，感大豆花叶病毒SMVⅢ号株系		160	≥10℃活动积温2000℃以上地区种植地区种植	

（续表）

品种名称	育成单位	育成年份	审定部门	育种方法	父、母本	特征特性	品种类型	产量潜力（kg/亩）	推广地区及面积（亩）	效益
蒙豆35号	呼伦贝尔市农业科学研究所	2012	内蒙古自治区农作物品种审定委员会	杂交育种	蒙豆21号×中作991	株高81cm，披针叶，白色花冠、灰白色茸毛，亚有限结荚习性，荚熟淡褐色，圆形，黄色种皮，种脐黄色，百粒重17.4g，粗蛋白含量40.89%，粗脂肪含量20.07%。抗大豆灰斑病1、7号混合生理小种，中抗大豆花叶病毒SMVⅠ号株系，感大豆花叶病毒SMVⅢ号株系		160	≥10℃活动积温2 000℃以上地区种植地区种植	
蒙豆36号	呼伦贝尔市农业科学研究所	2012	内蒙古自治区农作物品种审定委员会	杂交育种	蒙豆13号×黑农37号	株高72.9cm，披针叶、紫色花冠、灰色茸毛，亚有限结荚习性，荚熟色深褐色，圆形，黄色种皮，种脐淡褐色，百粒重16.4g，粗蛋白含量45.49%，粗脂肪含量19.39%，中抗大豆灰斑病1、7号混合生理小种，中感大豆花叶病毒SMVⅠ号株系，感大豆花叶病毒SMVⅢ号株系	高蛋白	140	≥10℃活动积温2 200℃以上地区种植地区种植	

（续表）

品种名称	育成单位	育成年份	审定部门	育种方法	父、母本	特征特性	品种类型	产量潜力（kg/亩）	推广地区及面积（亩）	效益
蒙豆 37 号	呼伦贝尔市农业科学研究所	2013	内蒙古自治区农作物品种审定委员会	杂交育种	内豆 4 号 × 蒙豆 19 号	株高 74cm，披针叶，白花，灰色茸毛，亚有限结荚习性，主茎节数 16.7 节，分枝 0～1 个。圆形，黄色种皮，无色种脐，百粒重 19.2g。粗蛋白含量 43.43%，粗脂肪含量 20.83%		140	≥ 10℃ 活动积温 1 900℃以上地区种植地区种植，3.1 万亩	
蒙豆 38 号	呼伦贝尔市农业科学研究所	2013	内蒙古自治区农作物品种审定委员会	杂交育种	蒙豆 21 号 × 黑河 38 号	株高 69cm，披针叶，白花，灰色茸毛，亚有限结荚习性，主茎节数 15.1 节，分枝 0.6 个。圆形，黄色种皮，淡褐色种脐，百粒重 19.1g。粗蛋白含量 40.76%，粗脂肪含量 21.05%		140	≥ 10℃ 活动积温 2 100℃以上地区种植地区种植，2.7 万亩	
蒙豆 39 号	呼伦贝尔市农业科学研究所	2016	内蒙古自治区农作物品种审定委员会	杂交育种	绥农 10 号 × 5W53-3	株高 79cm，无限结荚习性，椭圆叶，白花、灰色茸毛，主茎节数 17.2 节，分枝 1.1 个。成熟荚草黄色。黄色种脐，百粒重 19.3g，粗蛋白含量 41.23%，粗脂肪含量 21.81%			≥ 10℃ 有效积温 2 200℃积温区	

（续表）

品种名称	育成单位	育成年份	审定部门	育种方法	父、母本	特征特性	品种类型	产量潜力（kg/亩）	推广地区及面积（亩）	效益
蒙豆44	呼伦贝尔市农业科学研究所	2017	内蒙古自治区农作物品种审定委员会	杂交育种	Elvir/蒙豆38	生育期109d，株高75cm，亚有限结荚习性，主茎节数15.1节，分枝数0.7个，披针叶、紫花、灰色茸毛。荚皮褐色，微弯镰形。籽粒圆形，黄色种皮，黄色种脐，百粒重19.4g。粗蛋白含量39.94%，粗脂肪含量22.07%			≥10℃活动积温2 150℃以上地区种植	
蒙豆45	呼伦贝尔市农业科学研究所	2017	内蒙古自治区农作物品种审定委员会	杂交育种	疆莫豆1号/Dekabig	生育期112d，株高84cm，亚有限结荚习性，披针叶、紫花、灰色茸毛。荚皮褐色，弯镰形。籽粒圆形，淡黄色种皮，黄色种脐，百粒重20.2g。粗蛋白含量39.07%，粗脂肪含量21.47%		140	≥10℃活动积温2 200℃以上地区种植	
蒙豆359	呼伦贝尔市农业科学研究所	2017	农业部国家农作物品种审定委员会	杂交育种	蒙豆14号/5W57	株高79.5cm，百粒重17.3g。披针叶、白花、灰毛。籽粒圆形，种皮黄色、微光，种脐黄色。粗蛋白含量40.93%，粗脂肪含量21.26%		160	≥10℃活动积温2 200℃以内地区种植	

（续表）

品种名称	育成单位	育成年份	审定部门	育种方法	父、母本	特征特性	品种类型	产量潜力（kg/亩）	推广地区及面积（亩）	效益
蒙豆42	呼伦贝尔市农业科学研究所	2018	内蒙古自治区农作物品种审定委员会	杂交育种	资02-146/黑河38	株高74cm，亚有限结荚习性，披针叶、紫花、灰色茸毛。荚成熟褐色，微弯镰形。籽粒圆形，淡黄色种皮、黄色种脐，百粒重19.3g。籽粒粗蛋白含量42.41%，粗脂肪含量20.16%		150	≥10℃活动积温2 100℃以上地区种植	
蒙豆43	呼伦贝尔市农业科学研究所	2018	内蒙古自治区农作物品种审定委员会	杂交育种	蒙豆28/北豆21	株高74cm，亚有限结荚习性，披针叶、紫花、灰色茸毛。荚成熟淡褐色，微弯镰形。籽粒圆形，黄色种皮，黄色种脐，百粒重19.8g。籽粒粗蛋白含量40.91%，粗脂肪含量20.93%		180	≥10℃活动积温2 250℃以上地区种植	
蒙豆1137	呼伦贝尔市农业科学研究所	2018	农业部国家农作物品种审定委员会	杂交育种	蒙豆28/引北安	株高73.15cm，百粒重18.95g。尖叶、白花、灰色茸毛。籽粒圆形、种皮黄色、微光、种脐黄色。粗蛋白含量40.77%，粗脂肪含量19.53%，粗蛋白含量、粗脂肪含量之和60.30%		180	≥10℃活动积温2200℃以内地区种植。	
蒙豆44	呼伦贝尔市农业科学研究所	2018	农业部国家农作物品种审定委员会	杂交育种	Elvir/蒙豆38	株高75cm，亚有限结荚习性，披针叶、紫花、灰色茸毛。荚皮褐色，微弯镰形。籽粒圆形，黄色种皮、黄色种脐，百粒重19.4g。粗蛋白含量39.94%，粗脂肪含量22.07%	高油	140	≥10℃活动积温2 200℃以上地区种植	

二、骨干亲本应用情况

骨干亲本应用情况详见表 2-2。

表 2-2　骨干亲本应用情况

骨干亲本名称	来源	熟期组	结荚习性	株高（cm）	叶形	百粒重（g）	蛋白含量（%）	油脂含量（%）	突出特性	推广面积（万 hm²）
Dekabig	国外资源	MG Ⅱ	无限	95	卵圆	20	37.14	23.11	高油高产	
北丰 14	黑龙江省国营农场总局北安农管局农科所	MG0		80	披针		43.06	18.36	高蛋白	
北丰 9 号	黑龙江省国营农场总局北安农管局农科所	MG0	亚有限	80	披针	18	40.32	18.53		
黑河 18 号	黑龙江省农业科学院黑河分院	MG00	亚有限	80	披针	21	39.65	20.42		
黑河 38 号	黑龙江省农业科学院黑河分院	MG00	亚有限	75	披针	18.5	39.70	20.52		
疆莫豆 1 号	北疆农科所	MG00	无限	70	披针	18～20	40.28	20.47		
蒙豆 13 号	呼伦贝尔市农科所	MG0	无限	90	披针	20	43.84	19.27	高蛋白	
蒙豆 14 号	呼伦贝尔市农科所	MG0	无限	74.8	披针	17.9	40.70	20.93		
蒙豆 28 号	呼伦贝尔市农科所	MG0	亚有限	68.5	披针	18	38.41	21.97		
蒙豆 9 号	呼伦贝尔市农科所	MG00	亚有限	70	披针	20	38.06	23.09	高油	
内豆 4 号	呼伦贝尔市农科所	MG000	亚有限	75	披针	20～22	41.96	20.01		
绥农 10 号	黑龙江省农业科学院绥化分院	MG Ⅰ	无限		披针	20～23	42.11	20.60		

（续表）

骨干亲本名称	来源	熟期组	结荚习性	株高（cm）	叶形	百粒重（g）	蛋白含量（%）	油脂含量（%）	突出特性	推广面积（万 hm²）
绥农 11 号	黑龙江省农业科学院绥化分院	MG0	无限	90	披针	19	42.71	21.07		
绥农 14	黑龙江省农业科学院绥化分院	MG Ⅰ	亚有限	78.9	披针	20.3	38.66	21.93		
蒙豆 16 号	呼伦贝尔市农科所	MG00	亚有限	80	披针	22	42.16	19.98		
兴抗线 1 号	杂交	中早熟	无限	110	圆叶	19.6	38.92	21.02	抗孢囊线虫	1.9
丰豆 2 号	杂交	中早熟	无限	90	圆叶	20.0	36.14	22.86	抗孢囊线虫	4.1

三、获得科技奖励情况

自"六五"至今获得的科技奖励情况见表 2-3。

表 2-3　获科技奖统计

成果名称	奖励类别及等级	获奖单位	获奖年份	成果简介
"六五"—"八五"				
"内豆 2 号"品种选育	内蒙古自治区科技改进四等奖	呼伦贝尔盟农业科学研究所	1981	1980 年通过品种审定，1980—1986 年累计推广面积 0.34 万 hm²
大豆新品种内豆 3 号选育	内蒙古自治区科技进步二等奖	呼伦贝尔盟农业科学研究所	1988	内豆 3 号 1986 年通过内蒙古品种审定，1987—1990 年累计推广面积达 20 万 hm²，产量 154kg/亩，成为当时呼盟的主栽品种
内豆 3 号新品种开发	内蒙古自治区科技进步二等奖	呼伦贝尔盟农业科学研究所	1991	利用优良品种内豆 3 号选育其他优良品系
内豆 4 号大豆新品种选育与推广	内蒙古自治区科技进步二等奖	呼伦贝尔盟农业科学研究所	1998	内豆 4 号是通过辐射育种育成的极早熟大豆品种，该品种的育种技术已达到国内领先水平

（续表）

成果名称	奖励类别及等级	获奖单位	获奖年份	成果简介
大豆根潜蝇预测预报与综合防治技术研究	内蒙古自治区科技进步三等奖	扎兰屯推广中心、呼伦贝尔农业科学研究所、扎兰屯农校等	1999	针对大豆根潜蝇的田间调查、发生期预测、发生量预测及防治等问题进行了系统阐述，对我区大豆生产具有指导作用和实用性
大豆疫霉根腐病发生及防治技术研究	内蒙古自治区科技进步二等奖	呼盟植保站、扎兰屯农牧学校、呼盟农业科学研究所等	2003	通过试验研究发病机理，筛选除了适于当地种植的亲本材料和防治效果较好的药剂，有效的增加了大豆产量
小麦、大豆、马铃薯高产优化栽培管理决策支持系统研究	内蒙古自治区科技进步一等奖	内蒙古农牧学院、呼伦贝尔市农业科学研究所等	2005	创建大豆优化栽培系统，技术水平大豆国内先进水平
"十一五"				
高油大豆高产综合配套技术示范与推广	内蒙古自治区丰收三等奖	呼伦贝尔市农业科学研究所	2006	为新品种的推广及生产提供增产的配套技术
"十二五"至今				
高产高油国审大豆新品种"登科1号"推广应用	内蒙古自治区丰收三等奖	呼伦贝尔市农业科学研究所	2014	登科1号是国审高油大豆品种，推广应用面积较大
高产优质大豆"蒙豆14、蒙豆36、登科1号"品种选育与推广应用	内蒙古自治区科技进步二等奖	呼伦贝尔市农业科学研究所、中国农业科学院作物科学研究所、内蒙古自治区农牧业科学院	2015	进行优异种质创造，新品种培育及大面积推广应用
优质高产"蒙字系列"大豆新品种选育与应用	内蒙古自治区科技进步二等奖	内蒙古农牧业科学院、呼伦贝尔市农业科学研究所	2017	利用优良亲本材料，育成一系列优良品系和品种，并且大面积推广应用
大豆优异种质挖掘、创新与利用	国家科技进步二等奖	中国农业科学院作物科学研究所，东北农业大学，黑龙江农科院绥化分院，佳木斯分院，呼伦贝尔市农业科学研究所		创新了大豆优异种质，构建了核心种质，定位了优异基因

四、种质保存与创新概况

目前所保有的种质资源数

野生大豆50份，地方品种88份，育成品种650份，创新种质18份；其中国外种质98份，已用于育种的有9份。

大豆种质保存与创新（如抗病、虫、配合力高、高油、高蛋白等）的情况见表2-4。

表2-4　大豆种质保存与创新

时间段	资源总数	野生大豆	地方品种	育成品种（系）	创新种质
"六五"—"八五"	42		42		
"九五"—"十五"	66		46	20	
"十一五"	470	20		380	70
"十二五"至今	308	30		250	28

五、研究人员

研究人员情况见表2-5。

表2-5　本单位研究人员

时间段	姓名	学历学位	研究方向
"六五"—"八五"	陈新民	大学本科、学士	大豆新品种选育
	王淑芳	中专	大豆新品种选育
	张万海	大学本科、学士	大豆新品种选育及配套栽培技术研究
	闫任沛	大学本科、学士	大豆病虫害防治
	邵玉彬	本科	大豆新品种选育及配套栽培技术研究
"九五"—"十五"	孙宾成	研究生、硕士	大豆新品种选育及配套栽培技术研究
	李凤英	大学专科	大豆新品种选育
	徐长庆	中专	大豆种质资源利用
	常秋丽	大学专科	大豆区域试验
	张桂萍	大学专科	大豆新品种选育
	胡兴国	研究生、硕士	大豆新品种选育及区域试验
"十一五"	张琪	研究生、硕士	大豆新品种选育及新品系鉴定
	郭荣起	研究生、硕士	大豆分子标记辅助育种

（续表）

时间段	姓名	学历学位	研究方向
"十二五"至今	孙如建	研究生、硕士	大豆分子标记辅助育种
	柴桑	研究生、硕士	大豆新品种选育及栽培措施研究

六、项目经费情况

项目经费情况见表2-6。

表2-6　承担项目及经费统计

时间段	项目名称	项目数	资助额度（万元）	经费来源	研究内容
"六五"—"八五"	区试费	4	0.28	内蒙古区域试验	
	三项经费	4	4.85	国家财政科技拨款	
	内蒙古三项经费	1	2.00	国家财政科技拨款	
	呼伦贝尔盟投入经费	9	13.72	国家财政科技拨款	
	留学人员经费	1	3.00		
"九五"—"十五"	大豆攻关费	1	10	呼伦贝尔盟科技局	
	区试费	5	2.86		
	863项目试验	2	2.92	黑龙江省农科院	
	推广经费	1	0.3	中国农业科学院	
	内蒙古三项经费	4	19.00	国家财政科技拨款	
	盟科技局项目	3	62.00	吉林省农科院	
	生试费	1	0.40		
"十一五"	现代农业产业技术体系建设——东北高寒地区大豆抗逆育种	1	350.00	农业部现代农业产业技术体系	优质、抗逆品种选育
	优质高产多抗专用大豆分子育种技术研究及新品种创制	1		国家高技术研究发展计划（863计划）	优质高产多抗专用大豆培育
	优异大豆基因资源发掘与种质创新利用研究	1	14.00	国家"十一五"科技支撑计划	优异大豆资源发掘
	东北优质大豆新品种选育与推广应用	1		国家"十一五"科技支撑计划	新品种选育
	大豆种质资源繁种与精准鉴定	1		农业部保种计划	东北地区种质精准鉴定

（续表）

时间段	项目名称	项目数	资助额度（万元）	经费来源	研究内容
"十一五"	优质高产专用大豆等油料作物育种技术研究及新品种选育	1	7.50	国家科技支撑计划	优质高产专用大豆育种技术研究及新品种选育
	农业基因资源发掘与种质创新利用研究	1	4.50	国家科技支撑计划	大豆种质创新利用
	高产、优质、多抗大豆品种选育及育种高新技术的应用研究	1	35.00	内蒙古自治区科技计划项目	高产、优质、多抗大豆品种选育
	大豆重迎茬高产栽培技术研究	1	5.00	科技项目	定位轮作试验
	高寒地区大豆高产节本增效技术体系研究与示范	1	140.00	农业公益性行业科研计划	东北地区不同栽培技术比较
	大豆新品种创制及产业化开发	1	5.00	内蒙古自治区"十一五"专项	新品种培育
	优质、高产、多抗大豆品种选育及推广应用研究	1	5.00	内蒙古自治区科技计划项目	新品种培育及推广
	大豆抗灾与节本增效关键技术研究示范	1	43.00	科技支撑	
"十二五"至今	东北特早熟大豆育种岗位	1	420.00	农业部现代农业产业技术体系	早熟大豆新品种选育
	国家大豆产业技术体系呼伦贝尔综合试验站	1	200.00	农业部现代农业产业技术体系	与岗位专家对接的试验站任务
	东北抗除草剂转基因大豆新品种培育	1	283.40	科技部重大专项	东北抗除草剂转基因大豆新品种培育
	北方极早熟大豆优质高产广适新品种培育	1	39.00	国家重点研发计划七大农作物育种专项	极早熟大豆新品种培育
	东北地区大豆良种重大科研协作攻关	1	16.00	国家大豆良种重大科研协作攻关	早熟大豆创新育种
	绿色品种特性鉴定评价	1	10.00		新品种特性鉴定
	大豆新品种培育创新人才团队	1	50.00	内蒙古自治区草原英才工程	人才培养、团队建设
	特早熟大豆资源创新与利用	1	9.00	青年基金	特早熟资源创制
	大豆早熟矮化基因的发掘和利用	1	9.00	青年基金	矮化资源的创制
	绿色优质高效大豆新品种培育	1	5.00	科技计划项目	新品种培育

第三章
马铃薯研究

第一节　马铃薯科研

呼伦贝尔市农业科学研究所开展马铃薯研究已经有六十年的历史，"六五""七五""八五"期间，开展的马铃薯新型栽培种改良与利用、马铃薯杂种实生种子及开发利用研究、马铃薯高淀粉品种选育研究都取得丰硕的成果，研究水平领先于国内同类研究。"九五""十五"期间，主要开展的研究内容，包括马铃薯新品种选育、高淀粉品种育种方法研究、新型培养基引进利用、马铃薯高产高效技术模型建立、马铃薯产业集成技术研究与利用等。"十一五"进入国家马铃薯现代化产业技术体系以来，在首席科学家和岗位专家的指导下，针对马铃薯产业技术开展多方面的研究工作，包括马铃薯品种改良、品质提升、主要病虫害预防、高产高效技术研究、减肥减药技术、贮藏加工技术等，同时加大新品种和新技术的推广力度，为呼伦贝尔市马铃薯产业发展提供科技引领和技术支撑。

呼伦贝尔市农业科学研究所马铃薯研究室现在扎兰屯市中和镇设有 $10hm^2$ 试验基地，现有研究员 1 人、副研究员 2 人、助理研究员 3 人、农艺师 1 人，其中硕士研究生 4 人，具备马铃薯科研所需的试验技术平台和人力资源，研究团队人员配备合理，老中青年阶梯型结构，科研一线以高学历的中青年科技人员为主，课题组成员均多年从事马铃薯新品种选育和马铃薯高产创建技术集成研究，具备良好的科研素质和丰富的实践经验。

一、科研平台

1. 国际科技合作基地

2007 年 11 月 28 日，呼伦贝尔市农业科学研究所被国家科技部授予"国际科技合作示范基地"，该基地的建成为农研所马铃薯开展国际交流与合作研究创建了良好的科研平台。

基地建成以来，农研所分别与白俄罗斯、加拿大、巴西、美国、荷兰、蒙古国等国家的科研院所开展了广泛的互访考察、技术交流、资源引进及国际合作项目研究。与白俄罗斯合作开展"马铃薯高淀粉品种资源及育种技术的引进与应用""马铃薯产业发展关键技术新型培养基的研发推广""引进马铃薯高淀粉品种资源和配套新技术的示范推广""新型培养基生物技术复合体的应用研究";与加拿大开展的国际合作项目"马铃薯高淀粉品种选育与资源引进";与荷兰开展的国际合作项目"荷兰7号马铃薯环腐病技术攻关";与巴西开展的国际合作项目"农牧业高新技术国际合作与交流";接待蒙古国植物和农业研究院马铃薯专家到呼伦贝尔市农业科学研究所进行技术交流与科研访问。通过以上国际合作项目的开展,丰富了农研所马铃薯种质资源的类型,提高了马铃薯科研水平,促进国际科技合作交流工作的进一步发展。

2. 国家马铃薯产业技术体系呼伦贝尔综合试验站

农业部2008年启动现代农业产业技术体系建设项目,形成首席科学家—岗位专家—综合试验站—科技示范县的科研体系,国家马铃薯产业技术体系随之成立。呼伦贝尔市农业科学研究所成为综合试验站的依托单位,马铃薯研究室借助于这个科研平台进入到国家马铃薯的科研团队之中,获得稳定的经费支持,保证科研工作的顺利开展和有序进行。

呼伦贝尔综合试验站连续参加了"十一五""十二五""十三五"国家马铃薯产业技术体系的科研工作,较好地完成了所承担的各项试验任务,与下设的五个示范县紧密合作,把体系研发的集成技术及时推广应用,如大垄种植技术、早疫病、晚疫病预防技术、减肥减药技术、马铃薯抗旱增产增效技术、主要土传病害综合防控技术等,新技术的全面实施,使呼伦贝尔市马铃薯种植水平和效益得到很大提高,促进了马铃薯产业快速健康发展。

二、科研项目

(1)1999—2005年,承担完成国家科技部项目"马铃薯高淀粉资源及育种技术的引进与应用",与白俄罗斯开展的国际合作。

(2)2000—2005年,承担完成国家外专局引智项目"马铃薯高淀粉品种选育与资源引进",与加拿大开展的国际合作。

(3)2000—2005年,承担并完成国家"863"高科技项目"马铃薯新型栽培种质资源拓宽与杂种优势利用"。

(4)2000—2004年,承担完成内蒙古科技厅攻关项目"马铃薯新品种选育与种薯产业化生产",育成马铃薯新品种蒙薯10号、蒙薯12号、蒙薯13号、蒙薯14号,实现了种薯产业化生产。

(5)2006—2010年,承担完成国家科技部国家科技支撑计划项目"高产优质专用马铃薯育种技术研究及新品种选育",与中国农科院合作。

(6)2007—2010年,承担完成国家科技部国家科技支撑计划"马铃薯产业发展中关键技术研究示范－种质资源发展、保存与利用",与内蒙古农业大学合作。

（7）2007—2009 年,承担完成国家科技部农业科技成果转化资金项目"蒙薯 10 号种薯产业化示范"。

（8）2007—2010 年,承担完成国家农业部公益行业科研专项"马铃薯旱作节水栽培技术研究与集成示范"。

（9）2007—2009 年,承担完成内蒙古科技厅国际科技合作计划项目"农牧业高新技术国际合作与交流",与巴西合作。

（10）2009—2012 年,承担完成国家科技部项目"马铃薯产业发展关键技术新型培养基的研发推广",与白俄罗斯合作。开展利用新型培养基实现周年规模生产、培育马铃薯脱毒种薯研究,解决长期制约我国马铃薯产业发展的关键技术问题。

（11）2008—2020 年,承担国家农业部项目"国家马铃薯产业技术体系呼伦贝尔综合试验站"。

（12）2012—2016 年,承担完成国家科技部"十二五"农村领域国家科技计划项目,华北区马铃薯高效生产技术研究与集成示范—"内蒙古呼伦贝尔马铃薯高效生产技术与集成研究"。

（13）2007—2018 年,承担完成国家科技部国际科技合作基地建设项目,与白俄罗斯、加拿大、巴西、美国、荷兰、蒙古、秘鲁国际马铃薯中心合作,建立科技信息往来和签订科技合作协议,得到了各级领导和项目主管部门的高度评价。

（14）国家外专局国际合作引智项目,"引进马铃薯高淀粉品种资源和配套新技术的示范推广"与白俄罗斯合作,"荷兰 7 号马铃薯环腐病技术攻关"与荷兰合作。

（15）2014—2016 年,承担完成国家科技部政府间科技合作项目"新型培养基生物技术复合体的应用研究",与白俄罗斯合作。

（16）2017—2019 年,承担呼伦贝尔市科技局项目"马铃薯高淀粉新品种蒙薯 19 号、蒙薯 21 号、维拉斯及配套种植技术推广"。

（17）2018—2020 年,承担国家重点研发计划项目"马铃薯化肥农药减施技术集成研究与示范""内蒙古东部区马铃薯化肥农药减施技术模式集成与示范",与内蒙古农业大学合作。

（18）1998—2020 年,承担国家农业技术推广中心项目,国家马铃薯中晚熟东北组区域、生产试验示范,在 2002—2004 年第三轮国家马铃薯品种区试中,被评为先进试点。

（19）1998—2017 年,承担完成内蒙古种子管理站项目,内蒙古马铃薯品种区域试验与生产示范。

（20）2019—2020 年,承担呼伦贝尔市科技局项目"呼伦贝尔市马铃薯高产高效技术模式建立与示范推广"。

三、验收或登记成果

（1）审定新品种。1998—2018 年，通过国家、内蒙古自治区农作物品种审定委员会审定马铃薯新品种共 11 个，其中一个国审品种蒙薯 21 号，一个吉林省审定品种蒙薯 17 号。蒙薯 10 号、蒙薯 12 号、蒙薯 13 号、蒙薯 14 号、卫道克、维拉斯、蒙薯 16 号、蒙薯 19 号、蒙薯 20 号先后于 2002 年、2003 年、2004 年、2010 年、2011 年通过内蒙古自治区农作物品种审定委员会审定命名。

（2）制定地方标准。2017 年，呼伦贝尔市农业科学研究所马铃薯研究所作为主要起草单位，主持制定完成呼伦贝尔市马铃薯地方标准五项，DB1507/T 3—2017《马铃薯大垄栽培技术规程》，DB1507/T 4—2017《网棚生产马铃薯原原种技术规程》，DB1507/T 5—2017《马铃薯采用大垄自走式喷灌机实施水肥一体化技术规程》，DB1507/T 6—2017《马铃薯生产机械操作技术规程》，DB1507/T 7—2017《马铃薯原种生产技术规程》，五项地方标准于 2017 年 8 月 25 日由呼伦贝尔市市场监督管理局发布实施。

2018 年，呼伦贝尔市农业科学研究所马铃薯研究所作为主要起草单位，主持制定呼伦贝尔市马铃薯地方标准两项，《大田马铃薯种薯生产技术规程》和《高淀粉马铃薯高产栽培技术规程》，目前标准处于送审稿阶段，待完成。

（3）品种登记。2017 年国家农业部开始实行非主要农作物品种登记制度，2018—2019 年，完成了 6 个马铃薯新品种的登记：内薯 7 号登记证书编号：GPD 马铃薯（2018）150138；蒙薯 12 号登记证书编号：GPD 马铃薯（2018）150139；蒙薯 13 号登记证书编号：GPD 马铃薯（2018）150140；蒙薯 10 号登记证书编号：GPD 马铃薯（2019）150044；蒙薯 17 号登记证书编号：GPD 马铃薯（2019）150045；维拉斯登记证书编号：GPD 马铃薯（2019）150046。

四、获奖成果

（1）2004 年，高淀粉马铃薯新品种蒙薯 10 号（呼 H8262-2），获得科学技术部颁发的国家重点新产品证书。

（2）2005 年，与内蒙古农业大学合作完成的国家"九五"科技攻关项目"小麦、大豆、马铃薯高产优化栽培管理决策支持系统研究"荣获内蒙古自治区科技进步一等奖。

（3）2007 年，新型高淀粉马铃薯新品种蒙薯 14 号（呼 HB14 号），获得国家科学技术部颁发的重点新产品证书。

（4）2014 年，"马铃薯高淀粉品种资源的引进与开发利用推广"获得内蒙古农牧业厅丰收计划三等奖。

五、荣　誉

（1）2002—2018 年，姜波、刘连义、刘淑华当选第四届、第五届、第六届、第七届中国作物学会马铃薯专业委员会委员。

（2）2005 年 5 月，姜波被呼伦贝尔市委市政府、市财政局、市农牧局、市科技局等推荐为呼伦贝尔市级科技特派员。

（3）2005 年 9 月，姜波被推荐为呼伦贝尔市农牧业局、科技局中级职称评审专家组专家。

（4）2007 年，刘淑华被评为自治区"劳动模范"。

（5）2008 年，刘淑华任国家"十一五""十二五"马铃薯产业技术体系呼伦贝尔综合试验站站长。

（6）2015—2019 年，任珂、王贵平当选第七届、第八届中国作物学会马铃薯专业委员会委员。

（7）2015—2019 年，任珂、王贵平入选国家科技部内蒙古自治区"三区"选派人才，对口支援阿荣旗和扎兰屯市。

（8）2015 年，刘淑华晋升二级研究员。

（9）2016 年 6 月，姜波被呼伦贝尔市农牧局推荐为农牧业标准化委员会马铃薯标准化特聘专家。

（10）2016 年 12 月，姜波被推荐为国家马铃薯产业科技创新联盟理事。

（11）2016 年，呼伦贝尔市委组织部选派于晓刚到中和镇挂职党委副书记，任期一年。

（12）2017 年 5 月，宋景荣任国家"十三五"马铃薯产业技术体系呼伦贝尔综合试验站站长，同年当选为第七届中国作物学会马铃薯专业委员会委员。

（13）2017 年 11 月，姜波经过组织部考核被推荐为扎兰屯市第九届政协常委委员。

六、论　文

（1）《马铃薯新型栽培种种质资源的利用研究》，1999 年发表在《中国青年农业科学学术年报》。

（2）《呼伦贝尔市马铃薯晚疫病菌对甲霜灵抗药性的研究》，发表在《中国马铃薯》，2004 年第 4 期。

（3）《马铃薯块茎淀粉含量与叶片、茎杆干物率关系的研究》，发表在《中国马铃薯》，2005 年第 5 期。

（4）《呼伦贝尔市高寒区生物有机肥对马铃薯产量影响的研究》，发表在《马铃薯产业更快更高更强》，2008 年马铃薯专业委员会学术论文集。

（5）《纽翠绿腐殖酸液肥对冬种马铃薯产量的影响》，发表在《马铃薯产业与粮食安全》，2009 年马铃薯专业委员会学术论文集。

（6）《马铃薯高淀粉品种资源的引进与创新应用》，发表在《马铃薯产业与小康社会建设》，2014 年马铃薯专业委员会学术论文集。

（7）《2014 年呼伦贝尔市马铃薯产业回顾、存在问题及发展建议》，发表在《马铃薯产业与现代可持续农业》，2015 年马铃薯专业委员会学术论文集。

（8）《呼伦贝尔市马铃薯产业发展优势及展望》，发表在《中国马铃薯》，2016 年第 5 期。

（9）《国审马铃薯新品种蒙薯 21 号的选育》，发表在《中国马铃薯》，2016 年第 6 期。

（10）《呼伦贝尔市马铃薯主要病害及防治方法》，发表在《中国农业信息》，2016 年总第 195 期。

（11）《马铃薯不同品种抗旱评价及生化指标》，发表在《中国马铃薯》，2017 年第 2 期。

（12）《硒肥对马铃薯硒含量及产量的影响》，发表在《中国马铃薯》，2017 年第 3 期。

（13）《扎兰屯马铃薯品种比较试验》，发表在《中国马铃薯》，2017 年第 4 期。

（14）《呼伦贝尔市岭南地区马铃薯新品种比较试验》，发表在《中国马铃薯》，2017 年第 5 期。

（15）《生物有机肥对马铃薯土传病害的防控作用》，发表在《江西农业》，2017 年总第 105 期。

（16）《马铃薯枯萎病的研究进展及防治方法》，发表在《农技与服务》，2017 年第 15 期。

（17）《如何加快发展呼伦贝尔马铃薯生产优势的新型模式的思考》，发表在《农业与技术》，2018 年第 18 期。

（18）《呼伦贝尔市马铃薯产业发展现状、存在问题及发展建议》，发表在《中国马铃薯》，2018 第 6 期。

七、马铃薯大事记

（1）2016 年 8 月 3—5 日，国家作物学会马铃薯专业委员会秘书长陈伊里、国家马铃薯知名专家吕文河一行，来呼伦贝尔市农业科学研究所检查指导工作，考察呼伦贝尔市马铃薯产业发展现状，到呼伦贝尔恒屹农牧业股份有限公司指导座谈，对呼伦贝尔市马铃薯产业目前面临的问题进行研究探讨，对下一步马铃薯产业发展提出建议意见。

（2）2017 年 8 月 20—21 日，国家马铃薯产业技术体系岗位专家吕文河研究员和石瑛教授来国家马铃薯产业技术体系呼伦贝尔综合试验站指导工作。

（3）2018年5月，呼伦贝尔市农业科学研究所被批准为"中国国际科技合作基地团体会员单位"。

（4）2018年7月29日，国家马铃薯产业技术体系岗位专家、国家农业农村部薯类专家组副组长隋启君研究员，来国家马铃薯产业技术体系呼伦贝尔综合试验站指导工作。

（5）2018年8月15日，国家马铃薯产业技术体系岗位专家石瑛教授，来国家马铃薯产业技术体系呼伦贝尔综合试验站指导工作。

（6）2018年8月23日，黑龙江省农科院马铃薯生物技术研究所所长、国家农业农村部薯类专家、国家马铃薯产业技术体系岗位专家盛万民研究员来农研所调研指导。

八、科研人员

1. 马铃薯科研人员

详见表3-1。

表3-1　马铃薯主要科研人员

时间段	姓名	学历	职称	研究方向
九五—十五	姜兴亚	大学本科	研究员	马铃薯新品种选育、实生种子选育与杂种优势利用研究
	徐淑琴	大学本科	研究员	马铃薯种薯脱毒技术研究与利用
	敖日勒玛	大学本科	副研究员	马铃薯种薯脱毒技术研究与利用
	隋启君	大学本科	研究员	马铃薯新品种选育、实生种子选育与杂种优势利用研究
	刘淑华	大学本科	研究员	马铃薯高淀粉品种选育、马铃薯产业技术集成研究
	姜波	大学本科	研究员	马铃薯新品种选育、实生种子选育与杂种优势利用研究
	李凤英	中专	高级农艺师	马铃薯新品种选育、实生种子选育与杂种优势利用研究
	田敏涓	技工	高级技师	马铃薯高淀粉品种选育、马铃薯产业技术集成研究
	任珂	研究生	副研究员	马铃薯新品种选育、高产栽培及产业技术集成研究
	乔雪静	研究生	研究员	马铃薯种薯脱毒技术研究与利用
	孙东显	研究生	副研究员	马铃薯种薯脱毒技术研究与利用
	雷虹	中专	农艺师	马铃薯种薯脱毒技术研究与利用
	徐长庆	中专	高级农艺师	马铃薯种薯脱毒技术研究与利用
	孟庆春	中专	农艺师	马铃薯实生种子选育与杂种优势利用研究
	安光日	中专	农艺师	马铃薯种薯脱毒技术研究与利用
十五—十一五	王贵平	大学本科	副研究员	马铃薯新品种选育、马铃薯产业技术集成研究
	宋景荣	研究生	助理研究员	马铃薯病虫害防治、马铃薯产业技术集成研究
十一五—十三五	刘秩汝	研究生	助理研究员	马铃薯新品种选育及区域试验、种薯脱毒技术研究
	于晓刚	研究生	助理研究员	马铃薯新品种选育及区域试验、高产栽培及产业技术集成研究

2.马铃薯研究室负责人

（1）隋启君，男，研究员，1990—2000 年任马铃薯研究室主任，工作调转后离任。

（2）刘淑华，女，研究员，2001—2015 年 8 月，任马铃薯研究室主任，退休后离任。

（3）姜波，男，研究员，2015 年 10 月至 2019 年 10 月，现任马铃薯研究室主任。

第二节　重要成果简介

一、马铃薯高淀粉品种选育及方法研究

呼伦贝尔市农业科学研究所从 1982 年开始开展马铃薯高淀粉专用型新品种选育工作，同时开展了高淀粉品种选育方法的研究，是我国最早开展此项研究内容的单位之一。在高淀粉马铃薯育种理论和方法方面有许多创新点，如马铃薯育种早代淀粉含量有关性状相关性的研究，马铃薯实生苗代单个薯块淀粉含量限值对淀粉含量的预测，高淀粉马铃薯品种选育杂交组合选配的原则等。共发表相关方面的硕士论文 1 篇，学术论文 22 篇。

在高淀粉品种选育方法方面，首次提出采用盐水比重法单株单块测定块茎淀粉含量，根据单株薯块比重的限值预测高淀粉品种选育的可能性，此方法应用于育种实践中，缩短了高淀粉品种育种进程，大大提高了育种效率。利用该方法首个育成并通过审定我国第一个淀粉含量 20% 以上的高淀粉马铃薯新品种内薯 7 号、内薯 7 号作为国内首次专题研究育成的马铃薯高淀粉品种，参加了国家科技攻关成果博览会。此后陆续育成蒙薯 10 号、蒙薯 14 号等一系列专用型高淀粉马铃薯新品种，蒙薯 10 号和蒙薯 14 号淀粉含量高达 20% 以上，极适合于淀粉加工，分别于 2004 年和 2007 年荣获国家科技部重点新产品荣誉证书，列入国家重点产品推广计划，被国家农业部、科技部评为国家优质农作物新品种。

在高淀粉品种选育方法和资源创新方面进行了多项研究，利用群体改良方式获得优良亲本，通过创建高淀粉马铃薯资源群体达到优势基因组合的目的；采用子代测验和轮回选择相结合，筛选目标性状变异率高的杂交群体，加大优良品种的选择几率；开展马铃薯植株性状与块茎淀粉含量之间相关性的研究，从遗传基础和选择方法入手，提高了高淀粉马铃薯品种育种成功率，形成了一套行之有效的高淀粉马铃薯新品种选育体系。

从 1982 年开展专用型马铃薯品种选育至今，共选育出淀粉含量大于 16.5% 的马铃薯新品种 10 个，这些品种淀粉含量均高于 16.5%，最高 22.8%，而且淀粉品质好，特别适合全粉加工和机械化种植，是呼伦贝尔地区加工用的优良品种，同时开展了配套的马铃薯

丰产栽培技术研究，提高呼伦贝尔地区马铃薯科技成果转化效率，促进农作物产业结构调整和发展方式转变，为呼伦贝尔市马铃薯产业发展做出了一定的贡献。

二、内薯 7 号

亲本名称、选育过程、选育方法：内薯 7 号是呼伦贝尔市农业科学研究所 1983—1990 年采用本所育种中间材料呼单 80-298 作母本，呼 8206 作父本杂交育成。1984 年培育该杂交组合实生苗 8000 株，对优良单株进行抗病性、生长势、淀粉含量和产量的初步测定后入选了呼 H8342-36，1985 年参加品系预备试验，1986—1987 年参加所内品系比较试验，1988—1990 年参加呼伦贝尔盟品种区域试验，1991—1992 年参加呼伦贝尔盟生产示范，1994 年经内蒙古自治区农作物品种审定委员会第九次会议审定通过，命名为内薯 7 号（内农种审字第 0196 号）。2018 年 7 月申请马铃薯品种登记，登记证书编号：GPD 马铃薯（2018）150138。

该品种主要农艺性状：中熟品种，生育期 98 天，出苗早而整齐；株型半直立，株高 65 ～ 70cm，茎粗壮，分枝中等，叶片大、叶色绿；花冠白色，花粉量大，花粉育性好，天然结实性强，果实大种子多；结薯数多，平均单株结薯 9 ～ 12 个；淀粉含量 20.3%、干物质含量 26.1%、还原糖含量 0.27%，加工品质优良；块茎圆形，芽眼较浅，薯皮薯肉均黄色，退化轻，耐贮藏；食用品质优，薯香浓郁，蒸食口感沙爽，炖煮汤汁粘稠，深受大众喜爱；植株高抗晚疫病，高抗马铃薯 PVX、PVY 病毒，不含马铃薯 pstv 病毒；平均亩产 1 500kg 左右。

适宜种植区域及季节：适宜在北方一作区内蒙古自治区呼伦贝尔市、兴安盟、呼和浩特市、武川县及辽宁省、黑龙江省春季种植。

栽培技术要点：每亩保苗 3 800 ～ 4 000 株，适于岗地、沙壤土等排水良好地块；喜水肥，保证水分供应的条件下增施有机肥和化肥可以显著提高产量和淀粉含量，中等肥力土壤每亩施用有机肥 1 000 ～ 2 000kg，化肥用量每亩 50 ～ 75kg；提倡整薯播种，可以减少病害发生、保苗增产。

优缺点及注意事项：该品种优点：淀粉含量高，极适于用作淀粉加工，节能减排，显著提高生产效率；缺陷：匍匐茎较长，结薯不集中，收获时秧薯不易分离，且结薯数多，薯块较小，250 克以上大薯较少。风险防范：栽培上一定保证水肥管理，增加优质腐熟农家肥；生育期不能缺水，否则对产量影响极大；适当减少密度可以提高大中薯率，提高商品竞争力。

三、蒙薯 10 号

亲本名称、选育过程、选育方法：1982 年内蒙古自治区呼盟农业科学研究所以呼单

81-118 为母本，呼单 80-298 为父本杂交选育而成，1988—1990 年参加呼盟马铃薯品种区域试验，1991—1992 年参加呼盟马铃薯品种生产示范，2002 年通过内蒙古自治区品种审定委员会审定命名为蒙薯 10 号，审定编号：蒙审薯 2002001。2019 年 1 月申请马铃薯品种登记，登记证书编号：GPD 马铃薯（2019）150044。

该品种主要农艺性状：生育期 98 天左右，株高 65cm，分枝数中等，茎绿色；叶色绿，叶缘微波，侧小叶 4～5 对；花冠白色，雄蕊黄色，花粉量中等，天然结实性中，浆果大，绿色、有种子；块茎圆形，薯皮薯肉浅黄色，薯皮较粗糙，块茎中等大小，整齐，特大薯块少，芽眼浅，结薯集中；块茎休眠期中等，耐储藏。蒸制食品和加工品质优良，淀粉含量 17.56%、干物质含量 23.32%、还原糖含量 0.38%，极适用于淀粉加工；植株和块茎对晚疫病有很强的田间抗性，抗环腐病和卷叶病毒病，较抗旱，稳产性好。亩产1 500kg 左右。

栽培技术要点：① 适宜于沙壤土，黑土等有机质含量高、排水良好的地块，当地温稳定通过 5～7℃即可以播种。② 中等肥力土壤条件下，每亩保苗 4 000 株，每亩施腐熟农家肥 1 000kg，尿素 10kg，磷酸二胺 25kg，硫酸钾 15kg。③ 选用优质合格的原种或良种，播种前 20 天进行催芽处理，将种薯放在 10～15℃环境条件下晒种催芽，当芽长1cm 时切块或整薯播种，种块重量不低于 25g，每个种块保证 1～2 个健康芽眼，确保出苗。④ 及时铲蹚，田间作业应在开花期前结束。

优缺点及注意事项：优点：植株抗病性较强，抗晚疫病，抗卷叶病毒病，生长势一般，分枝数中等；结薯集中，薯型圆形芽眼浅，薯型好，薯块形状和大小整齐度高，淀粉含量高，加工品质优良。缺点：产量较低，结薯数多，大薯率低，栽培上可以通过施加黄腐酸钾或膨大素来提高商品薯率。

适宜种植区域及季节：适宜在内蒙古春季种植。

四、蒙薯 12 号

亲本名称、选育过程、选育方法：1985 年内蒙古自治区呼伦贝尔盟农业科学研究所以546 为母本，呼单 81-149 为父本杂交选育而成，原代号：呼 H8516-35,1992—1994 年参加呼伦贝尔盟品种区域试验，1995—1996 年参加呼伦贝尔盟品种生产示范，2002 年通过内蒙古自治区农作物品种审定委员会审定命名为蒙薯 12 号，审定编号：蒙审薯 2002002。2018 年 7 月申请马铃薯品种登记，登记证书编号：GPD 马铃薯（2018）150139。

该品种主要农艺性状：中熟品种，生育期 98 天，株高 60～70cm，株型开展半直立，分枝数中等，茎绿色带紫色素；复叶较大，叶色深绿；花冠紫色，雄蕊橙黄色，花粉量中等，能天然结实，浆果绿色、大、有种子；结薯集中，薯块整齐度高，块茎休眠期长，极耐贮藏；淀粉含量 16.7%、干物质含量 22.5%、还原糖含量 0.22%，抗晚疫病，病毒病的田间抗性强，退化轻。亩产 1 600 ～ 1 900kg。

栽培技术要点：当气温稳定通过 5 ～ 7℃即可以播种，每亩施优质农家肥 1 000kg、马铃薯复合肥 50kg，每亩保苗 3 500 ～ 4 000 株，播种前 15 ～ 20 天将种薯放置 10 ～ 15℃环境条件下进行晾种催芽，整薯或切块时单个种薯不低于 25g，保证 1 ～ 2 个健康芽；播种前采用药剂拌种，配方一般包含杀真菌药剂 120 ～ 150g，如杀毒矾、甲霜灵、克露、可杀得、甲基托布津、多菌灵等，5 ～ 10g 农用链霉素，2.5kg 滑石粉，混合均匀后可拌 150kg 种薯；田间管理一耢、两铲、两糖，开花前结束田间作业。

优缺点及注意事项：该品种主要优点：耐瘠薄、耐高温、抗旱性强，田间抗病性强，适应性好；缺陷：薯型一般，芽眼较深，作为加工用薯清洗比较困难。风险防范：休眠期长，播种前 15 ～ 20 天进行催芽处理，保证出苗率；加强水肥管理施用优质农家肥，适当增加化肥数量，可以显著提高产量水平。

适宜种植区域及季节：适宜在内蒙古自治区春季种植。

五、蒙薯 13 号

亲本名称、选育过程、选育方法：1983 年内蒙古自治区呼盟农业科学研究所以红纹白为母本，呼单 81-149 为父本杂交选育而成，1998—2000 年参加呼盟品种区域试验，1999—2000 年参加呼盟品种生产示范，2002 年通过内蒙古自治区农作物品种审定委员会审定命名为蒙薯 13 号，审定编号：蒙审薯 2002003。2018 年 7 月申请马铃薯品种登记，登记证书编号：GPD 马铃薯（2018）150140。

该品种主要农艺性状：中早熟品种，生育期 87 天，株高 60cm，株型半直立，分枝数中等；茎绿色，复叶大小中等，叶色浅绿，茸毛中等多，叶缘较平展，侧小叶 4 ～ 5 对；花冠粉色，雄蕊黄色，花粉量中等；结薯集中，大中薯率 90% 以上，薯型长椭圆形，芽眼红色、较深，芽眼数较多，块茎休眠期中等，耐贮藏；淀粉含量 13.9%、干物质含量 19.7%、还原糖含量 0.48%，抗晚疫病，抗 plrv、pstv 病毒，易感 pvx 病毒。亩产 1 600kg 左右。

栽培技术要点：适期播种，土壤肥力中等的地块，每亩施优质农家肥 1 000kg、磷酸二铵 20kg、硫酸钾 10kg、尿素 10kg；在土壤肥力较高的地块种植，每亩保苗 3 500 ～ 3 800 株，土壤贫瘠的地块，每亩保苗 4 000 ～ 4 200 株，播种前 15 ～ 20 天晾种催芽；田间管理，出苗前一周耢地提温除草，出苗后到开花前铲蹚两次，生育后期防止早衰可适当叶面喷肥。

优缺点及注意事项：该品种缺陷：薯型一般，芽眼数较多且较深，商品外观较差；主要优点：抗逆性强，适应性强，稳产性好。风险防范：对水肥要求不高，但是适当增加有机肥和化肥，对产量的提高非常有利；种薯退化较快，生产中保证种薯质量，选择有资质的种薯生产商，确保使用优质原种和良种。

适宜种植区域及季节：适宜在内蒙古自治区春季种植。

六、蒙薯 14 号

亲本名称、选育过程、选育方法：呼盟农研所以呼单 81-118 作母本，内薯 7 号作父本采用复合杂交方法选育而成。母本和父本都是具有新型栽培种血缘的杂交后代。1998—2000 年参加呼盟区域试验；2001—2002 年参加品种生产示范，2001—2002 同时参加大面积生产试验。2003 年通过内蒙古自治区品种审定委员会审定命名为蒙薯 14 号，审定编号：蒙审薯 2003001。

中晚熟品种，出苗至成熟 95 天左右，株型半直立，分枝数中等，株高 70cm 左右，茎绿色，复叶较大，侧小叶 5 对；花冠白色，薯块圆形，黄皮黄肉，表皮较粗糙，芽眼数目中等、浅，结薯集中、整齐均匀，商品薯率达 90% 以上；耐储藏，淀粉含量 20.9% ～ 26.4%，食味好；植株和块茎高抗晚疫病，抗主要病毒病（PVY、PVX、PLRV、PSTV），田间抗逆性强（抗旱耐涝）。亩产 1 500 ～ 2 000kg。

栽培技术要点：该品种喜肥水，适于岗坡、沙壤土、黑土等排水良好地块，适当增施有机肥可显著提高产量和淀粉含量，亩保苗 3 800 ～ 4 000 株为宜。为了促高产和增加淀粉产量应采取以下措施：① 进行种薯的催芽处理，播种前将种薯放在 10 ～ 15℃的环境条件下晒种催芽，当芽长 1cm 左右时切块播种或整薯播种，如果切块，重量不能低于 25g，每个切块保证不少于 1 ～ 2 个健芽。② 适时规范播种，一般当气温稳定通过 5 ～ 7℃时即为当地适宜播种期。③ 垄作时播深 15cm，覆土 10cm，垄距 70cm 以上，垄作时铲趟作业要在开花前结束。

适宜种植区域及季节：内蒙古及其他省市一季作区作为淀粉加工和食用品种种植。

七、卫道克

亲本名称、选育过程、选育方法：JIacyHOK × 4841-71 杂交组合的后代。1999 年呼伦贝尔市农业科学研究所从白俄罗斯引进脱毒试管苗，2000—2002 年繁殖种薯，2003 年同时参加内蒙古自治区马铃薯品种区域试验和生产示范，2004 年通过内蒙古自治区农作物品种审定委员会审定命名为卫道克，审定编号：蒙审薯 2004001 号。

该品种主要农艺性状：株形半直立，分枝数中等，株高 75cm；茎绿色，复叶大，侧小叶 4 ～ 5 对，花冠白色；块茎圆形，薯皮薯肉浅黄色，表皮较粗糙，芽眼数目中等、浅，结薯集中、整齐均匀，薯块综合农艺性状好，商品薯率达 95% 以上；块茎休眠期较长，耐储藏；农业部蔬菜品质监督检验测试中心（北京）测定，淀粉含量 22.7%、干物质含量 29.1%、还原糖含量 0.62%，极适用于淀粉加工用；植株和块茎抗旱晚疫病能力强，抗主要病毒病（PVX、PVY、PLRV、PSTV）、抗疮痂病。亩产 3 000kg 左右。

栽培技术要点：适于机械化作业，喜肥水，适于沙壤土、黑土等排水良好地块，适当增施有机肥可显著提高产量和淀粉含量。亩保苗 3 500 ～ 3 800 株。适时规范播种，进行种薯的催芽处理，播种前将种薯放在 10 ～ 15℃ 的环境条件下晒种催芽，当芽长 1cm 时切块播种或整薯播种，如果切块，重量不能低于 25g，每个切块保证不少于 1 ～ 2 个健芽。垄作时播深 15cm，覆土 10cm；垄距不低于 70cm。垄作时铲趟作业要在开花前结束。一般肥力情况下，可亩施农家肥 2 000kg，磷酸二铵 20kg，硫酸钾 13kg，施钾肥和农家肥。

适宜种植区域及季节：适宜内蒙古自治区呼伦贝尔市等相同生态区春季种植。

八、维拉斯

亲本名称、选育过程、选育方法：（435-137）×（4222-1）杂交组合的后代。1999 年呼伦贝尔市农业科学研究所从白俄罗斯引进的脱毒试管苗，经过繁殖、种植、试验成功而来。2003 年参加内蒙古自治区品种区域试验和生产示范，2004 年通过内蒙古自治区农作物新品种审定委员会审定命名为维拉斯，审定编号：蒙审薯 2004002 号。2019 年 1 月申请马铃薯品种登记，登记证书编号：GPD 马铃薯（2019）150046。

该品种主要农艺性状：生育期 110 天，株高 70cm，株型半直立，生长繁茂，分枝数中等；茎绿色，叶色深绿色，复叶较小，侧小叶 4 ～ 5 对；花冠紫色，中等大小，花粉量中等，天然结实性中，浆果深绿色，中等大小，有种子；块茎圆椭形扁，薯皮浅黄色，薯肉乳白色，薯皮粗糙，芽眼浅、数目中等；结薯集中，耐贮藏；淀粉含量 20.8%、干物质含量 27.2%、还原糖含量 0.22%，适用于淀粉加工、全粉加工，蒸食品质优。植株和块茎抗早晚疫病、主要病毒病（PVY、PVX、PLRV、PSTV）和疮痂病。亩产 2 500kg 左右。

栽培技术要点：① 该品种适宜机械化作业，适宜于沙壤土、黑土等排水良好的地块；喜肥水，增施有机肥可以显著提高产量和淀粉含量，在肥水条件高的地块种植密度每亩保苗 3 500 株，在土壤肥力瘠薄的地块每亩保苗 4 000 株；② 适时播种，播种前 20 天对种薯进行催芽处理，将种薯放置在 10 ～ 15℃ 的环境条件下晒种催芽，当芽长 1cm 左右时切块或整薯播种，切块时每一个单块重量不低于 25g，保证 1 ～ 2 个健康芽眼。③ 大垄栽培，垄距不小于 70cm，提倡 80 ～ 90cm 的大垄种植，垄上播种深度 15cm 左右，覆土 10cm，田间管理机械作业应在开花前结束。④ 中等肥力情况下，每亩施腐熟有机肥 1 000kg，磷酸二铵 20kg，硫酸钾 30kg，尿素 10kg。⑤ 生育期间加强水肥管理，充分保证水分的供应，水分不足时减产幅度大；水分分布不均匀时易出现畸形薯，影响外观品质。

优缺点及注意事项：优点：该品种生长势强，植株繁茂，抗病性好；薯型好，芽眼浅，淀粉含量高；蒸食或制作土豆泥等食味特别好，薯香浓郁，口感细腻；适合加工全粉，产品色泽佳，品质好。缺点：产量受栽培技术，管理水平，水肥条件影响比较大，喜欢高水肥栽培管理；抗旱性差，在干旱年份减产幅度大，稳产性较差。种植该品种时应加强水肥供应，提高栽培水平。

适宜种植区域及季节：适宜在内蒙古自治区呼伦贝尔市、黑龙江省及相同生态区春季种植。

九、蒙薯 16 号

该品种主要农艺性状：生育期 84 天，株型直立，株高 53cm，茎绿色，叶绿色，单株平均主茎数 2.2 个，花冠白色，单株平均结薯 6 个；块茎圆形，黄皮黄肉；淀粉含量 20.8%，15.63%，干物质含量 27.7%，21.39%，VC 含量 27.9%；抗晚疫病；抗 PVX、PVY、PVS、PSTVd。亩产 1 200～1 600kg。

栽培技术要点：亩保苗 3 800～4 000 株，亲本名称、选育过程、选育方法：呼伦贝尔市农业科学研究所以卫道克为母本，内薯 7 号为父本杂交选育而成。2006—2007 年参加内蒙古自治区区域试验，2008 年参加内蒙古自治区生产示范，2010 年通过内蒙古自治区品种审定委员会审定命名为蒙薯 16 号，审定编号：蒙审薯 2010001 号。忌重茬连迎茬。

适宜种植区域及季节：内蒙古自治区呼伦贝尔市、兴安盟、乌兰察布市等适宜地区春季种植。

十、蒙薯 17 号

亲本名称、选育过程、选育方法：呼伦贝尔市农业科学研究所 1996 年以呼单 82-246 为母本，呼单 81-118 为父本杂交选育而成。2008—2009 年参加吉林省区域试验，2009 年参加吉林省生产试验，2010 年通过吉林省农作物品种审定委员会审定命名为蒙薯 17 号，审定编号：吉审薯 2010004。2019 年 1 月申请马铃薯品种登记，登记证书编号：GPD 马铃薯（2019）150045。

该品种主要农艺性状：出苗至成熟 95 天左右，属中熟鲜食型马铃薯品种。植株直立，株高 65～70cm，分枝中等，茎绿色、叶浅绿色；花冠白色，花中等繁茂，天然结实性弱；块茎圆形，薯皮光滑、黄色，薯肉中等黄色；匍匐茎中等，芽眼浅，商品薯率 80% 以上；鲜薯维生素 C 含量 29.40mg/100g，淀粉含量 15.20%，干物质含量 20.96%，还原糖含量 0.31%，粗蛋白含量 2.66%；人工接种鉴定，轻感马铃薯 pvx 病毒病，轻感马铃薯早疫病和晚疫病。亩产 1 700kg 左右。

栽培技术要点：适期播种，北方一作区在 4 月上旬至 5 月上旬播种；土壤肥力中等的地块，每亩施优质农家肥 1 000kg、磷酸二铵 20kg、硫酸钾 10kg、尿素 10kg；每亩保苗 3 500 ～ 4 200 株，土壤肥力高的地块亩株数少，土壤贫瘠的地块亩保苗多些；播种前 15 ～ 20 天晾种催芽处理；田间管理，出苗前一周耢地提温除草，出苗后到开花前铲蹚两次，生育后期防止早衰可适当叶面喷肥。

品种主要优缺点及注意事项：该品种缺陷：植株生长势一般，田间轻感早疫病和晚疫病，应加强早、晚疫病的预测、预报和预防；主要优点：薯型好、芽眼浅，商品性状优良，适应性强，稳产性好；风险防范：对水肥要求不高，但是适当增加有机肥和化肥，对产量的提高非常有利；及时防治地下害虫、瓢虫等。

十一、蒙薯 19 号

亲本名称、选育过程、选育方法：呼伦贝尔市农业科学研究所以呼单 82-246 为母本，内薯 7 号为父本杂交育成。2008—2009 年参加内蒙古自治区区域试验，2010 年参加内蒙古自治区生产示范，2011 年通过内蒙古自治区品种审定委员会审定命名为蒙薯 19 号，审定编号：蒙审薯 2011002 号。

该品种主要农艺性状：生育期 98 天，株高 60cm，株型直立，茎绿色、叶深绿色，花冠白色，单株主茎数 3 个，单株结薯 5 ～ 7 个；薯形圆形，黄皮白肉；2009 年农业部蔬菜品质监督检验测试中心（北京）测定，淀粉含量 21.6%，干物质含量 30.4%，VC 含量 27.1mg/100g；中抗马铃薯 X 病毒病（22.2MR），抗马铃薯 Y 病毒病（11.8R）；抗晚疫病。亩产 1 500kg 左右。

栽培技术要点：亩保苗 3 800 ～ 4 000 株，忌重茬连作。

适宜种植区域及季节：内蒙古自治区呼和浩特市、包头市、乌兰察布市、锡林郭勒盟、兴安盟、呼伦贝尔市适宜区春季种植。

十二、蒙薯 20 号

亲本名称、选育过程、选育方法：内蒙古呼伦贝尔市农业科学研究所以呼薯 8 号为母本，呼 8206 为父本杂交育成。2008—2009 年参加内蒙古自治区区域试验，2010 年参加内蒙古自治区生产示范，2011 年通过内蒙古自治区品种审定委员会审定命名为蒙薯 20 号，审定编号：蒙审薯 2011003 号。

该品种主要农艺性状：生育期 91 天，株高 60cm，株型直立，茎绿色，叶绿色，花冠白色，单株平均主茎数 3 个，单株平均结薯 5 ～ 7 个。薯块长椭圆形，黄皮白肉；2009 年农业部蔬菜品质监督检验测试中心（北京）测定，淀粉含量 20.8%，干物质含量 29.0%，VC 含量 17.9 mg/100g。中抗马铃薯 Y 病毒病；轻感晚疫病。亩产 1 800 ～ 20 000kg。

栽培技术要点：亩保苗 3 800 ～ 4 000 株，注意防治晚疫病。

适宜种植区域及季节：内蒙古自治区呼和浩特市、包头市、乌兰察布市、锡林郭勒盟、兴安盟、呼伦贝尔市适宜区春季种植。

十三、蒙薯 21 号

亲本名称、选育过程、选育方法：1998 年以自育品系呼 8209 为母本，内薯 7 号为父本配制组合，常规杂交授粉获得实生种子。1999 年实生苗世代入选单株；2010—2011 年参加国家马铃薯东北组品种区域试验；2012 年参加国家马铃薯东北组生产示范；2013 年通过国家农作物品种审定委员会审定，命名为蒙薯 21 号，审定编号：国审薯 2013002。

主要农艺性状：出苗至成熟 98 天左右，属中晚熟淀粉加工型马铃薯品种。株型直立，生长势强，茎叶绿色，花冠白色；块茎椭圆形，薯皮略麻、黄色，薯肉淡黄色；匍匐茎短，芽眼深度中等，结薯集中，单株主茎数 3.0 个，平均单株结薯 8.2 个，平均单薯重 79.0g；人工接种鉴定，抗马铃薯轻花叶病毒病、重花叶病毒病和晚疫病；田间自然诱发鉴定，马铃薯晚疫病抗性好于对照品种。鲜薯维生素 C 含量 15.40 毫克 /100 克，淀粉含量 17.70%，干物质含量 26.80%，还原糖含量 0.29%，粗蛋白含量 2.40%。亩产 1 900kg 左右。

栽培技术要点：① 东北地区 4 月中下旬至 5 月上旬播种，播前催芽。② 垄作播深 15cm 左右，覆土 10cm，垄距 70cm 左右，亩保苗 3 800 ～ 4 000 株。③ 适当增施有机肥、钾肥，合理增施化肥。

适宜种植区域及季节：适宜在黑龙江省哈尔滨市、吉林省长春市、内蒙古自治区呼伦贝尔、乌兰浩特地区等北方一作区春季种植。

第四章
植保研究

第一节　植保研究室概况

一、植保室发展历史

植物保护研究工作在呼伦贝尔市农业科学研究所成立之前就已经进行。1958年正式设置"呼盟农科所植保系"，1967年植保系取消。赵洪庆、杨树栋、姜兴亚等分别针对谷子白发病、小麦锈病、地老虎开展过较深入的调查研究。1973年成立"植保课题组"，1980年"植保课题组"更名为"植保研究室"。植保室成立至今，布仁巴雅尔、徐淑琴、闫任沛等人分别针对玉米黑穗病、白僵菌、赤眼蜂、草地螟、马铃薯茎尖脱毒快繁、向日葵菌核病、大豆根潜蝇、大豆孢囊线虫、大豆疫霉根腐病、栽培牧草有害生物综合防治、马铃薯有害生物及综合防治、食用豆有害生物调查与防治等开展了大量工作，取得多项获奖成果。2001年植保室吸收组培室以及马铃薯研究室部分人员组建植保生物研究室。2009年植保室和生物室分开，各自独立开展工作。2013年以来连续2期自治区大豆育种创新人才团队受到自治区党委政府认定和资助，主要成员是大豆和植保科研人员。2017年7月，以植保室为基础多个相关单位共同创建的植保科技人才创新团队获得呼伦贝尔市政府认定和资助。2017年开始，国家科学实验站—呼伦贝尔标准站在农研所试运行，农研所和国家5个数据中心实行对接，其中植保中心、天敌中心都和植保业务有关。

在呼伦贝尔市农业科学研究所成立60周年之际，植保研究工作也经过60年的发展历程，在赵洪庆、布仁巴雅尔、闫任沛等几代植保科研人员的不懈努力和辛勤付出下，植保研究取得了显著的成绩。初步统计，从1998年开始到2019年，植保室共主持或参加各级各类农业科研项目58项，获得各级奖项和科研成果16项次，发表论文86篇。科室成员从1998年以来获得年度考核优秀、科技特派员、科技成果评审专家、优秀共产党员等各种荣誉共有50多项次。植保研究室全体科研人员始终坚持团结协作、奉献创新的态度，努力跟踪植保科技动向，努力探索各种途径解决生产问题，在科技创新、产业服务、团队建设等诸多方面，始终走在全区前列，为呼伦贝尔市植保研究发展、农作物有害生物综合治理、保障农业生产安全与生态安全发挥了重要作用。

在植保科研工作中，植保室努力加强和所内其他科室的合作和配合，尽力和其他植保科研、推广机构加强协作。扎兰屯农牧学校植保专家鲁光球、陈申宽、呼伦贝尔市植保植检站王佐魁研究员、王秋荣研究员以及内蒙古农牧科学院植保所白全江研究员等多位资深专家学者对农研所的植保项目给予了长期的支持和协作，大多数植保研究成果是和这些专家合作完成的。不同时期开展植保科技合作次数较多的所外专家还有石家兴、张友、靳相成、张海军、李子钦、徐立敏、卢亚东、郭桂清、赵红岩、呼如霞、王金波、张建平、张庆萍、孔庆全等。

二、植保室机构人员变动情况

1980年植保室成立后，在老办公区西侧建立了独立的植保研究室（含室内外试验培养室）及铁网室、诱虫测报等基础设施。1985年农研所办公楼建成，植保室办公室和试验室位于一楼共5个房间。1996年植保室搬到2楼图书室东侧。2001年植保 生物室办公室在2楼西侧2个房间，实验室位于一楼西侧5个房间（过去组培室），2009年后，其中一个房间转给马铃薯研究室。

1996年植保研究室及科室人员和开发公司合作创办了呼伦贝尔市农业科学研究所庄稼医院，主要开展农作物有害生物综合防治研究及新农药使用技术指导和技术咨询（即现场诊断、开方抓药）。2001年植保研究室与马铃薯组培室合并成立生物技术研究室，科技人员主要从事植物保护研究工作（表4-1）。2009年植保研究室重新独立至今，原科室成员也一直开展各项植保研究、试验、示范和技术推广工作，努力为呼伦贝尔市种植业健康发展提供技术创新和安全保障。

表 4-1　1996 年至 2018 年植保研究室人员变动情况

年份	科室变动	科室负责人	科室人员
1980—1983		布仁巴雅尔	高万芬、石家兴、邵玉彬等
1984—1990		布仁巴雅尔	石家兴、邵玉彬、闫任沛、许贞淑、程少栩等
1991—1995	植保室	闫任沛	许贞淑、程少栩、王华
1996—2001	植保室深度介入庄稼医院工作	闫任沛	许贞淑、程少栩
2001—2002	植保室与生物技术室合并	乔雪静副主任	雷宏、李凤英、孙东显、李殿军、苏允华
2002—2003	植保室与生物技术室合并	乔雪静副主任	雷宏、孙东显、李殿军、苏允华

（续表）

年份	科室变动	科室负责人	科室人员
2004—2009	植保室与生物技术室合并	乔雪静主任	孙东显、李殿军、苏允华
2004—2009	植保室与生物技术室合并	乔雪静主任	孙东显、李殿军、苏允华
2009—2015	植保研究室		郑连义、韩振芳
2015—2019	植保研究室	李殿军副主任	孙东显、郑连义、韩振芳、胡向敏

第二节　病害研究

一、马铃薯晚疫病研究

2001—2003 年开展"马铃薯晚疫病新型药剂防治试验"。随着呼伦贝尔市马铃薯产业的快速发展，由于成片种植的早熟品种多易感染晚疫病，雨热条件又有利于马铃薯晚疫病的发生，马铃薯晚疫病也成为制约马铃薯产业的重要因素。此项试验将国内外防治马铃薯晚疫病较好药剂进行防效筛选试验。筛选出雷多米尔、杀毒矾等数个防效较好的药剂品种。2010—2014 年，与内蒙古农科院协作开展"防治马铃薯晚疫病新农药药效试验"。试验筛选出银法利、烯酰吗啉、氟啶胺等对马铃薯晚疫病有很好的防效并进行大面积推广。2013—2015 年，与呼伦贝尔申宽生物技术研究所联合开展"呼伦贝尔市马铃薯晚疫病发生规律及综合防控技术"研究。在牙克石马铃薯主栽区作为试验和晚疫病监测点，利用三年时间，摸清了马铃薯晚疫病发生规律及流行影响因素，根据气象因素准确作出预测预报并及时进行有效防治，准确指导种植户科学使用农药，并较早试验认定和推广使用了新型防治马铃薯晚疫病药剂杜邦生产的增威赢绿，为本地马铃薯晚疫病药剂防治提供了一个效果极佳的新的引进品种。2015 年申报呼伦贝尔市科技进步奖和自治区农牧业丰收奖，分获三等奖和二等奖。

二、马铃薯疮痂病研究

2003—2004 年，进行了马铃薯防治疮痂病土壤处理试验。采用腐殖酸类、化学盐酸等处理土壤以提高土壤酸度，抑制疮痂病的发生。通过试验用腐殖酸类物质，有一定的效果。2013—2015 年，开展"马铃薯疮痂病药剂防治试验"工作。呼伦贝尔马铃薯种薯主产区，由于连作种植，马铃薯疮痂病有不同程度发生，严重影响了种薯质量。本试验依此为目的，选取多种药剂包括化学药剂、生物制剂等药剂进行试验，筛选出土壤环境亲和性强、促进马铃薯生长、对马铃薯疮痂病致病菌进行有效防治的药剂，为今后的马铃薯疮痂病防治研究工作，提供更有效的防治依据和防治方法。

三、马铃薯黑痣病研究

2014—2015 年，开展内蒙古马铃薯产业技术体系"马铃薯黑痣病药剂筛选试验"。在牙克石博克图镇黑痣病发生严重地块进行试验，经过两年试验研究，研究发现种薯带菌和土壤带菌是感病的主要来源，轮作倒茬和适当晚播是减轻病害发生的最有效方法。在当地可与小麦、油菜等作物轮作 3 ～ 5 年，并选用无病种薯，并用 22% 阿马士进行拌种，田间用嘧菌酯防治黑痣病效果显著。

四、大豆胞囊线虫病研究

大豆胞囊线虫病（Heterodera glycines）又称黄萎病、火龙秧子，是内蒙古东部区大豆主要根部病害之一，过去局限于兴安盟和呼伦贝尔市莫力达瓦自治旗、鄂伦春自治旗发生。近年来已迅速蔓延到呼伦贝尔主产区几乎所有乡镇。不仅发生普遍，而且为害严重，已对大豆在呼伦贝尔及兴安盟种植业中的传统地位构成严重威胁。在呼伦贝尔市，1979 年以前几乎没有胞囊线虫发生，1980 年以后，毗邻黑龙江省的莫力达瓦旗最早在个别地块发现胞囊线虫病，此后面积逐年增加。1995 年前，全市仅个别乡镇局部发生，1997 年较干旱，全市约有 10% 地块突发此病，发病地块病株率 1% ～ 90%，1999 年呼伦贝尔市大旱，此病爆发流行，除大豆新区外几乎所有大豆地块都有不同程度发病，粗略调查，病株率 1% ～ 100%，平均发病率 10% 左右。发病株枯黄、矮小，一般减产 30% ～ 50%，严重的减产 70% ～ 80%，甚至绝收。据初步测算，1999 年以来呼伦贝尔大豆因胞囊线虫造成的减产损失每年都在 5 000 万 kg 以上。

2001—2003 年，开展此项研究工作。通过试验研究发现，大豆胞囊线虫病发生及危害程度与土壤条件关系很大，通气良好的沙壤土或干旱贫瘠的土壤适于线虫长发育，碱性土壤更适合于线虫的生活和繁殖。土壤的 pH 值小于 5 时，线虫几乎不能繁殖。pH 值高的土壤中胞囊线虫数量远远高于 pH 值低的土壤。土壤中胞囊密度相等时，盐碱土和沙土地区较黑土地病重。调查发现同是百克土中有 4 个胞囊，沙土地减产 50% 上，而黑土地大豆受害不明显。在有线虫的土壤中种植寄主作物后土壤中线虫数量迅速增加。种一季非寄主作物后，线虫数量急剧下降。如种植线虫能侵入而不能在其中正常繁殖的作物，可促进卵的孵化，使生长季节初期土中胞囊量减少，比休闲或种植其他非寄主作物更有效，这类作物称诱捕作物。种植不同抗性的品种土壤中胞囊数量消长也不同，研究发现种植感病品种后胞囊数量增加 660%，种高抗材料仅增加 5%，种免疫材料则降低 18.5%。线虫成虫和卵粒在 40℃ 以上和 -24℃ 以下，一天内死亡。过于黏重潮湿的土壤因氧气不足线虫易死亡。凉爽湿润条件下胞囊中的卵可活 7～5 年。在高湿淹水的土壤中胞囊很快失去活力。所以，轮作是防治大豆孢囊线虫最有效的措施。与非寄主作物（禾本科作物、茄科、葫芦科等，尤其是和水稻）合理轮作，就可有效降低虫口密度。

五、大豆根腐病研究

大豆根腐病（Soybean root rot）是内蒙古东部区大豆发生最普遍、危害最严重的病害。除新区外，大豆所有田块每年都有发生。2008—2009 年在东部盟市初步调查发病株率 20%～90%，平均发病株率 50% 左右，发病面积高达 40 多万 hm²，减产约达 9 000 多万 kg。通过调查研究，大豆根腐病为典型的土传病害。病菌以菌丝和休眠体在病残体和土壤中越冬，还可以在土壤中腐生。土壤和病残体是大豆根腐病的初次侵染来源。大豆萌发后即可侵染胚根。病菌以伤口侵染为主，自然孔口和直接侵入为辅。地下害虫的危害加重根腐病的发生。病原菌可以通过土壤、雨水、耕作和施肥等途径传播，但病株种子不传病。大豆播种后胚根长到 2～3 cm 出现症状，从幼苗到分枝期病情增长较快，开花期达到高峰。在呼伦贝尔地区，大豆幼苗期生长缓慢，如遇土壤温度低、湿度大或干旱药害等不利于幼苗生长的因素，都会加重根腐病发生。正常以 6 月中、下旬病情增长较快，7 月中、下旬达到高峰，8 月以后病情趋于稳定。合理轮作是最有效的防治措施。实行与禾本科作物 3 年以上轮作，尽量避免重迎茬。合理密植，宽行种植，及时中耕增加植株通风透光是防治病害发生的关键措施。采用大垄栽培，并加强中耕培土，降低土壤湿度，减轻病情。

六、大豆疫霉根腐病研究

2005—2007 年国家重点科技成果推广计划—呼伦贝尔盟大豆疫霉根腐病的发生及防治技术研究。2008 年 4 月通过验收。大豆疫霉根腐病又称大豆疫病。大豆疫霉根腐病（Phytophthora magasperma var.sojae）1995 年被我国列为检疫对象，是一种毁灭性病害，已在呼伦贝尔市的扎兰屯市、阿荣旗、莫力达瓦自治旗、阿荣旗、鄂伦春自治旗局部地块发生，平均发病率在 3% 左右，并有逐年加重趋势。个别地区的个别地块发生严重，达到 20%，常导致缺苗断条。多在苗期发病，引起田间死苗，大豆成株期发病较轻。2005—2007 年在呼伦贝尔市大豆主产区莫旗、阿荣旗、扎兰屯市，在大豆生育期开展了大豆疫霉根腐病定点调查和发病率的大面积普查工作，明确发生规律，在此基础上，进行此病害的防治研究。明确了此病的发生规律与流行条件：大豆疫病是典型的土传真菌病害，土壤的病株残体是疫霉菌的主要初侵染源。孢子囊和游动孢子是田间传播的重要菌态。大豆植株感病后，在体内形成大量的卵孢子，卵孢子随着病残体落入土壤中越冬。病株种子种皮下的卵孢子和受污染后在种子表面附带的卵孢子，是大豆疫病远距离传播到新区的主要途径。次年春季当温湿度条件适宜时，卵孢子打破休眠萌发，长出芽管发育成菌丝和孢子囊，孢子囊在土中不断形成、积累，当土壤积水时，产生大量游动孢子，游动孢子从孢子囊中释放出来，通过土壤中的流水传播。土壤湿度是影响发病和严重度的重要环境条件之一。因为大豆疫霉菌只能以游动孢子直接侵染寄主发病，而游动孢子的释放与运动必须具有流动水。低洼、易积水的黏土型土壤适合发病而排水性能良好的砂土地发病较轻。轮作、翻耕和增加中耕次数可以减轻病害。一切能导致土壤和田间湿度加大、大豆抗性下降的因素，都会加重大豆疫病发病程度。防治的有效方法：选育抗病品种。抗大豆疫病的品种有蒙豆 15 号等。农业防治措施，大豆不能种植在低洼、排水不良或重粘土土壤。加强中耕培土，增加土壤透气性。种衣剂拌种，用 30% 多克福种衣剂加新高脂膜拌种有明显防治效果。苗期发现病害应及时拔除。

七、玉米大斑病研究

玉米大斑病是呼伦贝尔市玉米种植区普遍发生的玉米中后期病害，发病程度与玉米大斑病病原菌基数、玉米耕作栽培方式、作物布局，和气候等因素综合影响的结果。玉米大斑病在呼伦贝尔发病株率 5% ～ 20%。

2010—2011 年，与内蒙古农科院植保所协作开展玉米大斑病药剂防治试验。通过田间试验选择最佳的防治药剂与防治时期，提高玉米产量和品质。70% 丙森锌 WP 和 25% 嘧菌酯 SC 在玉米大斑病发病初期都有明显防效，对病情有抑制作用，25% 嘧菌酯 SC 防效最佳，持效期长，防效达到 80%。

八、沙果树腐烂病研究

2015—2017 年，开展"呼伦贝尔市沙果主产区沙果树腐烂病发生规律研究"和"沙果树腐烂病绿色防控技术研究"。对呼伦贝尔市沙果主产区扎兰屯市各个沙果种植园进行沙果树腐烂病普查和定点定时观测沙果树腐烂病发生情况及发生规律。根据各项数据，分析各因素与沙果树腐烂病发生的相关性，明确当地沙果树腐烂病发病规律。根据沙果树腐烂病在当地的发生规律，引进、推广适合防治当地沙果树腐烂病的生态调控、农业保健栽培、整形修剪、使用高效低风险农药等绿色防控技术，高效控制沙果树腐烂病的发生，提高沙果产量和品质，促进呼伦贝尔市全国绿色食品标准化生产基地建设和沙果产业可持续发展。2015—2017 年"沙果树腐烂病绿色防控技术"在扎兰屯市推广应用 0.8 万 hm^2，增产 20% ～ 30%，增加经济效益 1 200 万元。义务向果农培训沙果丰产栽培技术，为科技成果转化，加快种植业结构调整、发展特色产业，促进农民增收发挥了重要作用。

第三节 虫害研究

一、双斑萤叶甲研究

双斑萤叶甲又称双斑长跗萤叶甲，属鞘翅目叶甲科萤叶甲亚科，主要危害玉米、大豆、马铃薯、杂豆等多种作物的叶片、花和果穗，虫体数量多时，对作物产量影响较大。分布于内蒙古自治区、黑龙江省、辽宁省、河北省等地区。该虫属高温、干旱型突发性害虫，具有危害作物种类多、发生面积大、危害期长、繁殖快和迁飞性等特点。

双斑萤叶甲过去一直是呼伦贝尔市的次生害虫，危害轻微。从 2008 年后，虫体种群数量的增加迅速，田间危害也呈逐年加重趋势，且发生面积不断扩大。2010 年、2013、2016 年双斑萤叶甲在呼伦贝尔市大面积发生，2013 年双斑萤叶甲在呼伦贝尔市发生 4 万 hm²，2016 年发生 12 万 hm²。2016 年 7 月份呼伦贝尔市大部分地区无有效降雨，大气、土壤干旱，7 月中下旬，呼伦贝尔市岭东农业种植区双斑萤叶甲大面积发生，危害程度为历年来最重。据调查，呼伦贝尔市阿荣旗、扎兰屯市阿荣旗玉米田玉米有虫株率 70%，百株有虫 1 000 头，严重地块达 2 000 头，大豆田有虫株率 60%，平均虫口密度为 20 头 /m²；扎兰屯市玉米田玉米有虫株率 80%，百株 1 000 头。大豆田有虫株率 80%，平均虫口密度为 20 ~ 30 头 /m²，最高达 50 头 /m²。

双斑萤叶甲对呼伦贝尔市农作物的严重危害，已成为呼伦贝尔市的主要害虫。呼伦贝尔市农业科学研究所植保研究人员在 2016 年对双斑萤叶甲发生、危害规律及防治进行全面系统的研究，确保呼伦贝尔市农业生产安全，保证粮食稳产增产和优质。通过定点调查与普查相结合，探明了该虫的生活习性和发生规律。调查发现，双斑萤叶甲发生及危害规律：在呼伦贝尔市一年发生一代，以卵在土中越冬，翌年 5 月下旬孵化。成虫 7 月初开始出现，7 月中下旬进入成虫盛发期，7 月中下旬至 8 月中下旬也是危害高峰期，一直持续为害到 10 月。对农作物的危害，主要是成虫。初羽化的成虫，先在田边、沟渠两侧的杂草上，如苍耳、刺儿菜、扁蓄等，取食叶子，约经半个月转移至大田为害玉米、大豆、高粱等，顺叶脉取食叶肉及雌穗花丝，影响玉米雌穗授粉结实，大豆危害叶片、花穗和荚果成缺刻或孔洞，严重影响光合作用。导致农作物减产及品质下降。双斑萤叶甲的发生程度取决于虫源基数、气候条件和周围环境因素等综合因子。在正常年份的气候条件下，越冬卵存活多，则来年幼虫孵化多，为害就越大。气候条件主要决定于 7 月、8 月温湿度，高温干燥对双斑萤叶甲的发生极为有利，降水量少则发生重，降水量多则发生轻，大雨、暴雨对其发生极为不利。由于双斑萤叶甲具有飞翔能力，要加大统防统治力度，这样才能取得较好的防治效果。采取农业防治与化学防治相结合。防治方法：农业防治。清除杂草，减少春季过渡寄主，降低双斑萤叶甲种群数量；秋季翻地整地，降低越冬基数，减轻危害。化学防治。在发生初期，7月中旬至7月下旬，分期防治或进行统防统治。由于该虫能飞善跳，中午活动强，最好选用植保无人机，在下午喷施杀虫剂。在害虫盛发期亩用药效期较长的25%高氯氟·噻虫胺微囊悬浮剂2 000倍液加新高脂膜2 000倍液。

二、玉米螟研究

呼伦贝尔市玉米主要集中在岭南三旗市，近几年，玉米种植面积受供给侧结构性改革调减至200万亩左右，由于玉米在当地具有稳产、抗逆性强等优势，在全市粮食生产中占有重要地位。玉米螟是呼伦贝尔市主要农业害虫，危害作物以玉米、高粱、谷子等禾本科作物。以低龄幼虫取食嫩叶、雌穗、花丝、嫩粒，高龄幼虫蛀入茎秆及穗柄，破坏玉米营养运输，影响灌浆，降低产量和品质，并且幼虫钻蛀茎秆，影响机械收获。玉米螟发生普遍，发病率在2%～10%，减产10%左右。玉米螟在呼伦贝尔市一年发生一代，以老熟幼虫在玉米秸秆、穗轴、根茬内越冬。

2015—2016年，我们进行了玉米螟的防治研究工作。研究确定玉米螟在当地的发生和危害规律、玉米螟最佳防治时期和有效的防治措施。其中生物防治研究是主攻方向，赤眼蜂是玉米螟的天敌，通过定点远程实时监测仪对玉米螟的多点监测和调查，监测玉米生长期玉米螟发生动态玉米螟发生及发生数量。掌握玉米螟产卵高峰期，制定最佳赤眼蜂投放玉米田时间、数量及次数，达到防治玉米螟。通过2～3年的监测，玉米螟在7月上中旬（玉米大喇叭口时期）开始，玉米螟产卵高峰期，是赤眼蜂投放最佳时期。长期大面积投放赤眼蜂可以使赤眼蜂建立优势种群，天敌昆虫的种群得到恢复和发展，同时也保护了人类赖以生存的自然环境。赤眼蜂防治玉米螟能减少农药使用量、使一些天敌昆虫免受化学农药的杀伤，操作简单，投入产出比高，促进农业可持续发展，推进农业绿色化、优质化，有效控制农药使用量，利用赤眼蜂防治玉米螟具有显著的经济效益、社会效益和生态效益。

三、大豆食心虫研究

大豆食心虫在呼伦贝尔市大豆主产区莫旗、阿荣旗、扎兰屯市普遍发生，是危害较重的钻蛀性害虫。主要以幼虫蛀食大豆籽粒为害，轻者把豆粒咬成沟，似兔嘴状，严重的把豆粒吃去1/3～1/2，造成豆粒残缺，并且还将虫粪排在豆荚内，严重污染豆荚。一般年份大豆虫食率在10%左右，对大豆产量和品质造成一定的影响。大豆食心虫在呼伦贝尔市一年发生一代，由于该类害虫为害习性的特殊性，防治适期极其短暂，一旦错过适期，药剂很难发挥作用。所以，2016—2017年进行了大豆食心虫发生规律的研究，确定该虫的最佳防治时期和有效防治方法。农业防治：减少越冬的虫源，轮作或秋收后宜及时耕翻土地。生物防治：投放赤眼蜂，每亩投放 1 万头蜂，5 天后再次投放。化学防治：结合田间大豆食心虫监测，做好预测预报；在 8 月上旬成虫盛发期（大豆结荚期），进行药剂防治。用 2.5% 功夫乳油 10mL/ 亩加 62% 激健农药助剂 10mL 加 1kg 水采用植保无人机低容量喷雾或背负式电动喷雾器用 2.5% 功夫乳油 20mL/ 亩加 62% 激健 10mL 农药助剂加 1 ～ 5kg 水，在下午 4 时以后喷雾。

第四节　杂草研究

多年来相继开展了多种作物的田间杂草调查，并通过室内外试验对除草剂进行了试验筛选。对生产上急需的玉米自交系、绿豆、芸豆、小豆、苜蓿、瓜类、谷子、高粱、向日葵等适用除草剂进行了多次筛选试验。

2006—2008 年，开展"大豆、玉米、向日葵、角瓜等农作物除草剂药害试验"。研究掌握了当地常用除草剂对主要农作物的药害症状、安全使用剂量及药害补救措施，适用技术在当地得到及时推广应用。

第五节　有害生物综合防治研究

一、呼盟栽培牧草病虫草综合防治研究

2001—2003 年与扎兰屯农牧学校、呼盟植保植检站联合开展"呼盟栽培牧草病虫草综合防治研究"工作，针对主要栽培牧草开展了主要病、虫、杂草的培养鉴定、药剂筛选、生物及其他防治方法的试验研究。此项研究与技术推广，对改善呼盟肉、乳、草的综合质量及草业发展具有重要意义。

二、马铃薯主要病虫调查及综合防治研究

2001—2003 年，开展"马铃薯主要病虫调查及综合防治研究"工作。本课题属于自治区科技厅"十五"招标项目《马铃薯育种与产业化》的子课题，是主要针对呼伦贝尔市和兴安盟北部的马铃薯重要病虫展开的。2009—2013 年，开展"马铃薯晚疫病预测预报和防治技术研究与推广应用"。主要包括开展马铃薯晚疫病发生规律研究、呼伦贝尔市马铃薯栽培品种及抗病性调查和防控技术的研究。进行了马铃薯晚疫病与气象条件等外界因

素的相关性调查。此项研究对呼伦贝尔市马铃薯晚疫病的综合防治及产业可持续发展具有重要意义。

三、大豆有害生物研究

2007—2010 年参加了农业部项目：国家公益性行业（农业）科研专项经费项目——高寒地区大豆高产节本增效技术体系（分课题）——大豆田有害生物调查与低残留除草剂筛选应用研究（子课题）。针对不同重、迎、连茬地块和不同生态区域，开展了大豆和多种轮作作物的病虫杂草危害数量、药害、生育期、产量性状调查，并开展了广泛的室内外鉴定和防治试验。

四、向日葵有害生物研究

2009—2011 年，开展呼伦贝尔市科技局项目"呼伦贝尔市向日葵有害生物综合防治研究"。基本摸清呼伦贝尔市向日葵有害生物种类及危害情况。针对向日葵有害生物筛选出安全、高效、无残留药剂和抗病品种，建立呼伦贝尔市《向日葵主要病虫草害的综合防治技术规程》。2011 年综合防治技术在呼伦贝尔市推广应用面积 1.371 万 hm²，经济效益 2 704.96 万元。2012 年获得呼伦贝尔市三等奖，2013 年获得内蒙古自治区丰收二等奖。2012—2016 年，开展了自治区农科院向日葵列当综合防控技术应用与推广项目，获 2017 内蒙古农牧业丰收一等奖。

五、中草药研究

2017—2018 年，针对生产需要，在呼伦贝尔市岭南三旗市先后和科技部门、研究单位以及多个中药材农民合作社合作，开展道地中草药种植现状和有害生物调查。分析道地中草药发展优势及中草药种植存在的问题。开展赤芍、苍术等中草药病虫草害绿色防控技术研究与技术推广。

第六节　农作物栽培技术研究

一、蒙豆 7 号（呼交 96504）选育与推广

1992—2001 年，我们进行了蒙豆 7 号（呼交 96504）选育与推广工作。以嫩丰 7 号为母本，呼交 8613 为父本进行杂交，经多次选择和南繁加代，选出了早熟、抗炸荚、高产新品种，2002 年 1 月通过内蒙古自治区农作物品种审定委员会审定，审定编号：蒙审豆 2002004。

1. 特征特性

生育期 99d，属极早熟品种。子叶肥大，下胚轴中等紫色，亚有限结荚习性，植株直立，株高 50～70cm，分枝 1～3 个，开花早，紫花、椭圆叶、叶色绿、小叶大，灰茸毛。荚紫色，弯镰状、荚粒数 2～3 个，大粒、籽粒椭圆、种皮黄色、脐淡褐色、百粒重 26～30g，叶枕和黄熟期朝阳面的茎、荚为紫色。高抗炸荚，抗倒伏，适应性强，适应范围广，可粮菜兼用，籽粒蛋白质含量 39.54%，脂肪 21.19%。

2. 栽培技术

选择肥力条件较好的地块，适时早播，种子进行包衣，防治病虫害，种子播深在 4cm左右，播种不宜过深，保苗数应根据土壤肥力状况，保持在 1.56 万～2 万株/亩，由于籽粒较大，播种量应适当加大，一般在 6.7kg/亩左右，播种最好选用精量双行播种机。有条件的地方应进行测土配方施肥，一般在施有机肥作基肥的情况下，亩施尿素 1.5kg、磷酸二铵 10kg、硫酸钾 5kg，复混分层深施。在大豆苗期、花期、鼓粒期，结合防虫，喷施 1～2 遍叶面肥，及时除草，防治病虫。

田间管理，前期深松土壤，花期、鼓粒期遇旱，要及时浇水。该品种抗炸荚，收获期可以延后，但应适当早收。

3. 产量表现

1998—1999 年内蒙古呼盟区域试验，平均产量 120.7kg/亩，比对照内豆 4 号增17.6%。1999—2000 年生产试验，平均产量 122.2kg/亩，比对照内豆 4 号增产 23.4%。

4. 适应区域

适宜内蒙古 ≥ 10℃活动积温 1 900℃以上的呼盟、兴安盟地区种植。

二、豆科作物根瘤固氮技术示范

2002—2003 年，和内蒙古科技厅生物技术研究所合作，在呼伦贝尔大豆、苜蓿等作物上，开展了豆科作物根瘤固氮技术试验示范。通过根瘤菌剂不同使用方法的筛选、除草剂筛选及对根瘤影响、化肥使用对大豆根瘤菌和产量的影响等项试验示范，推动了根瘤菌技术的快速普及应用。当年还成功主办了全区根瘤菌使用现场会。

三、马铃薯原原种生产技术研究

呼伦贝尔市脱毒马铃薯大面积推广应用，马铃薯原原种需求量很大，由于脱毒马铃薯原原种通过脱毒试管薯进行快繁，在温室大棚进行生产脱毒原原种或是微型薯，生产成本高，且技术要求高。如何在有效空间生产出产量高且优质马铃薯，是马铃薯脱毒种薯繁育待解决的关键技术。2003—2005 年，开展"马铃薯原原种生产技术研究"工作，力求在节约成本的前提下，生产脱毒马铃薯原原种，通过三年试验研究，在日光温室采用羊粪加细沙加腐殖质黑土按 1∶1∶1 比例混配，用马铃薯试管苗扦插苗生产脱毒马铃薯原原种，能大大提高产量和节约成本。

四、野生榛子人工栽培技术研究与推广

2007—2012 年，和园艺室共同承担呼伦贝尔市科技局项目"野生榛子人工栽培技术研究"。植保室主要针对其中的有害生物进行了广泛调查和综合防治试验示范。基本摸清了本地病虫杂草和其他有害生物种类、分布和危害程度，提出了切实可行的防治措施。本项目分获呼伦贝尔市科技进步三等奖和自治区丰收计划二等奖。

五、国家农业产业体系——呼和杂豆综合试验站扎兰屯示范县项目

2009 年开始，针对绿豆、芸豆等食用豆类作物及品种，持续开展了生产、市场调查、引种试验示范、除草剂筛选、增产和综合防治技术创新应用、标准研制等项工作。和国家食用豆产业技术体系呼和浩特综合试验站、呼伦贝尔市种子管理站等单位合作，已有三项食用豆成果获奖，比如芸豆新品种引进及高产高效栽培技术研究与推广，2017 年获内蒙古农牧业丰收二等奖，绿豆高产栽培技术推广成果获 2012 年内蒙古农牧业丰收一等奖。

六、瓜类病虫害防治、无公害栽培及贮藏技术研究

2002 年，在大棚种植瓠瓜、冬瓜，2003 年在大田采用大垄覆膜种植西瓜。各种瓜类从育苗到收获，在种植地块选择、品种选用、农药、肥料使用等，采取无公害栽培技术，各个生产环节达到无公害标准的要求。在此基础上观察研究瓜类主要病虫害的防治，以保健栽培为主要防治措施，最大限度地控制病虫害的发生和危害，严格控制农药残留量，以获得优质的瓜产品。夏季瓜类主要病害有：霜霉病、疫病、白粉病、炭疽病、叶斑病、枯萎病、蔓枯病等。虫害有白粉虱、蚜虫、潜叶蝇和红蜘蛛等。合理使用农药防治病虫害，优先选用生物农药，如辛菌胺盐酸盐（菌毒清）、农用链霉素、鱼藤酮、大蒜素、苦参碱、苏云金杆菌、枯草芽孢杆菌、芸苔素内酯、赤霉素等。由于瓜类属于鲜货产品，不耐贮藏，我们进行了瓜类的保鲜技术的研究，控制室温保持 4℃恒温、80％ 的湿度，严格控制氧气和二氧化碳浓度，瓜类贮藏时间较常规贮藏延长 15 ～ 20d。通过两年对瓜类栽培技术的研究，掌握了瓜类常见病虫害及防治措施，为当地瓜类生产提供技术支持。

七、其 他

在不同年份还分别进行了内蒙古向日葵品种区域试验（2010—2011 年扎兰屯试点）、高粱品比试验（2017 年与扎兰屯市农业技术推广中心合作开展）、马铃薯等作物脱毒快繁及相关技术研究等。

第七节　农药应用及土壤肥料研究

一、肥料、生长调节剂在农作物生产上的研究与应用

分别开展了生长调节剂和叶面肥在马铃薯生产上的应用（2004 年）、农作物生物固氮（蓝藻等）（2012）、艾美斯对作物的增产作用（2014—2017 年）等多个增产技术引进试验。

2017 年，叶面肥钛金硅在大豆、玉米上的应用。试验结果表明，在豆、玉米增产明显，增产 10% 以上。2018 年，进行了大豆、玉米喷施国光系列叶面肥肥效试验；进行了生长调节剂安好和翠好解除玉米药害效果试验。试验结果表明，大豆、玉米喷施国光叶面肥较对照有明显增产作用，大豆增产 13.6%、玉米增产 8.4%。大豆株高、4 粒荚和百粒重较对照高，空荚较对照少。玉米穗粒数、百粒重较对照高。喷施安好 + 翠好 5d 后，叶色、株高、根数、药害症状比对照都有明显变化。2018 年，与扎兰屯市农技推广中心土肥站协作开展大豆、玉米肥料利用率试验和缓释肥对比试验。通过对大量元素缺素试验，准确掌握测土配方施肥模式下化肥利用率以及缓释肥在农作物各个生育时期肥料利用率。

2010 年，开展"呼伦贝尔市农业区肥料使用情况调查"。通过走访调查，呼伦贝尔市农户化肥施用量逐年增加，增产增收效果明显，但同时也存在不合理施肥，肥料利用率低等问题。

二、马铃薯杀秧技术研究

2009—2011 年，开展"杀秧机及不同化学制剂对马铃薯杀秧效果比较试验"。本次试验通过 3 种杀秧处理方法，比较其杀秧效果、对产量的影响、以及作业成本，旨在筛选出更适合生产应用、节约成本，又可以保证种薯质量的杀秧措施，为马铃薯种薯生产提供安全实用的技术保障。

三、农药、化肥减量增效控害技术研究与推广

2016—2018 年，开展农药、化肥减量增效控害技术研究与推广工作。随着农业现代化推进，呼伦贝尔市从 20 世纪 90 年代农药使用量逐年增长，除草剂使用量占农药用量的 80%。由于农药过量、盲目使用，农药利用率较低，使得农药污染、药害增多，造成农药浪费、成本增加、天敌减少、有害生物抗性增强、农田生态环境持续恶化和农产品质

量下降。如何提高农药利用率、降低农药用量、减少使用次数等已成为我国乃至世界农业生产和生态环境领域亟待解决的关键问题。为扎实推进农业部提出的《到2020年农药使用量零增长行动方案》和内蒙古自治区农牧业厅制定的《内蒙古自治区到2020年农药使用量零增长行动方案》，实现农药减量增效、减量控害和农作物病虫害可持续治理，保障粮食安全、农产品质量安全和农业生态安全，实施"乡村振兴"战略，促进绿色农业健康发展，我们于2016—2018年开展了农田有害生物防控技术研究与推广工作，以达到农药减量使用、保证病虫草防治效果、达到农药减量控害降残增产目标。主要研究内容包括农药、化肥科学精准使用技术研究、高效低风险农药试验示范、绿色防控技术应用与研究、高效植保器械使用技术应用与研究等，通过两年试验研究和推广，呼伦贝尔市农区农药、化肥使用逐渐由过量、盲目使用向科学、精准、高效使用方向发展，为农业生产节本增效、提高农药利用率和农业绿色发展，提供了有力的技术支撑。

第八节　科技服务工作

植保研究室工作人员充分发挥在农业产业中的引领带动作用。围绕农业发展，针对农民需要，结合农时农事，以科技特派员、三区人才、12396科技咨询专家、扶贫干部等身份深入农村一线，结合工作特点，利用各种信息平台和多种方式，开展农业科技服务工作。加大科技成果转化力度，推广主要农作物病虫杂草防治技术和农药、化肥科学合理使用技术，科研人员通过农技培训、精准扶贫、科技大集、技术咨询、现场观摩等形式示范推广植保技术，采取培育典型、以点带面、点面结合、全面推动的方式，示范带动周边群众增收。农民学到了新技术和新理念，转变了思想，提高了种植水平，为区域农业发展和乡村振兴做出贡献。

第九节　论文、项目和获奖科技成果

一、论　文

1998年以来植保室成员主编或参编，公开发表的论文和专著共有86篇（表4-2）。

表 4-2　1998 年以来植保室发表的主要论文

题　目	期刊及出版社	年份、期、页码	字　数
小盾壳霉防治向日葵菌核病初步研究	《农作物病害发生与防治》论文集，中国农业科技出版社	1998，520-522	3 500
呼伦贝尔盟农区新型杂草辣子草发生危害调查	哲里木畜牧学院学报	1996，（12）：69-71	4 000
大豆根潜蝇蛹量与产量的关系研究	植物医生	1998，（6）：37-38	1 500
呼盟大豆种植结构与重迎茬现状调查	《两高一优家业及产业化》论文集，中国农业科技出版社	1998，364-366	3 000
大豆重迎茬种植与胞囊线虫发生的关系	《作物病害发生与防治》论文集，中国农业科学技术出版社	1998，693	1 000
呼盟梨树病虫种类及防治措施	北方果树	1998，（4）：25	1 500
呼伦贝尔野生经济植物资源	内蒙文化出版社	1997，12	
大豆茎叶处理除草剂多元混配试验研究	植物医生	1999，（1）：26-27	1 200
大豆根潜蝇蛹羽化率预测研究	大豆科学	1999，（8）：274-278	3 500
大豆连作年限与杂草发生关系的研究	植物保护	2000，（2）：44-45	2 000
玉米品种间产量性状遗传与生理指标的研究	内蒙古农业科技	2000，（5）：7-8	2 500
呼盟农区大豆新病害—大豆疫病	内蒙古农业科技	2000，（3）：43-44	2 000
呼盟主要作物病害的消长趋势及防治策略	《两高一优农业与农业创新》论文集，中国农业科技出版社	2000，（8）278-281	5 000
呼伦贝尔盟水稻田杂草种类调查	杂草科学	2000，12（4）：12	1 000
大豆开花结荚期药肥混配对紫斑病的防效试验	第七届全国大豆学术讨论会，论文摘要集	2001，（5）：190	1 000
苹果巢蛾的药剂防治试验	植物医生	2001，（3）：43	1 200
小粒型大豆蒙豆 6 号及其栽培技术	中国种业	2001，（4）：20	800
紫苜蓿优良除草剂种类及配方的筛选	内蒙古草业	2001，（2）：19-21	2 000
呼伦贝尔盟蝶类研究	内蒙古民族大学学报	2001，（3）：274-276	4 000
白边地老虎室内药剂防治试验	植物医生	2001，（4）：43-44	2 000
优质小麦、油菜、马铃薯高产栽培技术	内蒙文化出版社	1999	132 千
覆膜玉米田除草剂配方的筛选试验	内蒙古草业	2001，（1）：10-12	2 500
呼盟大豆孢囊线虫病发生危害与综合防治技术研究	内蒙古农业科技	2001，（6）：29-32	4 000
呼盟大豆疫霉根腐发生情况调查	华北农学报	2001，69-74	3 500
大豆品种（系）对疫霉根腐抗抗性研究	内蒙古农业科技	2002，（1）：12-15	3 500
玉米不同栽培方式试验研究	内蒙古农业科技	2002，（1）：8-10	3 000
呼伦贝尔盟大豆疫霉根腐病的发生及防治技术研究	内蒙古民族大学学报	2002，（3）：223-227	4 500
呼盟主要农业害虫的消长与防治策略	《中国青年农业科学学术年报》论文集，中国农业出版社	2002，229—231	5 000

（续表）

题　目	期刊及出版社	年份、期、页码	字　数
大豆疫病分级标准与危害性的研究	大豆通报	2002，（5）：7	1 000
优良牧草饲料作物高产高效栽培	内蒙古文化出版社	2002	234 千
新形势下农业科研工作面临的形势与任务	内蒙古科技与经济	2003，（4）：11–14	4 700
早熟大粒高抗炸荚大豆新品种蒙豆 7 号	农业科技通讯	2003，（5）：40	1 000
呼伦贝尔市马铃薯高淀粉品种引种试验	《中国马铃薯研究与产业开发》论文集，哈尔滨工程大学出版社	2003，193–196	5 000
呼伦贝尔市人工草地优势杂草土壤处理剂配方的筛选试验	内蒙古草业	2004，（1）	3 000
紫花苜蓿药害试验报告	内蒙古草业	2004，（2）	2 500
呼伦贝尔市马铃薯植保问题与解决途径	呼伦贝尔市自然科学学术交流活动	2004（优秀论文二等奖）	5 000
呼伦贝尔市马铃薯产业化现状及发展战略	呼伦贝尔市自然科学学术交流活动	2004（优秀论文一等奖）	5 000
呼伦贝尔市农业面源污染的现状与对策	中国农学通报（专刊）（全国农业面源污染与综合防治学术研讨会论文集）	2004，20	5 000
呼伦贝尔市马铃薯病虫杂草及综合防治	内蒙古农业科技	2005，（2）：53–56	5 000
不同基质生产马铃薯原原种产量比较	马铃薯杂志	2005，4	2 500
呼伦贝尔大豆田主要有害生物研究与防治	教育科学出版社	2005	24 万
呼伦贝尔市马铃薯植保问题与解决途径	《树立科学发展观坚持可持续发展战略》论文集，黑龙江科学技术出版社	2005	5 000
呼伦贝尔市马铃薯产业化现状及发展战略	《树立科学发展观坚持可持续发展战略》论文休，黑龙江科学技术出版社	2005	5 000
马铃薯产业化现状及发展战略	内蒙古农业科技	2005，（1）	4 000
呼伦贝尔市人工草地主要有害生物种类调查	内蒙古民族大学学报（自然科学版）	2005，（1）	4 000
发展榛子产业促进退耕还林	草业科学		4 500
内蒙古东部区大豆田有害生物及综合治理	《落实科学发展观，建设资源节约型社会》论文集，内蒙古人民出版社	2006 年呼市 4 部委学术交流一等奖	3 200
发展榛子产业发挥生态经济双重效益	《落实科学发展观，建设资源节约型社会》论文集，内蒙古人民出版社	2006 年呼市 4 部委学术交流二等奖	3 500
呼伦贝尔市马铃薯生产现状与发展策略	中国马铃薯	2006，（5）	3 000

（续表）

题　目	期刊及出版社	年份、期、页码	字　数
呼伦贝尔马铃薯高淀粉品种产业化模式	《马铃薯产业与现代农业》论文集，哈尔滨工程大学出版社	2007	2 500
呼伦贝尔市马铃薯主要病虫防治历	《马铃薯产业与现代农业》论文集，哈尔滨工程大学出版社	2007	2 500
呼伦贝尔市向日葵病虫害及综合防治	农业科技通讯	2008，（8）	3 000
呼伦贝尔市玉米田主要病害及防治	呼市科技交流活动征文	2008，三等奖	3 400
呼伦贝尔市向日葵产业化问题及发展策略	呼市科技交流活动征文	2008，三等奖	3 500
呼伦贝尔市施肥存在的问题及对策	呼市科技交流活动征文	2008，二等奖	3 000
内蒙古食用豆产业现状及发展对策	内蒙古农业科技	2009，（6）	4 000
艾米乐在马铃薯栽培上的应用效果	内蒙古农业科技	2010，（2）	3 500
内蒙东部区大豆病虫危害与防治策略	《大豆垄上三行窄沟密植技术研究与实践》论文集，中国农业出版社	2011，（4）	7 000
内蒙东部区大豆田杂草与防治对策	《大豆垄上三行窄沟密植技术研究与实践》论文集，中国农业出版社	2011，（4）	6 000
呼伦贝尔市施肥存在的问题及对策	内蒙古农业科技	2011，（4）	3 500
杀秧机及不同化学制剂对马铃薯杀秧效果比较试验	中国马铃薯	2011，（6）	3 500
呼伦贝尔市马铃薯产业现状及发展对策	内蒙古农业科技	2012，（4）	4 000
呼伦贝尔市马铃薯生产在的问题及解决途径	内蒙古农业科技	2012，（4）	3 500
内蒙古马铃薯疮痂病发生与防治途径[J].	中国马铃薯	2013，27（1）：56–59	3 500
不同杀菌剂对马铃薯疮痂病的防效[J].	中国马铃薯	2013，27（2）：83–86	
扎兰屯市玉米高密度化控种植技术试验	庄稼医生	2013，（6）	3 200
呼伦贝尔市芸豆田杂草种类调查	内蒙古农业科技	2013，（6）：84–87	3 500
呼伦贝尔地区向日葵病虫害调查分析	内蒙古农业科技	2014，（3）	
呼伦贝尔市马铃薯晚疫病综合防治技术研究	内蒙古农业科技	2015，（6）：75–76	
呼伦贝尔市榛子生产与调查研究	北方果树	2017，（1）	
中国呼伦贝尔大豆	中国农业出版社	2017	32 万
大兴安岭东麓玉米产业与研究——富民强县玉米高产综合栽培技术	中国农业科学技术出版社	2017	37 万
呼伦贝尔市食用豆产业发展现状及对策	农业工程技术	2017，（1）：49–50	2 000
呼伦贝尔榛子有害生物及综合防治技术	新农村	2017，（11）：31–33	3 000
向日葵病虫草综合防治技术研究	扎兰屯职业学院学报	2017，（1）：20–22	2 400

（续表）

题　目	期刊及出版社	年份、期、页码	字　数
呼伦贝尔地区马铃薯主栽品种晚疫病抗病性调查	扎兰屯职业学院学报	2017，（1）：18-19	1 600
呼伦贝尔市食用豆现状及发展策略	扎兰屯职业学院学报	2017，（1）：9-13	3 500
向日葵除草剂的筛选实验研究	扎兰屯职业学院学报	2017，（2）：9-14	5 000
呼伦贝尔市向日葵病虫害发生危害调查	扎兰屯职业学院学报	2018，（2）：6-9	4 000
四种环保药剂对马铃薯疮痂病防效试验	北方农业学报	2016，（5）	
呼伦贝尔市沙果产业现状及发展对策	北方果树	2017，（4）	
呼伦贝尔市沙果腐烂病及其防控	北方果树	2017，（5）	

二、科研项目及获奖成果

1998—2018 年，植保室主持或参加的计划项目和自选项目共有 58 项，其中计划项目均按计划完成了验收鉴定和成果登记。自选项目约有半数通过鉴定。共获得各级科技进步奖和丰收奖 16 项，其中自治区级 9 项（表 4-3）。

表 4-3 植保室主要科研项目及获奖成果

序号及项目名称	作　用	开展、完成年限	验收、获奖情况	获奖序号
呼盟大豆田间杂草种类调查与化学防治研究	主持	1990—1997	98 年呼盟二等奖	1
呼盟水稻病虫草种类及综合防治研究	主持	1992—1997	98 年呼盟三等奖	2
大豆根潜蝇预测预报技术的研究	主持	1990—1997	98 年呼盟二等奖	3
新农药引进筛选试验示范研究	主持	1994—		
大豆新品种及增产配套技术	参加	1993—1996	97 年国家丰收三等奖	4
大豆根潜蝇预测预报与综合防治技术的研究	主持	1991—1997	99 年内蒙科技进步三等奖	5
大豆孢囊线虫病综合防治技术研究与推广	主持	1998—1999	2000 年内蒙丰收三等奖 2002 年呼市科技进步二等奖	6
呼伦贝尔盟大豆疫霉根腐病的发生及防治技术研究	主持	1997—2001	2002 年呼市科技进步二等奖 2003 年内蒙科技进步二等奖	7 8
内蒙古"九五"期间优质高产、高抗大豆新品种选育及推广	参加	1996—2000	已现场验收	

（续表）

序号及项目名称	作用	开展、完成年限	验收、获奖情况	获奖序号
内蒙古十五期间优质高产、高抗大豆新品种选育及推广	参加	2001—2005	验收	
内蒙古大豆引育种中心建设	参加	2001—2003	验收	
国家级农作物区域试验站建设	参加	2002—2003		
蒙豆6号（呼交9428）选育与推广	参加	1990—2000	2001年审定	
大豆壮苗种衣剂的研制与应用技术研究	参加	2000—2002	2002年验收审定	
蒙豆7号（呼交96504）选育与推广	主持	1992—2001	2002年审定	
豆科作物根瘤固氮技术示范	主持	2002—2003	科技厅2002年验收审定	
栽培牧草病虫杂草综合防治技术研究	主持	2001—2003	2004年验收审定	
马铃薯等作物脱毒快繁及相关技术研究	主持	2001—2011		
转基因马铃薯新品种选育及田间试验	主持	2001—2003		
内蒙古十五招投标项目马铃薯育种与产业化——病虫害测报与综合防治技术研究（子课题）	主持	2001—2003	2003年验收审定	
瓜果保鲜栽培及贮藏	主持	2002—2004		
国家大豆原原种基地建设	参加	2003—2004	验收	
国家大豆改良分中心项目	参加	2002—2005	验收	
国家"新产品计划"—高油品种"蒙豆9号"	参加	2003—2005	科技部项目	
主要作物品种优化研究	参加	2003—2005	2006验收	
旱作高油大豆优化栽培试验	主持	2004	内蒙推广站项目	
国家"新产品计划"—蒙薯10号	参加	2004—2006	科技部项目	
国家重点科技成果推广计划—蒙豆12号	参加	2004—2006	科技部项目	
国家重点科技成果推广计划—呼伦贝尔盟大豆疫霉根腐病的发生及防治技术研究	参加	2005—2007	2008年4月通过验收	
野生榛子引种驯化及栽培研究	参加	2004－2011	2015内丰二等奖 呼市科技进步三等奖	11 12
生物农药试验（重寄生菌、酵母菌等）	主持	2005		
向日葵、小黑豆、白瓜子除草剂筛选	主持	2006—		
晚疫病新药筛选	主持	2007—		
大豆病虫草综合防治研究及推广	参加	2005—2007	内蒙科技厅项目，已验收	
CEB拌种剂试验	主持	2007—2008		

（续表）

序号及项目名称	作用	开展、完成年限	验收、获奖情况	获奖序号
国家公益性行业（农业）科研专项经费——高寒地区大豆高产节本增效技术体系（分课题）——大豆田有害生物调查与低残留除草剂筛选应用研究（子课题）	子课题主持	2007—2010	农业部项目，2011 年验收	
国家农业产业体系——呼和杂豆综合试验站扎兰屯示范县绿豆、饭豆品种引种试验、除草剂筛选	主持	2009—2018		
向日葵主要病虫草综合防治研究（向日葵主要病虫草综合防治技术研究与推广）	主持	2009—2011	2012 呼市三等奖 2013 内丰二等奖	9 10
寡糖素防治马铃薯病害试验示范	主持	2009		
内蒙古向日葵品种区域试验（扎兰屯试点）	主持	2010—2011	内蒙古种子管理站	
玉米大班病药剂防治试验	协作	2010—2011	农科院植保所	
向日葵药剂拌种防治蚜虫试验		2011—2012		
马铃薯药剂拌种及叶面喷雾防治晚疫病试验		2011—	国家自然基金	
大豆药剂（锐盛）拌种试验		2011		
大豆叶斑病药剂防治试验		2011—		
马铃薯晚疫病药剂防治试验 12 组		2011—	国家药检所	
马铃薯疮痂病防治试验及生产调查	参加	2011—	内蒙科技厅	
食用豆新品种引进及配套技术推广研究	协作、主持	2012—2014	呼市科技局 2015 年呼市科技进步三等奖	
农作物生物固氮（蓝藻等）试验		2012		
玉米高产密植化控技术示范展示	协作	2012	八一农大、呼市向日葵研究所	
向日葵有害生物综合防治技术示范展示	主持	2012		
玉米、向日葵等作物沼液使用效果研究	主持	2013—		
马铃薯晚疫病综合防治研究	联合主持	2010—2015	2018 呼市二等奖	15
马铃薯晚疫病综合防治技术研究与推广	联合主持	2013—2016	2016 内丰三等奖	13
艾美斯对作物的增产作用	参加	2014—2017		
大豆改良分中心 2 期建设	参加	2015—2017	农业部	
国家农业科学实验站（5 个数据中心）	负责	2017—	农业部	
高粱品比试验	主持	2017	和推广中心合作	
减肥减药试验	主持	2017	1. 扎兰屯科技局项目 0.3 万 2. 和呼市植保站合作 2 万 3. 黑龙江叶面肥姜华	

（续表）

序号及项目名称	作　用	开展、完成年限	验收、获奖情况	获奖序号
向日葵列当综合防控技术应用与推广	参加	2012—2016	2017 内蒙古农牧业丰收一等奖	14
芸豆新品种引进及高产高效栽培技术研究与推广	参加	2009—2016	2017 内蒙古农牧业丰收二等奖	16
高产大豆引进试验示范	主持	2016		
毛豆品种筛选试验	联合主持	2016		
钛金硅叶面肥在各种作物上的应用	主持	2018—		
大果沙棘和黑谷子引种试验	联合主持	2018		

第五章
玉米研究

第一节　玉米区试

1958—1964年呼伦贝尔盟农业试验站创建之初，即开始玉米农家种的收集整理和推广应用。

从1965年开始，呼盟农研所承担自治区、呼盟玉米区域试验和生产试验。

1991—1993年，承担东北春玉米早熟组区试和生产试验。

1994年，承担国家春玉米极早熟组品比试验。

1993—1995年，承担呼伦贝尔盟玉米区域试验。生产试验。

1996—1998年，承担呼伦贝尔盟玉米区域试验。生产试验。

2000—2002年，承担呼伦贝尔市玉米区域试验、生产试验（主持单位）。

2003—2012年，承担呼伦贝尔市科技局"粮饲兼用"玉米育种项目。

2010—2014年，承担呼伦贝尔市"科技支撑计划"项目。

2011—2017年，与内蒙古农业大学联合承担"十二五"国家科技支撑计划"粮食丰产科技工程"第一期、第二期、第三期工程。

2017—2020年，与内蒙古农业大学联合承担"十三五"国家重点研发计划专项项目的子课题：岭东温凉区早熟抗逆宜机收品种鉴评与配套技术模式构建。

2018—2020年，与内蒙古农业大学联合承担"十三五"国家重点研发计划专项项目的子课题：岭东温凉旱作区春玉米规模化培肥促熟丰产增效技术模式优化。

第二节　玉米引种、育种

1969年农科所开始从事玉米育种，并自立课题进行新品种选育。

1998—2000 年承担呼盟科技局玉米新品种选育课题。

2001—2019 年，自立课题进行早（极）早熟玉米新品种选育。

玉米育种可划分为三个阶段：第一阶段主要从事农家品种收集、整理、筛选和引种工作；第二阶段主要从事单交种、三交种、双交种选育和引种工作；第三阶段主要进行单交种选育。育种方法主要采用杂交、回交、系统选育以及辐射育种、轮回选择等方法。

第一阶段：自交系的选育和引进。

1967—1970 年，从内蒙古农科院引入自交系 17 份。

1970—1980 年，从全国各地引入自交系 62 份。

1980—1990 年，农科所引进、整理、自育自交系 860 份。

1990—2019 年，农科所玉米研究室拥有各种类型自交系 1800 余份。包括甜玉米自交系 8 份，糯玉米自交系 38 份，黑玉米自交系 4 份，白玉米自交系 20 份，爆裂玉米自交系 4 份。

第二阶段：玉米杂交种引进。

（1）品种间杂交种、顶交种的选育。20 世纪 60 年代中期，配制品种间杂交种 16 个，顶交种 22 个。

（2）双交种的选育和引进。60 年代末期，引进双交种中杂 11 号、维尔 42、双边 21。

（3）杂交种的引进。70—80 年代初，引进玉米单交种嫩玉 1 号、北玉 5 号、嫩单 3 号、克单 3 号、克单 4 号、合玉 14 号等。

第三阶段：玉米杂交种的选育。

农科所第一个单交种内单 2 号选育：1971 年农科所开始配制单交种，其中 163 × 火 51B 经两年区域试验和一年生产示范，增产显著，1980 年经内蒙古自治区农作物品种审定委员会审定，命名为内单 2 号，这是农科所育成的第一个单交种。

1994 年以后陆续选育出呼单 4 号、5 号、10 号等多个品种。

第三节　主要品种简介

一、早熟、高产、高抗大小斑病呼单 4 号选育（1994 年）

（1）选育人员：王万祥，苏欣，徐长海，王克伟，高万芬。

（2）品种来源：1986 年农科所玉米研究室以 383 为母本，原黄 22-3 为父本经有性杂交育成（原代号 86103）。1994 年 1 月经内蒙古自治区农作物品种审定委员会审定命名为呼单 4 号。

1996年12月获呼盟公署科技进步一等奖。呼单4号的育成，解决了呼盟
≥10℃1900～2100℃积温带主栽品种大斑病重没有接班品种的问题。

（3）增产效果：1988—1990年呼盟3年区域试验，平均产量330.2kg/亩，比对照品
种克单4号增产10.1%，1991—1992年呼盟生产示范，平均产量427.6kg/亩，比对照品
种克单4号增产17.1%。

（4）特征特性：从出苗到成熟生育日数96～100d，需≥10℃活动积温
1900～2100℃，株高194.6cm，穗长20.6～21.2cm，穗行数16～18行，百粒重
28～31g，籽实率82.5%，籽粒黄色，马齿形，果穗呈筒形，苞叶层少，剥皮省工，高
抗大小斑病。

（5）品种品质：粗蛋白10.36%，粗脂肪4.02%，淀粉65.83%，赖氨酸0.37%。

（6）栽培适应区域：适合1900～2100℃积温带中上等肥力地块种植推广。保苗株
数3300～3500株/亩。

制种条件：父母本可同期播种，父母本行比1:4。

二、中熟、植株紧凑型杂交种呼单5号选育（1997年）

（1）选育人员：王万祥，苏欣，徐长海，王克伟，高万芬。

（2）品种来源：农科所玉米室1992年以英64-3-1为母本，446-1为父本，经有性
杂交育成（原代号92127）。1997年4月经内蒙古自治区农作物品种审定委员会审定命名
为呼单5号。

（3）增产效果：1993—1995年呼盟3年区域试验，平均产量458.6kg/亩，比对照品
种合玉14号增产12.6%，1995—1996年呼盟二年生产示范，平均产量482.6kg/亩，比对
照品种合玉14号增产11.1%。

（4）特征特性：从出苗到成熟生育日数110～115d，需≥10℃活动积温2200～
2300℃，成株高210.0cm，穗长20.2～22.3cm，穗行数14～16行，百粒重33～36g，
籽实率85%，果穗锥形，籽粒黄色，马齿形，果穗无秃尖，叶相斜挺，紧凑型。叶色深
绿，活秆成熟，茎叶持绿时间长，抗倒伏，耐密植。

（5）品种品质：粗蛋白10.07%，粗脂肪3.34%，淀粉70.97%，赖氨酸0.36%。

（6）栽培适应区域：适合2200～2300℃积温带中上等肥力地块种植推广。该品种
适合密植，保苗株数3700～4200株/亩。

（7）制种条件：父母本需错期播种。父本提前5天播种（胚芽长出），再播母本。制
种父母本行比1:4。

三、中早熟，适应性强杂交种呼单 6 号选育（1997 年）

（1）选育人员：王万祥，苏欣，徐长海，王克伟，高万芬。

（2）品种来源：农科所玉米室 1990 年以海 014 为母本，原黄 22-3-1 为父本，经有性杂交育成。1997 年 4 月经内蒙古自治区农作物品种审定委员会审定命名为呼单 6 号。

（3）增产效果：1991—1993 年 3 年呼盟区域试验，平均产量 411.7kg/亩，比对照品种克单 4 号增产 27.4%，1993—1994 年呼盟 2 年生产示范，平均产量 502.9kg/亩，比对照品种克单 4 号增产 27.7%，比对照品种合玉 14 号增产 14.5%。

（4）特征特性：从出苗到成熟生育日数 105 ～ 110d，需 ≥ 10℃活动积温 2 100 ～ 2 300℃，成株高 221.8cm，穗长 22.6 ～ 24.8cm，穗行数 16 ～ 18 行，百粒重 28 ～ 30g，籽实率 82.5%，果穗锥形，籽粒黄色，半马齿形，叶相平伸形，植株收敛塔形。籽粒灌浆脱水快，活秆成熟，茎叶持绿时间长，抗倒伏，抗大小斑病。适应性强，适于机械化收获。

（5）品种品质：粗蛋白 10.54%，粗脂肪 4.24%，淀粉 69.44%，赖氨酸 0.36%。

（6）制种条件：父母本需错期播种 5 ～ 7d。先播母本，待母本胚根长出时再播父本。制种父母本行比 1 : 4。

四、中晚熟紧凑型玉米新品种呼单 8 号选育（1999 年）

（1）选育人员：王万祥，苏欣，徐长海，高万芬。

（2）品种来源：农科所玉米室以嫩 169 自交系为母本，446-1 自交系为父本杂交育成（原代号呼单 92002）。1999 年 3 月经内蒙古自治区农作物品种审定委员会审定命名为呼单 8 号。

（3）增产效果：1994—1996 年呼盟 3 年区域试验，平均产量 506kg/亩，比对照品种东农 248 增产 18.5%，1996—1997 年呼盟 2 年生产示范，平均产量 516.8kg/亩，比对照品种东农 248 增产 16.8%。1998 年大面积生产示范推广 80hm^2，平均产量 532.8kg/亩，比同时期对照品种增产 16.6%。

（4）特征特性：从出苗到成熟生育日数 116 ～ 118d，需 ≥ 10℃活动积温 2 300 ～ 2 400℃，成株高 240 ～ 242cm，穗长 23cm，穗粗 5.1 ～ 5.2cm，穗行数 16 ～ 18 行，百粒重 28 ～ 31g，出子率 83 ～ 86%，果穗柱形，半马齿型，叶相斜挺，植株紧凑，塔型株，叶片宽短，深绿色，花丝紫色，幼苗长势强，喜肥水，茎秆粗壮，根系发达。抗倒伏，抗大小斑病，抗黑穗、黑粉病。

（5）品种品质：粗蛋白 11.80%，粗脂肪 3.64%，淀粉 66.88%，赖氨酸 0.32%。

（6）栽培要点：适应 2 300 ～ 2 500℃积温带中上等肥力地块种植推广。保苗株数 3 600 ～ 4 000 株/亩。

（7）制种条件：父母本可同期播种。制种父母本行比1：4。

五、晚熟、半紧凑型玉米新品种呼单9号选育（2002年）

（1）选育人员：王万祥，苏欣，徐长海，高万芬。

（2）品种来源：农科所玉米室以扎137为母本，L105为父本经有性杂交育成（原代号呼单96004）。2002年1月19日经内蒙古自治区农作物品种审定委员会审定命名为呼单9号。准予推广。

（3）增产效果：1995—1997年呼盟区域试验，平均产量465.3kg/亩，比对照品种海玉4号增产10.23％，1997—1998年呼盟生产试验，平均产量448.4kg/亩，比对照海玉4号增产11.5％。

（4）特征特性：从出苗到成熟生育日数115天，需≥10℃活动积温2291.4℃，植株半紧凑型，成株13片叶，株高226cm，花丝白黄色，抗大小斑病（3级），抗黑穗病（3级），根系发达，抗倒伏，活秆成熟，茎叶持绿时间长，该品种经济性状优良，丰产性好。果穗锥形，穗长22.2cm，穗行数16行，穗粗5.3cm，双穗率7.6％，穗轴白色，籽粒黄色，有光泽。百粒重29.8g，籽实率76％，籽粒容重803g。

（5）品质测定结果：粗蛋白11.37％，粗脂肪4.23％，淀粉70.75％，赖氨酸0.35％。

（6）栽培要点：呼单9号喜肥水，耐密植。适合中上等肥力地块2 300～2 500℃积温区种植。保苗株数3 600～4 000株/亩。

（7）制种条件：该品种制种方便，父母本可同期播种。制种父母本行比1：4。制种基地选择2 500℃以上积温区。保苗株数4 500～5 000株/亩。

六、极早熟、抗倒伏玉米新品种呼单10号选育（2003年）

（1）选育人员：徐长海，王万祥，庞全国，于平，高万芬。

（2）品种来源：呼伦贝尔市农研所玉米室以1034为母本，以克山1-1为父本，1998年经有性杂交育成（原代号呼单98245）。2003年经内蒙古自治区农作物品种审定委员会审定命名为呼单10号（蒙审玉2003001号），准予在适宜地区推广。

（3）增产效果：2000—2002年参加呼伦贝尔市区域试验，3年18点次平均产量395kg/亩，比对照冀承单3号增产6.2％，居试验第一位。2002年呼伦贝尔市生产试验，6点次平均产量476.9kg/亩，比对照冀承单3号增产14.5％，居试验第一位。

（4）特征特性：出苗到成熟生育日数90～100d，需≥10℃活动积温1939℃，成株高151～172cm，11片叶，穗长17.9～20.3cm，穗粗5～6cm，穗行数16～22行，百粒重33.1g，出籽率82.7％，穗轴红色，穗柄短，籽粒黄色，有光泽，似硬粒型。籽粒容重高907g/L（内蒙古容重规定710g/L），品质好。茎叶持绿时间长，叶相较斜挺，植株半紧凑型，塔型株，幼苗长势强，喜肥水。该品种与对照冀承单3号相比，茎秆粗壮，根系发达。抗倒伏，抗病性强，活秆成熟。

（5）品质测定结果：粗蛋白10.07%，粗脂肪4.81%，总淀粉69.63%，赖氨酸0.32%。

（6）栽培要点：呼单10号喜水肥，耐密植。适合中上等肥力地块1 900～2 100℃积温区种植。保苗株数4 000～4 500株/亩。特点：极早熟，粗穗型，根系发达，抗倒伏，茎叶持绿时间长，不早衰，株型紧凑，适于密植。

（7）制种条件：该品种制种方便，父母本可同期播种。制种父母本行比1：4。

呼单10号是农研所育成的第一个极早熟品种。

七、呼单517（2016年）

（1）选育人员：朱雪峰，杨永财，乔鹏，庞全国，李惠智，邹菲，魏欣彤，杨玉荣，殷秀朋。

（2）品种来源：以自选系6047-2为母本、DM601为父本组配而成。母本选于意大利杂交种质F1-6×自选系47-2的基础材料；父本选于"德美亚1号"天然特异株。需≥10℃活动积温2 100℃以上地区种植。

（3）性状描述如下。

幼苗：叶片绿色，叶鞘紫色。

植株：半紧凑型，株高261cm，穗位94cm，17片叶。

雄穗：一级分枝7～12个，护颖绿色，花药浅紫色。

雌穗：花丝浅紫色。

果穗：短筒型，红轴，穗长17.4cm，穗粗4.6cm，秃尖0.6cm，穗行数12-14，行粒数37，出籽率81.6%。

籽粒：偏马齿型，黄色，百粒重35.2g。

（4）品质：2015年农业部谷物及制品质量监督检验测试中心（哈尔滨）测定，粗蛋白9.43%，粗脂肪3.98%，粗淀粉73.84%，赖氨酸0.28%，容重775g/L。

（5）抗性：2015年吉林省农业科学院植保所人工接种、接虫抗性鉴定，中抗大斑病（5MR），中抗弯孢叶斑病（5MR），抗丝黑穗病（4.7%R），高抗茎腐病（2.0%HR），抗玉米螟（3.9R）。

第四节　玉米栽培

1960年农科所进行玉米耕作方法、玉米定向密植试验。1961年进行玉米N、P、K化肥肥效试验和玉米施肥用量及垄平作试验。

1991—1992 年农科所承担自治区农业厅旱作玉米模式化栽培试验。

1992 年，农科所对呼单 4 号进行密度和肥料试验。

1994 年，农科所对呼单 6 号进行密度和肥料试验。

1995 年，农科所对呼单 5 号进行密度和肥料试验。

1996—1997 年农科所玉米室对呼单 8 号进行密度试验。

1998—1999 年农科所玉米室对呼单 9 号进行密度试验。

2001—2002 年农科所玉米室对呼单 10 号进行密度试验。

第五节　玉米制种开发

一、制种基地建设

1994 年经反复考察把黑龙江省华安农业二场确定为制种基地。

1995 年由于一个制种基地远远满足不了制种需要，玉米研究室经多方考察、论证，又将扎兰屯市洼堤乡红岭村、孤山村确立为第二制种基地。

2000 年将扎兰屯市洼堤办事处色吉拉呼村、大河湾镇暖泉村定为制种基地。

二、成果开发

1992 年呼单 2 号制种 26.7hm^2，获杂交种 3.9 万 kg ；呼单 4 号制种 6.67hm^2，获杂交种 1 万 kg。此后，制种量逐年提高，推广面积不断扩大。

1997—2011 年，呼单 4 号推广 3.33 万 hm^2，呼单 6 号推广 2.8 万 hm^2，呼单 5 号推广 1.07 万 hm^2，呼单 8 号推广 0.47 万 hm^2，呼单 10 号推广 1 333.33hm^2。为推广科研成果，1992 年农科所与扎兰屯市务大哈气乡农业服务站、卧牛河镇农业服务站、蘑菇气镇太平沟村、阿荣旗太平庄镇农业服务站建立联系，发展科技示范户 20 个。

2004—2009 年，呼伦贝尔市科技特派员徐长海在扎兰屯市洼堤乡红岭村、色吉拉呼村进行科技特派员驻村活动，为农民讲课 200 人次，培训制种明白人 30 人（户），农民制种土专家 1 人，发放便民联系卡 500 余份。科技特派员深入到田间地头，为农民解决生产中的实际问题，深受农民欢迎。

1993—2010 年，玉米研究室同全市 24 个乡镇农业服务站、种子站（种子经销点）建立联系，进行科技下乡活动，发展科技示范户 320 个，发放宣传资料 12 000 余份。

第六节　玉米南繁

1969 年开始每年冬季到海南岛进行玉米种子繁育。繁育基地设在三亚崖城，面积 6 667 ～ 10 000m²。20 世纪 70 年代，每年南繁人员 4 ～ 5 名，以繁殖为主，并进行少量自交系加代选育，每年繁殖种子 400 ～ 500kg；80 年代，南繁人员 2 ～ 3 人，主要进行自交系繁殖和加代选育，每年繁殖亲本种子 500kg 左右；1990—2018 年，南繁人员 1 ～ 2 人，主要进行自交系扩繁、加代、组配和杂交种、亲本种子纯度鉴定以及自交系引进，收集。每年繁殖亲本种子 400kg 左右。

在玉米南繁的 49 年中，共有 8 000 余份自交系得到加代选育，配制杂交新组合 38 000 个，繁殖亲本种子 4 250kg，收集基础材料 5 000 余份，鉴定杂交种子纯度 18 份、鉴定、改良、创新亲本自交系 560 份。同全国 20 多家科研单位，种子企业的玉米科研人员建立了业务联系。

第七节　玉米研究室（组）人员组成及承担课题

玉米研究室（组）人员组成及承担课题统计详见表 5-1。

表 5-1　玉米研究室（组）人员组成及承担课题统计

年　份	课题主持人	课题题目	参加人
1964—1980 年	沈蕴章	品种间杂交种、顶交种的选育，双交种的选育和引进	
1981—1986 年	刘少新 研究室主任	玉米新品种选育	高万芬，田敏娟
1987—2000 年	王万祥 研究室主任	玉米新品种选育 呼盟玉米区域试验	苏欣，徐长海，杨淑梅，王克伟，高万芬
2001—2003 年 2003—2011 年	徐长海 研究室副主任，主任	玉米新品种选育及开发推广。高寒地区早（极早）熟玉米新品种选育。呼伦贝尔市玉米区域试验。极早熟玉米新品种呼单 10 号适于机械化收获栽培试验及推广。玉米种质资源筛选与创新。海南岛玉米南繁试验。扎兰屯市种子管理站、玉米经销商委托的各项试验、田间鉴定、品种审定等。	高万芬，王克伟，庞全国，殷秀朋，包金花

（续表）

年　份	课题主持人	课题题目	参加人
2011—今	朱雪峰研究室主任	"适于机械化收获早（中早）熟玉米新品种选育及推广"，"高寒地区早熟玉米新品种选育及产业化研究"，内蒙古农业大学"旱作玉米保水促熟稳产增产技术集成与示范"。与内蒙古农业大学共同承担粮丰工程"十三五"国家重点研发计划专项项目第二期和第三期的子课题。	徐长海，庞全国，殷秀朋，李惠智，邹菲，魏欣彤，高广萍，海林

第八节　取得的主要荣誉及成果

一、获得的科技成果

1996年玉米新品种呼单4号获呼盟行政公署科技进步一等奖。获扎兰屯市"大豆、玉米种子包衣技术推广"科学技术进步一等奖；

2003年徐长海被聘为内蒙古自治区农作物品种审定委员会专家。

2005年9月获内蒙自治区人民政府科技一等奖

2006年《早熟玉米杂交种呼单10号》获呼伦贝尔市自然科学优秀论文二等奖。《实用杂交玉米制种生产技术》获呼伦贝尔市自然科学优秀论文三等奖。

2007年，获两高一优农业与农业创新特等奖；

2008年《呼伦贝尔地区糯玉米研究及开发前景》获呼伦贝尔市自然科学优秀论文一等奖。

2013年，内蒙古自治区农牧业丰收二等奖

2014年，获内蒙古自治区农牧业丰收三等奖。

二、论文发表情况

详见表5-2。

表5-2　论文发表情况

论文题目	发表期刊名称	年份、期、页码
浅折呼盟地区玉米品种现状，存在问题及改进对策	内蒙古农业科技	1998，增刊：9—10
极早熟玉米杂交种呼单4号选育及应用	玉米科学	1999.7（增刊）：116—118

（续表）

论文题目	发表期刊名称	年份、期、页码
杂交玉米制种超前抽雄技术	沈阳农业大学学报	1999（12）：30 专辑：35
紧凑型玉米新品种呼单 5 号的选育经过	沈阳农业大学学报	1999（12）：3 专辑：8–9
玉米新品种"呼单七号"的选育	内蒙农业科技	1999.增刊
玉米杂交种果穗指示性状选育初探	内蒙农业科技	1999.增刊
玉米品种间产量性状遗传与生理指标的研究	玉米科学	2002（4）：19–21
缺水胁迫对玉米幼苗生长和生理指标的影响	内蒙古草业	2002（2）：46–48
玉米不同时期缺水胁迫对产量和生理指标的影响	玉米科学	2004（4）：64–65,72（增刊）
早熟玉米杂交种呼单 10 号选育报告	玉米科学	2005–13 卷（增刊）：91
早熟玉米杂交种呼单 10 号的选育报告	玉米科学	2005（3）：91（增刊）
饲料玉米品种间生物产量和含糖量差异的研究	内蒙古农业科技	2005（1）：18–19
如何加快我国农产品质量标准体系建设	中国食品	2005（5）：46–47
呼伦贝尔地区糯玉米研究及开发前景	内蒙古农业科技	2007（1）：69–70
我国北方旱地农业存在的主要问题及发展的主要对策	内蒙古民族大学之报	2008（4）：83–84
浅析外企进入我国玉米种业面临的挑战与应对措施	种子科技	2011（9）：4–7
呼粘一号糯玉米优质高产无公害标准化生产技术	内蒙古农业科技	2011（2）：118–119
呼伦贝尔市玉米机械化收获存在问题及建议	内蒙古农村牧区机械化	2012（1）
玉米新品种先玉 696 高产栽培技术研究	内蒙古农业科技	2014（12）
不同氮肥模式对玉米干物质及产量的影响	现代农业科技	2017（9）
呼伦贝尔地区早熟、抗逆、宜机收玉米品种鉴选标准研究	现代农业科技	2018（6）
呼伦贝尔地区不同玉米品种适宜种植密度研究	农业科技通讯	2019（2）

第六章
园 艺

呼伦贝尔市农业科学研究所自1958年建所就开展了果树的引种、栽培及育种研究工作。从黑龙江、辽宁、吉林等地引进了大批中、小苹果、梨、李子、杏、葡萄、草莓等品种进行抗寒丰产栽培试验，从中选育出适合当地栽培的优良品种。同时开展杂交育种工作，培育出优良的苹果、梨树等品种，进行推广应用。对呼伦贝尔市果树生产起到了引领作用。目前生产中应用的黄太平、金红（123）、七月鲜（K9）、花红、大秋、大小海棠果等苹果，乔玛、麻香水、大香水等梨品种都是经过园艺研究室引进推广的。同时通过杂交育种、辐射育种及远缘杂交，培育出一批抗寒、优质、丰产的果树新品种，在呼伦贝尔市、兴安盟及周边的黑龙江省等地推广应用。如培育的梨树品种：北丰梨、呼苹香梨、早黄梨、秀水香梨、72辐—1。苹果品种：海黄果、甜铃等。扎矮山丁子是农研所园艺研究室工作人员发现的具有显性质量性状遗传的极抗寒苹果矮化种质资源，是我国目前矮化苹果树及矮化砧木育种的重要种质资源。经过老一辈园艺工作者的不断努力，呼伦贝尔市的果树已形成规模化发展，成为当地不可或缺的产业。

园艺研究室在20世纪80、90年代有3个课题组，分别从事梨树、苹果和蔬菜的研究，孟庆炎负责苹果课题组的工作，吴长荣负责梨树课题组的工作，郭先民负责蔬菜课题组的工作。2000年人员变动，园艺研究室各课题组合并。

在园艺研究室工作过现已退休离开工作岗位的人员有：蒋洪业、郭先民、孟庆炎、吴长荣、周瑞华、田敏娟、袁淑明等。调到其他单位工作的人员有沙广利、弓仲旭。现在园艺研究室工作的人员有王晓红、塔娜、王艳丽、朱永梅、冯占文。

第一节　开展的研究项目

1999—2018年园艺研究室开展了果树栽培育种及推广工作，同时开展了花卉及无土栽培等研究项目。主要进行了以下工作。

一、保护地果树栽培试验

1999 年开始，从黑龙江省园艺研究所引进京秀、无核白鸡心、红提、贝达等葡萄品种进行保护地栽培试验。2001 年从黑龙江引进毛桃，2003 年从北京农业展览会上引进草莓进行栽培试验，为当地保护地果树的发展起到示范作用。

二、有机生态型无土栽培技术引进研究与推广

2001—2003 年承担呼伦贝尔市科技局项目"有机生态型无土栽培实用技术引进研究与推广"，2004 年通过呼伦贝尔市科技局组织的验收鉴定，并进行了成果登记。

三、草本花卉引种栽培试验

2002—2010 年开展草本花卉引种栽培试验。引进百合、唐菖蒲、康乃馨、非洲菊、鸡冠花、串红、美女樱、矮牵牛、福禄考、金鱼草、万寿菊、金光菊等 30 余种花卉品种进行栽培试验，为当地绿化美化提供优良的花卉品种及栽培技术。

四、野生榛子驯化及高产栽培研究

针对呼伦贝尔市发展榛子产业过程中存在的资源减少、产量低、病虫害严重、种苗缺乏等问题，2005—2011 年开展了"野生榛子驯化及高产栽培研究"，2012 年通过呼伦贝尔市科技局组织的验收和鉴定，2015 年荣获内蒙古自治区农牧业丰收二等奖，2016 年荣获呼伦贝尔市人民政府授予的科技进步三等奖。

五、榛子杂交育种

自 2011 年从辽宁省果树研究所引进平欧杂交榛，利用平欧杂交榛与当地的平榛进行杂交试验，以培育适合呼伦贝尔地区栽培生产的抗寒、优质、丰产的榛子新品种为育种目标。目前杂交苗陆续开始结果。下一步将从中优选符合育种目标的杂交苗进行田间调查、扩繁、区试等项试验。

六、扎矮山丁子矮化基因的研究利用

1976 年在农研所果树苗圃发现一株具有显性质量遗传的矮化山丁子—扎矮 76，经内蒙古农作物品种审定委员会命名为扎矮山丁子。利用扎矮山丁子与柱状苹果杂交培育出矮化的柱状小苹果树，目前正在进行田间观察。

七、野生核桃育苗试验

利用当地野生山核桃培育苗木，作为绿化树种应用。

八、菜用大豆的研究

2016—2018 年引进札幌绿、台湾 292、台湾 75-3、绥化毛豆等 17 个品种进行品种优选试验。本项目的开展，可以为本地增加新的蔬菜种类，满足菜农种植和市场消费需要，同时可为东部区菜用大豆产业发展进行必要的探索，也为适应本地生态条件和生产条件的毛豆新品种选育打下良好基础。

九、项目合作

2016—2018 年与呼伦贝尔市林业工作站合作完成内蒙古自治区林业科技推广项目"呼伦贝尔市野生榛子栽培技术推广示范"项目。

第二节　获奖成果和论文

一、获得的科技成果

（1）"野生榛子栽培技术研究与推广"2015 年 11 月荣获内蒙古自治区农牧业丰收二等奖。

（2）"野生榛子驯化栽培研究"2016 年 2 月荣获呼伦贝尔市科技进步三等奖。

二、公开发表的科技论文

（1）"有机生态型无土栽培技术研究的试验报告"发表在《内蒙古 2005 年自然科学学术年会优秀论文集》。作者：塔娜，刘连义，弓仲旭。

（2）"呼伦贝尔地区果树发展现状及存在的问题"发表在《内蒙古 2005 年自然科学学术年会优秀论文集》。作者：王晓红，史红芳，于平等。

（3）"发展榛子产业发挥生态经济双重效益"发表在《内蒙古 2005 年自然科学学术年会优秀论文集》。作者：闫任沛，刘连义，塔娜等。

（4）"内蒙古呼伦贝尔地区野生榛子生长现状及研究进展"发表在《2009 年第五批'西部之光'访问学者论文集》。作者：塔娜。

（5）"'黄太平'苹果小冠疏层形修剪技术"发表在《北方果树》2016 年 2 期。作者：

弓仲旭，塔娜，张晓莉等。

（6）"呼伦贝尔市向日葵种植技术研究"发表在《种子科技》2017年1期。作者：塔娜，弓仲旭，张晓莉。

（7）"呼伦贝尔市榛子生产与调查研究"发表在《北方果树》2017年1期。作者：塔娜，弓仲旭，张晓莉，闫任沛。

（8）"呼伦贝尔市榛子病虫害的调查及综合防治技术"发表在《新农村》2017年11期。作者：塔娜，张爱军，弓仲旭等。

第三节　社会活动

2007年呼伦贝尔市开展"科技特派员工作制度"，园艺研究室积极响应，塔娜作为呼伦贝尔市科技特派员在阿荣旗开展工作。结合自己的特长进行无公害蔬菜栽培技术和鲜切花百合的栽培技术指导工作，为当地花卉的栽培生产起到了先导作用。

王晓红于2015年至今作为扎兰屯市科技特派员，服务于扎兰屯市中和镇。

塔娜于2017年至今作为扎兰屯市科技特派员服务于扎兰屯市高台子办事处鲜光村。

塔娜于2018年作为"三区"人才支持计划科技人员服务扎兰屯多个乡镇。

王晓红、王燕莉、塔娜于2018年作为扶贫工作人员在扎兰屯市中和镇光荣村开展扶贫工作。

利用自己的专业特长，到扎兰屯市多个乡镇开展农业技术培训及现场指导，与多名专家一起解决农民在种植玉米、大豆、水稻、果树等生产中遇到的病虫杂草及栽培技术等问题。

第四节　重要成果简介

一、有机生态型无土栽培实用技术引进研究与推广

2001—2003年承担呼伦贝尔市科技局项目"有机生态型无土栽培实用技术引进研究与推广"，2004年通过呼伦贝尔市科技局组织的验收鉴定，并进行了成果登记。

无土栽培生产技术目前已经成为当今世界设施农业中主要的生产方式，中国农业科学院蔬菜花卉所研制的无土栽培技术1996年获得农业部科技进步二等奖，1999年被列为中国农业科学院重点推广项目。这一栽培方式在生产过程中主要使用有机肥，肥料均以固态

形式施入，灌溉时只灌清水省事省力，操作简便，可生产符合国家标准的绿色食品。

研究室将这一先进的生产技术引进，在充分利用其基本原理的基础上，对这一技术的关键环节—基质配比，进行了切合呼伦贝尔实际的研究。充分利用当地农林副产品资源作为基质，通过试验找到了适合当地无土栽培的常用基质，并摸索出适合呼伦贝尔市实际的无土栽培方法。为提高呼伦贝尔市设施农业生产技术，进行无公害蔬菜果品生产，找到了一条新的途径。

1. 试验材料和方法

（1）试验用基质：配制基质的材料是呼伦贝尔市常见的沙子、炉渣、草炭土、锯末、向日葵秆、菌糠等。利用以上材料配制了 16 种基质进行试验。

（2）栽培品种：用于无土栽培试验的作物主要是蕃茄，三年共试验栽培了 10 个番茄品种，同时参试的有多种蔬菜、花卉和果树。供试的蔬菜有番茄、茄子、黄瓜、西葫芦、苦瓜、丝瓜、木耳菜、结球生菜、蛇瓜、冬瓜、豆角、彩椒、大萝卜、胡萝卜、西瓜、香瓜、南瓜等。还进行了葡萄（红提、京秀、无核白鸡心）、草莓和 30 多种草本花卉。

（3）试验方法：利用配制的 16 种基质栽培蕃茄，通过蕃茄在这 16 种基质中的长势，选择出理想的配比组合，再利用选择出的基质栽培蕃茄、茄子、西瓜等多种作物，以土壤栽培作为对照，调查田间生长状况、产量、病虫害等，对调查结果进行综合分析得出结论。

2. 试验结果与分析

（1）利用配制的 16 种基质栽培小番茄圣女，筛选出 1 份沙子：1 份草炭：1 份锯末：1 份向日葵秆粉这种配比，又用这一配比的基质栽培多种作物，长势都非常好，因此我们认为这种基质适合多种作物生长，而且取材方便，可作为呼伦贝尔市无土栽培的首先基质。1 份草炭：1 份蛭石这种配比的基质用来进行穴盘育苗，苗齐、苗壮、成苗时间短，苗根系与基质能够互相缠绕在一起，定植时不缓苗。

（2）用无土栽培技术生产番茄，可促进早熟，增加产量，植株长势好，病虫害轻，根据品种的不同，无土栽培的番茄比土壤栽培可提前采收 16 ～ 21d，增产 1.1% ～ 60.9%。

（3）用无土栽培生产的茄子，植株长势强壮，产量高于土壤栽培 30.8%，采收期提前 8 天。西瓜无土栽培前期生长速度也明显高于土壤栽培，瓜大小均匀，每个瓜重都在 2.5 ～ 3.3kg，采收期比土壤栽培的提前 15 ～ 20d。

（4）有机无土栽培技术在花卉上的应用。用配制的基质炉渣：草炭：菌糠 =2：2：1 和沙子：草炭：锯末：向日葵秆粉 =1：1：1：1 这两组基质栽培的花卉品种串红、鸡冠、金鱼草、矮牵牛、美女樱、香石竹、石竹、百日草、万寿菊、紫罗兰、观赏向日葵、观赏红茄、白茄、天竺葵、龙胆、跳舞草、含羞草等，花色鲜艳，花期长，无病虫害发生。

（5）有机无土栽培技术在果树上的应用研究。利用葡萄品种红提、京秀和无核白鸡心进行了无土栽培试验。2001 年 4 月 27—30 日，利用这三个品种扦插育苗，育苗基质有 3 个，蛭石、炉渣和锯末。锯末中扦插的葡萄发根早，但分枝少，有 60% 的插条生根；蛭石中扦插的葡萄有 80% 的插条生根，其中 30% 的插条生有二级根；炉渣中扦插的葡萄有 70% 的插条生根。6 月 3 日—7 月 5 日陆续上盆。盆栽基质为 1 份沙子：1 份草炭：1 份锯末：1 份向日葵秆粉。葡萄长至 10 片叶子时掐尖。当年葡萄在直径为 12 cm × 12 cm 的育苗盒中生长健壮，无病虫害。2002 年 4 月 25 日定植于温室内，基质仍为 1 份沙子：1 份草炭：1 份锯末：1 份向日葵秆粉，添加消毒鸡粪和二铵作为底肥。株距为 0.5 米，双干整枝，冬季 11 月下旬剪枝下架防寒，翌年 4 月中旬上架。京秀和无核白鸡心 2003 年开始结果，品质极佳。在日光温室内栽培，7 月中旬果实成熟，当时市场价为 24 元 /kg。植株长势旺盛，无病虫害发生。

（6）结论。通过以上各项试验及分析，本试验所配制的多种基质中，1 份沙子：1 份草炭：1 份锯末：1 份向日葵秆粉这一配比的基质适合多种作物生长，取材方便，可作为呼伦贝尔市无土栽培的常用基质。

本试验生产模式是成功的，可用于生产无公害蔬菜及其他多种作物，适合呼伦贝尔市的实际，可以推广应用，前景广阔。

3. 技术关健与创新点

该项技术是中国农业科学院蔬菜花卉所研制的，具有一整套完整的理论体系。我们将这一先进的生产技术引进呼伦贝尔，在充分利用其基本原理的基础上对这一技术中最关键的环节—基质配比，进行了切合呼伦贝尔市实际的研究。充分利用当地具有而且资源丰富、价格低廉的农林副产品资源作为栽培基质，通过试验找到了适合我市无土栽培的常用基质，并摸索出一套适合呼伦贝尔市实际的无土栽培方法。为提高呼伦贝尔市设施农业生产技术，进行无公害蔬菜和果品生产找到了一条新的途径。为呼伦贝尔市旅游观光农业增添一条亮丽的风景。促进呼伦贝尔市传统农业向现代农业的转变。

4. 技术重点与适用范围

有机生态型无土栽培的技术重点是栽培系统的建立和栽培基质的配置。栽培系统要求栽培环境与土壤完全隔离。栽培用基质需添加有机物，要求疏松透气性好、营养丰富、并能满足植物整个生育期的营养需求。该项试验是针对呼伦贝尔市的实际设计和完成的，因此这个试验的生产模式适用于呼伦贝尔市的设施农业。可作为呼伦贝尔市旅游观光农业的重点项目。

5. 推广应用情况及存在的不足

我们课题进行过程中，扎兰屯农牧学校通过教学与实习，广泛向学生讲解传授该项技术。同时组织各界人士参观指导，扩大宣传面，参观的人士有各级领导、从事农业教学、推广及研究工作的人员，还有学生、农民。满洲里丰达作物研究所和海拉尔阳光小区，利用这一技术进行生产，均获得成功。

该项试验与扎兰屯农牧学校合作完成。承担项目的人员有：刘连义、塔娜、王晓红、袁淑明、弓仲旭、陈申宽、冯占文、朱永梅等。

二、野生榛子驯化及高产栽培研究

内蒙古呼伦贝尔地区野生榛子资源丰富，榛果是当地的土特产品之一，是纯天然绿色食品。近年来人们对榛树资源开发利用的认识和管护力度已有很大的提高。但目前呼伦贝尔市榛子资源利用中还存在着一些问题，如野生榛子资源面积减少，产量低，虫害严重、发展生产时苗木缺乏等。农民非常需要较系统全面的榛子栽培技术，以提高产量和品质。为充分发挥榛子在呼伦贝尔市的自然优势，解决榛农对榛子栽培技术的需求，我们在2005—2011年进行了"野生榛子栽培技术研究"。

该项目是呼伦贝尔市科技局计划项目，由呼伦贝尔市农业科学研究所主持，扎兰屯农牧学校、扎兰屯市草原工作站作为参加单位共同完成。呼伦贝尔市农业科学研究所负责项目的总体实施，承担了苗木繁育、栽培技术和病虫害的研究工作。扎兰屯农牧学校参与了病虫害研究、苗木繁育研究和技术培训等工作。扎兰屯市草原工作站参与了栽培技术和垦复试验的研究。三家单位共同参与完成了野生榛子资源调查工作。

根据呼伦贝尔市榛子生产过程中存在的一些问题，主要进行了以下试验研究。

（一）苗木繁育

1. 种子繁育

（1）种子浸种与层积处理。

种子的选择：秋季挑选无病虫害、色泽鲜亮、种仁饱满的榛子作为种子。

种子处理：将种子进行浸种处理。每个处理1 000粒种子，浸种用20℃左右的清水，浸泡时的环境为室内，室内温度18～21℃。浸种后进行沙藏处理。该试验设计浸种时间、沙藏处理时间两个因素（表6-1）。

表6-1　野生平榛种子萌发试验各处理方法

处理号	浸种时间	沙藏处理时间
1	24 小时	11 月中旬
2	24 小时	12 月中旬
3	24 小时	次年 1 月中旬
4	24 小时	次年 2 月中旬
5	48 小时	11 月中旬
6	48 小时	12 月中旬

（续表）

处理号	浸种时间	沙藏处理时间
7	48 小时	次年 1 月中旬
8	48 小时	次年 2 月中旬
9	不处理	秋季 10 月末直接播种
10	不处理	春季 4 月中旬播种

试验结果与分析：次年 4 月中旬催芽播种，5 月中旬调查出苗率（试验结果见表 6-2）。

该项试验中野生平榛种子层积处理的最佳方法为：温水浸泡种子 24 小时，11 月中旬—12 月中旬沙藏处理。种子不进行层积处理和处理时种子浸泡时间过长、沙藏处理时间太短，均会对榛子发芽有影响。

表 6-2　榛子种子层积处理出苗率调查

处理号	1	2	3	4	5	6	7	8	9	10
出苗率	72%	70%	50%	18%	55%	55%	30%	10%	15%	0%

（2）药剂浸种试验。

方法：选用平榛种子分别进行清水浸种和药液浸种两个处理。药液为用清水配制的 10mg/kg 的阿维菌素和 500mg/kg 的多菌灵混合药液。每个处理 1 000 粒种子。种子分别在清水和药液中浸泡 24h，11 月末进行沙藏处理。4 月中旬催芽播种。5 月中旬 -6 月末调查出苗率、苗期根腐病的发病率及地下害虫的危害率，秋季落叶时调查成苗率（表 6-3）。

表 6-3　药剂浸种对榛子苗期病虫害及成苗率影响调查

对照	出苗率	苗期根腐病	地下害虫危害	成苗率
清水浸种	72%	10%	2%	60%
药液浸种	75%	2%	0%	72%

结果与分析：用 10mg/kg 的阿维菌素和 500mg/kg 的多菌灵混合药液浸种比对照清水浸种成苗率提高了 12%，降低苗期根腐病和地下害虫的危害。

（3）榛子实生苗生长状况调查。

榛子出苗后，要根据土壤墒情及时浇水，在整个生长季要松土除草 3 次左右。秋季落叶后调查榛子苗的生长情况，结果表明：经过一年的生长，榛子苗可长到 18cm 左右，直径 0.281cm。根系主根长 21cm 左右，根系直径 0.525cm。部分榛子苗当年就可以形成分枝。苗子生长健壮。

2.榛子根段繁殖试验

（1）材料与方法。早春将野生榛子横走的根间隔部分挖出，选取直径为 1～2cm 的横走根，然后切成段，用 0.1% 的 50% 多菌灵溶液浸泡 2min 捞出埋于苗床基质中。

（2）结果与分析。上述试验 20 d 开始出苗，出苗一周后开始生根，不同苗床基质的处理对成苗率影响很大，以全沙基质成苗率最高为 86.25%，其次是以上层河沙下层菜园土较好，并与其他基质差异极显著。不同根段长度的处理结果是：4cm 以上根段成苗率较高，达 85% 以上。由此可知，榛子根段繁殖以段长 4cm 以上，基质细河沙或上层河沙下层菜园土做苗床可使成苗率达到 85%～87.5%。

（3）小结。野生榛子实生苗木繁育时，种子需层积处理，处理时浸泡种子 24 h 左右即可，浸泡时间不宜过长，沙藏处理时间在 11 月中旬至 12 月中旬，浸种时采用杀虫和杀菌剂配制的药液，利用这几项措施可使成苗率提高到 72%。实生苗当年可长到 18cm 左右，苗木健壮。

榛子根段繁殖以段长 4cm 以上，基质用细河沙或上层河沙下层菜园土做苗床可使成苗率达到 85%～87.5%。

（二）野生榛子栽培试验

1.试验材料

利用榛子实生苗、榛子多年生根段和榛林中挖取的一年生分株苗进行试验。

2.试验地点

呼伦贝尔市农研所西山试验田。地质条件：缓坡，坡度 5° 左右，排水良好，沙壤土，土壤肥力不高，前茬作物为玉米，试验地土壤养分含量（表 6-4）。

表 6-4　呼伦贝尔市农研所榛子试验地土壤养分含量

速效 P（mg/kg）	速效 K（mg/kg）	全 N（g/kg）	水解 N（mg/kg）	有机质（g/kg）
9.52	180	6.81	109	38.5

3.试验方法

（1）定植前的准备工作。

整地：整地时施入 1 000kg/ 亩腐熟的牛粪，翻入土中。

苗木准备：实生苗：定植前一天将苗子挖出，修剪根系，主根保留 8～10cm。

根段：在农研所西山的野生榛子林中挖多年生根系，切成 10cm 左右的根段，待用。

分株苗：在农研所西山的野生榛林中挖取一年生长势良好的分株苗，待用。

（2）定植。实生苗按株行距 0.8m×1m 定植。根段也按 0.8m×1m 的株行距挖坑埋入土中，覆土 10cm 左右。分株苗和实生苗一样定植，但栽后需短截，留 10～15cm 剪去上部枝条。栽后浇透水。

（3）栽后管理。

浇水：榛子是浅根性树种，根系主要分布在 5 ～ 40cm 以内的土层中，不耐干旱。扎兰屯地区春季多干旱少雨，土壤湿度低，不利于苗子栽后的成活与生长，因此除定植后浇水外，在整个生长季，尤其是进入雨季之前要根据土壤湿度适时浇水。在试验中定植后灌水，之后半个月左右再浇一次透水，6 月初浇第三次水。10 月末浇一次封冻水。

以后每年根据降雨情况浇水，在呼伦贝尔地区春季多干旱，土壤中的含水量不足以满足榛子生长发育的需要。一般在生长前期浇水两次，第一次在榛子发芽前后，第二次在 6 月的中上旬，即幼果膨大和新梢旺盛生长期。每年 7 月中下旬进入雨季后要注意排水。10 月末在土壤封冻前再浇一次封冻水。

除草：除草结合松土同时进行，在整个生长季根据杂草生长情况进行铲趟 3 ～ 4 次。定植后的前三年可以趟地，第四年以后由于树体长大，只能割除空地的杂草。

施肥：秋季果实采收后到土壤结冻前，施入腐熟农家肥 1 000 ～ 2 000kg/ 亩。在灌丛周围挖 10 ～ 15cm 深，将肥料放入，再覆土。榛子 2 ～ 3 年生时，需肥量少，可以少施肥，进入结果期需肥量增加，需要多施肥。榛子园土壤肥力低的，需要多施农家肥。

4. 成活率调查

定植 1 个月以后调查成活率，用实生苗栽培的榛子成活率达到 100%，用根段栽培的榛子成活率为 60%，用在野生榛林挖取的分株苗栽培的成活率为 70%。

5. 生长状况调查

秋季落叶时对榛子的生长状况进行调查。

用实生苗栽培的榛子当年秋季可长到 31cm 左右，平均有 0.6 个根蘖。第二年秋季株高为 62.5cm，平均有 7.4 个根蘖。

用根段栽培的榛子，当年可形成 2.1 个根蘖苗，平均株高 22.7cm。第二年形成 5.7 个根蘖苗，平均株高 40cm。

用从榛林中挖的分株苗栽培的榛子，当年平均株高为 19.9cm，平均有 0.2 个根蘖，第二年平均株高 52.2cm，形成 4.8 个根蘖。

用实生苗、根段和分株苗三种方法栽培的榛子生长状况比较（表 6-5）

表 6-5　几种栽培方法生长状况对比　　　　　　　（单位：cm）

栽培方式	株高	定植当年直经	根蘖苗数	株高	第二年直经	根蘖苗数	成活率（%）
实生苗	31.1	0.55	0.6	62.5	1.09	7.4	100
根段	22.7	0.35	2.1	40.0	0.83	5.7	60
分株苗	19.9	0.37	0.2	52.2	0.94	4.8	70

6.产量调查

每年8月下旬—9月初榛子成熟时，随机抽取10丛榛树，结合采摘进行测产，折合成产量（kg/亩）（表6-6）。

表6-6　榛子产量调查　　　　　　　　　　　　　　　　（kg/亩）

年份	实生苗栽培	根段栽培	分株苗栽培	平均
2006	0	0	0	0
2007	0	零星结果	零星结果	零星结果
2008	45.2	24.5	33.7	34.46
2009	85	67	75	75.6
2010	79	75	76.5	76.8
2011	80	77	78	78.3

用根段和分株苗栽培的榛子第二年即开始零星结果，用实生苗栽培的榛子第三年开始结果。进入盛果期每产量可以达到75kg/亩。

7.小　结

榛子实生苗栽培成活率高，达到100%，田间表现非常整齐。用多年生根段直接定植栽培成活率为60%，用从榛林中挖取的分株苗栽培的榛子成活率为70%，第二年需要补植，给田间管理带来一些麻烦，还会影响前期的产量。这三种栽培方法成活后长势都非常好，栽培后第三年平均株高都达到100cm以上，可形成10个以上根蘖苗。栽培第五年高度可达到160cm以上，能形成30个左右根蘖。因此在建园时，建议用实生苗栽培，苗木生长健壮、整齐，方便管理。在苗木短缺的情况下，可以用多年生根或者挖取分株苗栽培。

在野生榛林改造时，因天然野生榛林的密度不一致，疏伐时挖出的根和疏除的根蘖苗，可用来栽在密度小需要补植的地方，可就地取材，随挖随栽。在苗木短缺的情况下，用多年生根和分株苗栽培也是解决苗木问题的比较好的方法。

（三）野生榛子林的垦复试验

1.试验地点

阿荣旗三道沟乡解放村长胜组13.3hm²野生榛子林。北纬48°3′55″，东京123°24′20″，海拔高度257m，山坡度10度左右。这片榛林土壤为栗钙土，有机质含量较高，其土壤养分含量（表6-7）。

表6-7　土壤养分含量

速效P（mg/kg）	速效K（mg/kg）	全N（g/kg）	水解N（mg/kg）	有机质（g/kg）
36.1	487.6	6.45	559	124.2

2.试验方法

2004 年这片榛子林和其他的野生榛林一样，平榛与其他乔灌木混生，各种杂草也很多。榛子产量低（产量不足 20kg/ 亩），虫口多。承包当年即进行榛林的垦复。

（1）清理林地。伐除榛树以外的其他树木，割除高大的杂草，刨除树根，使林地成为纯榛林。

（2）更新复壮。这片榛林承包时，榛树不同树龄混生，因此全部进行了一次平茬。平茬时间在 2 ～ 3 月，树体萌动之前进行。将株丛的主枝从基部割掉，茬口尽量低，一般离地面不超过 10cm，茬口过高不利于新生萌生枝的生长。

（3）调整密度。萌生枝长出之后调整榛林的密度，过密的株丛要疏伐，空缺地或株丛稀疏的地方要补植，这样即可保证榛林通风透光，又可保证不浪费土地以提高产量。疏伐时保留 15 ～ 30 株 /m²，补植时利用疏伐的根蘖苗，随挖随栽。栽后要注意保持土壤湿度。

（4）除萌。以后每年将榛林内没有利用价值的萌生枝除掉，以调节密度，使榛林通风透光。除萌在 5 月上中旬和 6 月初进行，主要清理上一年生长后期发出的萌生枝和刚萌发的嫩枝。结合割草进行。

（5）试验结果。这片榛林垦复后长势非常好，2006—2008 年连续三年调查产量都在 50kg ～ 60kg。野生榛林由于完全是在自然状态下生长，多个树种混生，榛丛也是不同树龄植株混生，有的株丛密度很大，有的地方榛子稀疏，多年没有人员管理，虫害比较严重。因此影响了榛子的产量和品质。通过垦复的榛林产量和品质都有很大的提高。

（四）野生平榛优良类型筛选

在野生平榛群体中选择树体健壮，连续结果能力强，产量高，品质好的榛子优良类型。

通过野生榛子资源调查发现，呼伦贝尔地区的野生榛子植物学形态有较大差异，主要表现在株高、果苞形状的不同，榛子果实形状、大小、果壳厚度也有较大的区别。从 2006 年开始，在不同的榛林中选择优良的类型。经过几年的连续观察，初步选择出一个优良的野生榛子类型。

野生平榛优选类型，树势中庸，3 ～ 5 年生株高 120 ～ 160cm，平均单果重 1.36g，果面有条纹，果实颜色黄褐色，果仁饱满，果皮厚度平均 1.72mm。3 ～ 5 年生平均株丛结果 275g。

（五）物候期调查

榛子是多年生灌木，在一年中要经过开花、芽萌动、展叶、新梢生长、果实发育、落叶、休眠等阶段。经过这几年的观察，野生平榛在扎兰屯地区的主要物候期（表6-8）。

表 6-8　野生榛子主要物候期

年份	开花期	芽萌动期	果实成熟期	落叶期
2009	4 月 30 日	5 月 7 日	8 月 25 日	9 月末—10 月初
2010	4 月 29 日	5 月 6 日	8 月 25 日	9 月末—10 月初
2011	5 月 2 日	5 月 8 日	8 月 29 日	9 月末—10 月初
2012	4 月末–5 月初	5 月上旬	8 月下旬	9 月末—10 月初

野生榛子树开花较早，在扎兰屯地区每年 4 月末—5 月初开花，花先叶开放，雌花和雄花几乎同时开放，当雌花芽顶端微露出红色柱头时，雄花花序松软、伸长，花苞片开裂，有花粉散出。雌花开花末期，芽开始膨大、伸长，芽鳞片开裂，接着第一片叶展开。榛子果实在 8 月的下旬进入成熟期，此时坚果由白色变为褐色，触及坚果即可脱离果苞。9 月末到 10 月初叶片枯黄、落叶，开始进入休眠期。

（六）榛子病虫调查研究及综合防治

1. 研究方法

本项研究采用定点定期调查与全面普查相结合，室内鉴定与田间防治试验相结合的方法。

选择呼伦贝尔市的扎兰屯市、阿荣旗、牙克石市、鄂伦春等旗（市）不同生态条件下的榛林，分别在榛子生长的前中后期调查病虫害的种类发生量及危害程度，并将一些不易辨别的病害进行分离培养室内鉴定。

2. 结果与分析

（1）虫害种类及危害程度。呼伦贝尔市野生榛林受虫害影响较大，已发现 8 目、25 科、43 种害虫不同程度危害，虫害也是导致榛子低产的关键因素之一。其中瘿蚊、榛实象甲危害最重。瘿蚊危害嫩果和叶片，可造成受害叶片严重畸形，受害嫩果不能结实，一般减产 30%～60%。榛实象甲主要蛀食榛果，造成脱落或不堪食用，一般减产 20%～50%。这两种害虫有时在局部地块均可造成几乎绝收。其他害虫一般年份危害不很严重。除部分地下害虫危害实生苗，个别危害花器和果实外，多数害虫是食叶害虫。食叶害虫中天幕毛虫、古毒蛾个别年份危害较重。

（2）病害种类及危害程度。通过调查，已经发现呼伦贝尔市榛子传染性病害有 7 种（3 类），病原物分属真菌、病毒和寄生性种子植物；非传染性病害 5 种（类）。在传染性病害中白粉病相对较为严重，其他病害均较轻。非传染性病害发生非常严重，干旱、冻害常影响开花授粉和子实形成，对产量有重大影响。还有少量榛林受诸如广灭灵、24.D 等农田除草剂飘逸药害影响较重。

（3）榛子病虫害的综合防治技术。根据呼伦贝尔市榛子病虫的种类及危害，制定了相应的综合防治措施。

（七）野生榛子资源调查

1.调查方法

调查呼伦贝尔市榛子的分布、种类、适宜生长的土壤类型、伴生植物及病虫害等。

根据查找资料、访问多方人士，初步了解榛子的分布区域，确定调查地点。时间确定在榛子成熟之前。采用踏查与样地法相结合。

（1）实地考察。主要对榛子生长的最北界和主产区进行实地调查。主要调查榛子的种类、伴生植物、土壤类型、病虫害及产量等。

（2）样品采集。采集果实、土壤样品及病虫标本进行分析。

2.结果与分析

呼伦贝尔市具有丰富的野生榛子资源，榛子生长的最北界在额尔古纳市室韦镇，北纬51° 21′ 51″东经119° 56′ 25″海拔471M，可正常生长结果。榛子的主产区在鄂伦春旗中南部、莫力达瓦达斡尔族自治旗、阿荣旗及扎兰屯市。种类为平榛，但其植物学形态方面也有差别，主要表现在植株高度，矮生种3～5年生的榛子高度在50～80cm，高株类型的榛子高度在180cm左右，高的2m以上。普通类型的榛子高度在90～160cm。叶片形状、果实形状及果苞、枝条是否密被茸毛、果皮厚度等方面也有差别。主要的病害为白粉病，主要的虫害为瘿蚊和榛实象甲。适宜生长的土壤为栗钙土和棕壤土，榛子的适应性很强，在比较瘠薄的土壤仍然可以生长，有时也能结果。土壤有机质含量高的地块比贫瘠土壤生长的榛子产量明显增高。野生榛林多与其他树木、杂草混生。自然生长的榛子结实率低，产量低，不同树龄的榛子混生，病虫害较为严重。

（八）其他试验进展

1.平榛的组织培养试验

利用呼伦贝尔市生长的平榛的种子、叶片进行试验。用酒精、20%NaClO进行外植体消毒，MS和1/2MS作为基本培养基，利用2,4-D、NAA、Piclorrum、多效唑、6-BA、IBA等不同激素进行试验，在外植体消毒、愈伤组织诱导、根系诱导等方面取得了一些进展，愈伤组织增殖和芽的诱导分化等试验还在进行中。

2.榛子引种及杂交育种试验

2009年开始，从辽宁省果树研究所和辽宁省经济林研究所引进B21、84-224、84-310、84-263、84-254、84-226、84-224、84-72、82-11、薄壳红10个平欧杂交榛子品种，主要进行两方面的试验，一是观察这几个品种在当地的适应性，二是利用这几个大果榛子品种作为亲本与我们当地的野生榛子进行杂交育种。育种目标：抗寒、优质、高产的榛子品种。目前杂交苗陆续开始结果。今后将从中优选符合育种目标的杂交苗进行田间调查、扩繁、区试等项试验。

研究成果：完成论文四篇："内蒙古呼伦贝尔地区野生榛子生长现状及研究进展"，发表在《农业部第五批"西部之光"访问学者论文集》。"发展榛子产业 发挥生态经济双重效益"，发表在《内蒙古自治区 2005 年自然科学学术年会优秀论文集》。"呼伦贝尔市榛子生产与调查研究"，发表在《北方园艺》2017 年 01 期。"呼伦贝尔市榛子病虫害的调查及综合防治技术"发表在《新农村》2017 年 11 期。

成果查新：经内蒙古科技信息研究所科技查新中心对该项目研究的内容和结果进行查新，明确了该项目针对呼伦贝尔市野生榛子的研究全面、系统，在呼伦贝尔市和内蒙古尚属首次。

承担项目的人员有：塔娜、刘连义、闫任沛、弓仲旭、陈申宽、王晓红、袁淑明、冯占文、朱永梅、乔雪静、刘玉良、李桂华等。

第七章
稻麦研究

第一节　稻麦研究室发展概况

　　稻麦研究室的雏形始建于农研所建所初期的 1958 年，是从小麦引种试验开始，根据当时的实际生产需求进行春小麦的引种鉴定试验，建立了小麦室。在 1980 年后改建成了麦类研究室，开始了春小麦、小黑麦、大麦的引育种研究。水稻研究室则始于 1961 年末，因为当时的扎兰屯有近 50 年的水稻种植历史，为了解决水稻生产中存在的实际问题，开始了水稻引种试验，在当时的历史条件下，水稻、小麦是两个独立的研究室，统一在当时的作物科领导下，在 2000 年的机构改革中因为机构调整和市场需求，将水稻小麦两个研究室合并成稻麦研究室。

　　科室人员变动情况见表 7-1。

表 7-1　科室人员变动情况

年　份	科　室	责任人	成　员
1980—1983	小麦室	郭　秀	车作芳、王克军
1983—1987	小麦室	郭　秀	车作芳、孙　艳、张志龙、徐　艳
1987—1997	小麦室	郭　秀	孙　艳、张志龙、徐　艳、车作芳、郭晶志
1997—2000	小麦室	孙　艳	李慧志
2001—2008	稻麦研究室	孙　艳	孙　艳（调任开发公司）
2008—2009	稻麦研究室	李　强	安广日
2010—2016	稻麦研究室	孙　艳	安广日、哈　托
2016—2017	稻麦研究室	孙　艳	哈　托、张志龙
2017—2019	稻麦研究室	孙　艳	哈托、张志龙、海　林
1961—1962	水稻室	许东河	不详

（续表）

年 份	科 室	责任人	成 员
1989—1990	水稻室	安秉植	刘凤琴、王克军、
1991—1996	水稻室	安秉植	李 强、刘凤琴、王克军
1997—2000	水稻室	李 强	安光日、王克军
2001—2002	稻麦研究室	李 强	安光日、王克军（李强考取研究生）

第二节　麦类研究

一、小麦引种

（1）在20世纪50年代，呼盟地区小麦生产使用的是农家品种，火麦子、三河光头、合作4号、合作5号、红芒等，平均产量徘徊在60kg/亩左右。针对小麦低产局面，建所初期，农科所在搜集、整理农家品种的同时，展开了大规模引种筛选工作。

（2）在60年代中期在大量的引种材料中，先后筛选出克强、克壮、克钢、克华、甘肃96号、南大2419等优良品种，在全盟推广应用，使产量由当时的60kg/亩增加到75kg/亩，完成了呼盟小麦生产的一次品种更新换代。

（3）进入70年代，针对呼盟地区小麦生长前期旱、后期涝气候特点，将研究重心放在了抗逆性鉴定上，引进、筛选、推广抗逆性强的品种。筛选出抗逆性强的品种：克旱2号、克旱7号、克涝4号、克丰1号、克红、克珍、辽春4号、克丰2号、龙溪35号、克72—99、晋2148、沈68—71、内麦3号。这些品种成为当时生产主栽品种。

（4）进入80年代，在大量引种的基础上，品种资源积累已达上万份，为了培育出适合当地种植的春小麦品种，开始了大量的杂交组合配制，结合南繁加代工作培育出了优良品系呼7414—4。1986年3月15日，该品系被内蒙古自治区品种审定委员会命名为内麦16号。

（5）进入90年代，引种目标放在优质、高产小麦品种的引种推广上，引进推广了红皮春小麦"龙麦19"、白皮春小麦"90云437"和白皮春小麦"繁8"等优质高产品种。

（6）在2000年的机构改革中因为机构调整和市场需求，将水稻小麦两个研究室合并成稻麦研究室。由于人员调离结束了小麦育种工作。

二、小麦区域试验

1. 呼盟区试

1958—2000年小麦区试从未中断过，农科所一直主持这项工作，已进行了13轮。呼盟不同时期生产上推广应用的小麦品种大部分是通过呼盟区试鉴定筛选出的，如欧柔、辽春4号、克旱2号、克珍、克红、繁8、拉8999、内麦16号、呼麦4号等。

2.省级区试

1973—1975年，农科所承担内蒙古联合区试。筛选出内麦3号小麦新品种在呼盟地区推广应用。

1976年，内蒙古种子公司决定，呼盟地区不参加全区区试。呼盟地区小麦区试正式纳入全国春麦区的区试中。

1991—1995年，主持了全区育种攻关经工作，经内蒙古种子公司批准，决定由呼伦贝尔盟地区的区域试验代替全区区试，组织了两轮区试，筛选出龙麦19号、拉84122、呼86—147等品种。

3.国家区试

1976—2000年，农科所一直参加全国春小麦联合区域试验，两年一轮，

共参加了12轮试验，先后筛选出春小麦克旱7号、克丰1号、克丰3号、垦九3号、克旱10号、沈68—71、克旱9号、克丰2号、新克旱9号、龙麦19号、龙麦22号、龙麦26号等优质小麦品种在生产上应用。

2001年由于机构改革结束了呼伦贝尔市农业科学研究所的小麦区域试验。

三、小麦育种

自1969年起，农科所开始配制组合，选育小麦新品种。先后开展了杂交育种和辐射育种。经十几年的努力，选育出一份优良品系呼7414—4。1986年3月15日，该品系被内蒙古自治区品种审定委员会命名为内麦16号。1991—1995年，农科所参加了自治区"八五"春小麦育种联合攻关，主持大兴安岭旱肥区攻关组工作，目标是选育抗旱、早熟、高产、抗逆性强、适合机械化作业的新品种。经过五年努力，筛选出新品系呼86—147、呼86-833进行推广种植。参加主持的"小麦新品种选育及利用研究"项目，获内蒙古自治区科技进步三等奖。引进推广了龙麦19春小麦新品种，获呼伦贝尔盟科学技术进步三等奖。培育出内麦16新品种，同时内麦16新品种推广获呼伦贝尔盟科学技术进步三等奖。至2000年，农科所累计配制杂交组合3 000余份，选育出内麦16、呼86—147、呼86—833、呼91—1059等10余个新品系在呼盟地区推广。

2001年由于机构改革，呼伦贝尔市农业科学研究所的小麦育种工作暂时停止。

四、大麦研究

1.大麦引种

1982年起，呼盟农科所承担呼盟科委的"大麦引种观察及新品种鉴定"项目。经过3

年的试验和筛选鉴定，于1984年筛选出了产量高、综合性状好的付8、付7、蒙科尔3个优良品系，完成了该项目的全部试验内容。1985年始，承担呼盟科委的"大麦新品种开发推广"项目，并形成了以付8为主的大麦新品种（系）开发系列。先后在呼伦贝尔盟、兴安盟境内推广了付8、付7、蒙科尔、早熟3号、化德草麦等一系列品系，收到了良好的经济效益和社会效益。

2. 啤酒大麦付8开发利用

啤酒大麦付8是农科所引进筛选的优质大麦新品种，比洋草麦增产30%。1986—1988年结合呼盟啤酒原料基地项目的要求，农科所选择机械化程度较高的成吉思汗农场、格尼农场、大河湾农场、卧牛河马场为开发基地。1987年开发面积达240hm²，平均产量125，最高单产175kg/亩，总产量达170万kg，比洋草麦总产增产51万kg。按0.64元/kg计算，多收入32.6万元。啤酒大麦以原料形式由各农场销售给黑龙江省的一些啤酒厂，总社会效益108.8万元。通过技术服务形式农科所也获得了一定的经济效益。该项成果为以后呼盟调整作物布局，发展啤酒工业生产创造了条件。

3. 大麦育种

2009年从中国农业科学院引种大麦品种资源300份进行鉴定和组合配制。当年配制杂交组合70个，收获杂交种子700余粒。

五、小黑麦研究

小黑麦是由小麦属（Triticum）和黑麦属（Secale）物种经属间有性杂交和杂种染色体数加倍而人工结合成的新物种。中国在70年代育成的八倍体小黑麦，表现出小麦的丰产性和种子的优良品质，又保持了黑麦抗逆性强和赖氨酸含量高的特点，且能适应不同的气候和环境条件，是一种很有前途的粮食、饲料兼用作物。

1. 小黑麦引种试验

80年代初期，呼盟岭西地区暴发小麦丛矮病，小麦生产受到很大影响，单产下降，个别地块甚至绝产。1982—1987年，呼伦贝尔盟农科所小麦室与中国农业科学院作物科学研究所合作，进行小麦丛矮病防治研究，先后从黑龙江、吉林、辽宁、陕西、甘肃、宁夏引种2 600多份小黑麦品种，筛选出一些如东农111、中拉1号等抗病高产品种。这些抗病品种的应用和药剂防治的加强基本控制了小麦丛矮病的发生，稳定了呼盟小麦生产。

2. 小黑麦区域试验

为了更快更好地解决呼伦贝尔盟地区的小麦丛矮病危害，在中国农业科学院的组织下，在呼伦贝尔盟地区开展了小黑麦的区域试验工作。开展了中晚熟组小黑麦区域试验和早熟组小黑麦区域试验。

六、黑小麦研究

黑小麦是小麦品种之一，因麦粒外皮呈现黑色，故称黑小麦。黑小麦是目前科研单位采用不同的育种手段而培育出来的特用型的优质小麦新品种，或称珍稀品种。富含硒等多种维生素，特别是在人体所需的八种必须氨基酸中，黑小麦都远高于普通小麦，已推广种植的品种有黑金2号、漯珍1号、黑小麦1号、黑小麦76号、黑宝石1号、黑宝石2号（春小麦）等品种。

由于黑小麦是一个集高营养、高滋补、高免疫力之功能于一身的天然"营养型""功能型""效益型"的珍稀品种，是小麦家族中的佼佼者，国内外市场一直供不应求，开发前景广阔。所以开始了黑小麦的引种试验研究。

经试验鉴定黑宝石2号是春性黑小麦，适合在呼伦贝尔市的春小麦种植区推广。

七、藜麦研究

藜麦发源于南美洲的安第斯山脉，属于藜科植物，我们日常食用的谷物粮食，小麦、稻米、玉米、大麦、高粱等基本都属于禾本科，藜麦营养和食用价值超过多数谷物，这或许和它是独特的藜科植物有关。藜麦被国际营养学家们称为丢失的远古"营养黄金""超级谷物""未来食品"，还被素食爱好者奉为"素食之王"备受爱戴，是未来最具潜力的农作物之一。

近些年强大的市场需求让藜麦从安第斯山快速走向世界，由于需求强劲，自2015年起农研所开始关注藜麦的市场发展动向和生产需求，在2016年开始引种，在2017年试种成功，同时与兴安盟农牧科学院合作承担了2018—2019年度内蒙古自治区藜麦生产标准制定项目。2019年继续引进新品种进行藜麦新品种鉴定研究。

第三节　水稻研究

一、呼伦贝尔市水稻生产历史沿革

呼伦贝尔市的水稻种植生产始于20世纪的1927年至今有近百年的历史，但多属于局部地区垦殖或零星种植，没有形成规模。50年代中期以后，呼伦贝尔市的水稻生产进入第一个发展高峰期种植面积0.38万 hm^2。这个时期的水稻发展带有一定的盲目性，农田水利建设不配套，灌溉、排水均不及时，栽培技术不过关以及草荒控制不住等原因，使水稻单产偏低。一般产量仅100～150kg/亩，从1985年开始，呼伦贝尔市的水稻生产跨入第二个发展高峰期，呼伦贝尔市的水稻种植面积逐年增加。推广良种、营养土旱育秧、机械与人工结合插秧、合理稀植、节水灌溉、科学施肥、化学除草等为主要内容的水稻高产栽培技术模式，小棚育苗，旱育稀植、钵育摆载等水稻种植技术，经济效益不断提高，面积也逐年上升到 15 733.3hm²，产量达到 250 ～ 300kg/ 亩。近年在国家宏观政策的调控下，由于大豆玉米种植效益不断下滑，水稻种植面积逐年扩大，从七五期间的 1.6 万hm²，发展到现在的的 2.67 多万 hm²。随着供给侧改革的深入，种植面积在迅猛增长。

1. 品种演变

水稻品种的选择与种植区域和生态气候环境有关，与栽培方式有关。由于呼伦贝尔市的水稻育种开展的较晚，生产上的用种基本上以引种为主从最早的国光、黑粳二号到80 年代的合江 19、合江 20 等都是黑龙江第三、四积温带的品种，目前种植的如龙粳 26、31、36、39、43、46、47、48、49、52 号、绥粳 4、12、18 号、龙桦 1 号、稼禾 1 号、稼禾 3015、连惠 1 号、绥稻 3 号、黑粳 10 号。龙庆稻三、龙庆稻五、绥粳 18、北稻二号等也都是以黑龙江为主，极少部分使用蒙审的龙锋稻 1、号品种。

2. 栽培技术

从最初的直播漫撒粗放耕作，到七五期间的营养土旱育秧、机械与人工结合插秧、科学施肥技术的推广，使水稻生产上了一个新台阶。但是到今天为止，呼伦贝尔市的水稻育秧大多还停留在一家一户的小地棚育秧，只有小面积的大棚育秧，栽培技术仍然落后于黑龙江等兄弟省市。

3. 存在的主要问题

良种体系不配套、品种多、乱、杂。在水稻的栽培过程中，水稻品种选择是非常重要的一个环节，水稻品种审定是按照水稻品种区域试验结果划定种植区域，如果跨区种植必须经过引种试验后才能进行推广种植。然而，现实生产中品种应用较为复杂，当前很多农户对选择品种比较盲目。跟风现象严重，别人种啥我种啥。不能因地制宜选择品种，从呼伦贝尔市的水稻种植区域看，没有当地的主栽品种，蒙审品种几乎是空白。农民种植的品种多是互相串换，听广告、看广告，对品种的特征特性以及适应性了解的不透彻，盲目购买，有的没有经过引种示范就大面积种植，有的品种由于适应性不好，倒伏、抗病性差、品质不好等现象。盲目引种出现品种的多、乱、杂现象，影响了新品种的增产潜力，甚至造成严重减产。高产稻区不高产、优质稻区不优质、绿色稻区不绿色，这种品种的不合理布局严重的制约着水稻产量的进一步提高，进而影响农民的收入。

二、呼伦贝尔市水稻研究

1. 水稻引种

（1）在 1961 年末，从黑河农科所、延边农科所等地引来 260 份水稻品种（系）材料。

1962年进行异地鉴定，其中一半插秧、一半直播，到秋有90%品种正常成熟。从中筛选出"孙基浦1号"、"垦稻2号"等适于本地栽培品种，推广到扎兰屯市成吉思汗镇红光村和团结乡鲜光村种植。

（2）1989—1992年，农科所承担了呼盟科委"水稻品种引进开发"项目。筛选出耐寒、早熟、高产新品系嫩交85-15，在1 900℃积温区（扎兰屯市卧牛河镇北部）种植成功，拓宽了呼盟水稻种植区域。

（3）1993—1995年，农科所又利用呼盟科研项目经费资助，引进筛选出雪光、龙梗3号、普选28，这三个品种平均产量400kg/亩以上，并且品质较好。

（4）1995年，还从吉林省延边农科所引进、试种香稻、黑稻成功。1989—1997年，农科所共引进水稻品种（系）300多份，从中选出嫩交85-15、龙梗3号（龙花83-046）沁雪光、普选28（普交796）4个优良品种品系，经过鉴定、区试、生产示范，已通过了自治区农作物品种审定委员会的认定。其中，嫩交85-15，早熟、高产，在1 900～2 100℃积温区有较强的优势，至今仍有较大的种植面积；龙梗3号，早熟、高产，直播或插秧均可，成为2 300℃积温区的主栽品种，群众称其为撒插大王；普选28和雪光，均是高产、优质的典型品种。

2. 水稻育种

（1）1960年，农科所承担呼盟科委下达的"水稻新品种选育"项目，以引种选育为主。同年秋，在农科所西南的小河边建起小型水利工程，当年开辟出1hm²水稻试验田。1961年，开始作引种鉴定试验，当时只有国光、北海稻、黑梗2号等8个品种，采取了小拱棚水育秧、人工手插、蓄水增温等技术措施，当年大部分品种正常成熟。当时《内蒙古日报》以"内蒙古北部高寒地区水稻育苗插秧试验成功"为题，作了报道。1962年进行人工杂交，配制8个组合，获85粒种子，因严重干旱，同年秋天项目报停。

（2）1991年，农科所开始"水稻北移高寒地区综合栽培技术"研究。经两年努力，摸索出利用嫩交85-15，配合保温育秧、旱育稀植、化学除草、配方施肥、提高水温等一整套综合技术。该项成果为积温不足2 100℃地区保证水稻高产、稳产提供了依据。

（3）1992年农科所开始人工杂交、系统选育、超低温诱变等育种工作。

（4）1993年，农科所在扎兰屯市成吉思汗镇红光村租用6hm²水田，建立水稻研究和良种繁育基地。

（5）1993—1996年，承担了呼盟科委"水稻提质增效试验研究"。此项目的主要任务是针对水稻生产中米质劣、效益低这一普通现实性的问题，探索、寻找提质、增效的途径。以此作为主攻方向，经过3年的试验研究，提前一年完成预定经济技术指标。截至1995年，累计推广良种面积50.33万hm²；选出3份苗头性材料，即呼92-12、呼92-08、D046可望在世纪之交进行推广；对表现退化的主栽品种合江19号进行提纯复壮，生产原种 1 000kg；香稻、黑稻引进试种成功。在试验研究的基础上，结合总结稻农的实践经验，提出关于立枯病防治的"三度一量"法，在生产中得到验证。此成果，从引种、育种、栽培理论的研究到良种、良法的推广、培训农民技术员形成了一个"引、育、研、繁、推"的一条龙体系。为呼盟水稻生产实现"两高一优"提供了理论依据和物质保证。1996 年，"水稻高产、优质新品种开发"课题，被呼盟科委批准立项，期限为 1996—1999 年。1998 年的特大洪水让呼盟农科所开展了 40 年的水稻研究停下了脚步。

（6）进入 2000—2009 年稻麦研究室的科研育种工作处于停滞阶段，但新品种的开发推广工作还在继续。与海拉尔农牧场管理局各农场继续合作，加大力度繁育和 90 云 437 的推广力度，同时在呼伦贝尔的各个小麦生产区域加大了小麦龙麦 19 号和内麦 16 号的推广力度。

第四节　改革调整后的稻麦研究室

进入 2010—2019 年在农研所机构改革的调整下，在市场需求的指引下重新组建了稻麦研究的团队，恢复了稻麦研究室的科研工作。从最基本的引种做起，在扎兰屯的成吉思汗、关门山、大河湾等稻区开展引种试验工作。筛选鉴定出龙庆稻三、龙庆稻五、绥粳 18、绥粳 4 号、纳兰香、等品种进行推广。

一、引种试验

2010 年春，与扎兰屯市成吉思汗镇红光村合作，开始了水稻引种试验工作，在黑龙江水稻所的大力支持下引种垦鉴 7 号、哈天育 811、哈天育 812 哈天育 815 和齐选 10 号。在当年的引种试验中哈天育 811 表现良好。

2011 年加大引种力度，增设试验点，在没有水稻种植的大河湾镇金星村进行旱田改水田的水稻种植试验。引入早熟品种龙粳 24 开始试种，当年试种成功后确认在金星村可以进行水稻种植。同时，继续在成吉思汗镇红光村进行引种鉴定试验。在扎兰屯市关门山乡增设水稻引种试验点。

2011 年由黑龙江省佳木斯水稻研究所引进了龙粳 24、龙粳 26、龙交 06-192、龙粳 27、龙粳 19、龙粳 20、龙粳 25、龙交 06-2110、龙交 04-908、龙粳 30、龙粳 31、龙粳香 1 号；由黑龙江省合江水稻所引入了垦稻 12、垦鉴稻 6 号、垦鉴稻 10 号；由黑龙江农垦作物所引入了 t1、t2、t3、t4、X71、K7096、t15；由兴安盟农研所引入了兴 10-1、兴 10-2、兴 10-3、兴 10-4、兴 10-5 水稻新品种。

二、示范推广

1. 2012 年

与扎兰屯市金禾粮油公司合作探讨建立扎兰屯市关门山乡绿色有机水稻基地建设的相关事宜，同时联合扎兰屯市教育局的关门山教育局基地进行新品种示范推广（表7-2）。

表7-2　2012 示范推广品种

品种名称	品种来源	用途	种植地区
垦稻12号	佳木斯所	生产示范	关门山
龙粳21（原种）	佳木斯所	生产示范	关门山
龙盾106	佳木斯所	生产示范	金星村
合江2号	合江所	生产示范	关门山
绥粳4号	绥化所	生产示范	关门山

2. 2013 年

稻麦研究室的工作有了长足发展，除了继续开展水稻新品种引种试验外，还进行了黑小麦的引种试验、绿色、有机水稻的除草试验等。同时协同关门山乡村领导及企业一行到兴安盟的保安沼农贸有限公司考察调研绿色有机水稻种植的相关事宜。从水稻品种选择、水稻工厂化浸种育秧技术到水田建设等一系列技术问题进行了深入的探讨研究（表7-3）。

表7-3　2013 年引入品种

品种名称	品种来源	用途	地区
龙粳43	佳木斯水稻所	引种	关门山
垦稻26	合江所	引种	关门山
龙庆稻3号	北方绿洲	引种	关门山
龙香稻2号	北方绿洲	引种	关门山
龙庆稻5号	北方绿洲	引种	关门山

3. 2014 年

水稻研究围绕着绿色有机水稻基地建设开展的，引种方向是早熟品种、中熟品种、晚熟品种同时试验，长粒型、圆粒型品种多样选择，同时进行水稻栽培技术的改进，由小地趴育秧改为大棚育秧，由人工抛秧改为人工手插秧和机械插秧同时并举，制定了有机绿色水稻的栽培技术规程，示范带动农民进行科学种植水稻，让农民的水稻栽培技术更上一层楼（表7-4）。

表 7-4　2014 年引种示范情况

引入品种	引种来源	品种类型	试验地区
北稻 4 号	北方绿洲	晚熟	关门山
北稻 0999	北方绿洲	中熟	关门山
北 1107	北方绿洲	中熟	关门山
北 0802	北方绿洲	早熟	关门山
龙粳香 1 号	佳木斯水稻所	早熟	关门山
绥粳 4 号	佳木斯水稻所	晚熟	关门山
垦稻 26 号	佳木斯水稻所	晚熟	关门山

4. 2015 年

水稻科研室以绿色有机为主题，在品种示范推广上下功夫，引种方向是选择高产、优质的长粒淡香型食味佳的水稻品种，筛选出新绥粳 4 号为当地推广的有机绿色水稻种植品种。

由北方绿洲引入了龙庆 106 和龙庆 08～18；由绥化水稻所引入了新绥粳 4 号；由黑龙江农垦水稻所引入龙垦 214 新品种分别在关门山和大河湾金星村试种。

5. 2016 年

是绿色有机水稻大面积推广种植的一年，也是绿色有机水稻生产建设的关键一年，春 3 月在蘑菇气政府领导的带领下，呼伦贝尔市农研所水稻负责人、金禾粮油公司负责人、蘑菇气政府负责人、扎兰屯市供销社负责人及相关人员一行 6 人，到乌兰浩特市金谷粮油米业加工有限公司参观调研草原金谷有机大米的全产业链生产过程。在大河湾金星村和关门山分别示范了龙庆稻 5 号和新绥粳 4 号新品种。

6. 2017—2018 年

2017 年新引进的早优长粒 -1、珍珠米、垦稻 11 号、北稻六号 4 个品种，绥粳 4 号、绥粳 18 号两个新品种表现较好。

2018 年承担了科技特派员的优质高产水稻新品种引种项目，新引进 3 个品种，稼禾一号、长粒香 -3、纳兰香，绥粳 4 号为对照品种。筛选出纳兰香为适合当地推广的优质品种。

2018 年和兴安粳稻研究所共同选育的水稻品系兰玉 GA13 为内蒙古自治区水稻中早熟组的第一年区域试验参试品种。

三、区域试验

（1）2017 年承担了内蒙古自治区水稻中熟组第二年试验，参试品种 7 个，其中一个对照品种。试验于 3 月 25 日晒种开始至 10 月 4 日收获结束，工作进展顺利，但由于气候原因在缓苗期遭遇连续冻害和冷害，秧苗受害程度不同，品种间差异明显，但是经过细心周到的田间管理，试验任务圆满完成。筛选出鸿发香粳1号淡香型优质米品种和金谷121高产抗病型优质米品种。这两个品种经过一年的观察记载表现优良，适合当地栽培，推荐明年进入生产试验。

（2）2018年承担了内蒙古自治区水稻中早熟组的第一年区域试验、第二年区域试验、生产试验。

第一年区试参试品种是来自全区各科研院所和各大种业公司不同熟期的22个参试品种。经过一年试验把不同生育期的品种筛选分组，选出15个品种建议升级第二年区域试验。

第二年区域试验参试品种10个，经过田间观察和室内考种筛选出7个适合当地的品种，淘汰3个生育期长的品种。

生产试验参试品种6个，其中一个对照品种。经过二年区试、生试的筛选，选出一个早熟品种、一个中熟品种适合当地种植。

第五节　绿色、有机水稻的基地建设

随着人们对健康生活的热衷，饮食安全也成为了人们最为关注的话题，而粮食安全也成为了饮食安全中最为重要的一个环节，因此绿色有机农产品也成为了人们所追捧的热门。随着转方式、调结构，种植水稻没有了国家保护政策，种植户的效益全部由市场决定，因此风险也就变大了，加之现在人们追求健康，因此有机绿色稻米的市场前景十分广阔，受市场和环境的双重影响，种植户们思想观念也转变了。

一、发展有机水稻生产，可为优化稻米产业增添新产品

呼伦贝尔市水稻种植面积多达2.67万 hm^2，随着国家政策的支持和市场需求今后还有很大的发展空间，种植面积会迅速扩大，但由于水稻生产投入大，产品附加值低、产品质量不高的问题，一直困扰着稻米产业的发展，由于水稻种植区域、生态差异及稻区农民长期形成的耕作习惯和对市场把握的原因，优质水稻生产发展缓慢。

二、发展有机水稻可成为农民增收的新亮点

据统计，有机食品在国际市场上的售价比普通食品高20％～50％甚至1倍以上，发展有机水稻生产可改善稻田生态环境，提高水稻产品附加值，提高水稻生产的经济效益。

三、发展有机水稻生产可改善稻田生态环境

目前，普通水稻在生产过程中使用大量的农药化肥，不仅增加了种植成本，加重了农民负担，而且还严重污染了自然环境，农药化肥在只用过程中，大量的融入土壤、水田及大气中，对环境造成污染，少部分则进行食物链，对人体健康造成损害，随着经济的高速发展和社会生活的现代化，人们对环境意识和健康意识不断增强，追求食品的安全、无污染已成为当今社会消费时尚，食品安全已是全球关注焦点，而有机水稻在种植过程中不使用化学合成的农药、化肥、植物生长调节剂等，依靠农家肥、生物菌肥、系统内生态养殖等方法获得养分，提高土壤肥力，利用抗病、抗虫品种、种养结合、生物防治等方式控制病虫草害，在有机水稻生产过程中不会对环境造成污染，生产的稻米不含对人体的有害物质。

四、发展有机水稻生产可为实施水稻产业化提供新平台

有机水稻生产是个系统工程，它涉及种植、加工、储运、贸易等领域都需要标准化运作及认证，要有适当的规模进行产业化运作，才能真正实现优质、优价。而公司＋基地＋农户的产业化运作模式，比较符合当地的生产实际，有利于加快有机水稻生产发展。

发展有机水稻可为农民增加新的品牌竞争力，有机水稻是具有较高技术含量和附加值的农产品，市场售价比同类产品高 20%～50%，有利于占领高端米市场，扩大销售区域，提高经济收入。

在北京、上海等一线城市，人们逐渐瞄准了超市内的绿色米、有机米、有机蔬菜，这为我们生产有机水稻开拓了更大的市场，所以决定以农研所的水稻科研为依托，以金禾粮油公司的米业加工企业为龙头，以政府支持为依靠，进行有机水稻的生产基地建设，推广绿色有机水稻的高产栽培模式和优质品种。重点推广绥粳 4 号、龙庆稻 5 号、三江二号、绥粳 18 号高产优质品种，截至 2018 年底有机水稻认证 400 亩，绿色水稻认证 18000 亩，基地生产的"秀水乡"牌绿色大米在 2014—2017 年的四个年度连续获得中国绿色食品博览会金奖。"秀水乡"牌绿色大米被评为内蒙古自治区著名商标。

第六节　新品种推广

一、黑小麦的新品种

与蒙古牧香有限责任公司、扎兰屯达斡尔鸿巍农畜有限责任公司、达斡尔小麦生产合

作社，合作推广黑小麦品种黑宝石二号种植近 333.3hm²。总结出一套黑小麦品种的高产种植模式在生产中应用。

二、藜麦引种品种

藜麦参加了 2018—2019 年度内蒙古自治区的藜麦种植标准项目，2018 年从福建、山西等地引进藜麦品种 5 个进行试验种植，其中一个芽率不好没有播种，其余的 4 个品种只有山西的品种成熟，福建的 3 个品种生育期太长，不能正常成熟。2019 年继续试验完成任务。

三、水稻新品种

1. 绥粳 4 号、香粳品种

生育日数 134d，较对照东农 416 晚 2d，需活动积温 2 540℃。株高 95cm，穗长 17.6cm，千粒重 27.7g，平均产量 8 162.4kg/hm²。穗粒数 98 粒，有短芒，空瘪率 5%，幼苗生长健壮，田间抗稻瘟病性好，耐寒性强，秆强抗倒，耐盐碱。糙米率 84%，精米率 75.3%，整精米率 74%，胶稠度 64.2mm，碱消值 6.5 级，直链淀粉 14.86%，粗蛋白质 6.50%，无垩白，有光泽，米质优。

栽培要点：4 月中下旬育苗，5 月中旬插秧，插秧密度为 26×10cm 或 26×13cm，每穴 3-4 株，施优质农肥 15 000kg/hm²，磷酸二铵 100kg/hm²，尿素 200kg/hm²。该品种喜肥水，适应性强，丰产性好，从苗期到成熟期植株都会有一种特殊的香味。收获种子时一定要在霜前割完，勤凉晒，及时脱粒。

2. 龙庆稻 5 号

特征特性：香稻品种。在适应区出苗至成熟生育日数 125d 左右，需 ≥ 10℃ 活动积温 2150℃ 左右。该品种主茎 10 片叶，长粒型，株高 88cm 左右，穗长 16.5cm 左右，每穗粒数 100 粒左右，千粒重 27g 左右。三年品质分析结果：出糙率 80.8% ～ 81.3%，整精米率 62.3% ～ 67.9%，垩白粒米率 6.5% ～ 24.0%，垩白度 0.1% ～ 6.5%，直链淀粉含量（干基）16.88% ～ 17.67%，胶稠度 71.0mm ～ 75.0mm，食味品质 78 分 ～ 85 分，达到国家《优质稻谷》标准二级。3 年抗病接种鉴定结果：叶瘟 3 级，穗颈瘟 1 ～ 9 级。3 年耐冷性鉴定结果：处理空壳率 16.0% ～ 24.5%。平均产量 9502.6kg/hm²

栽培技术要点：在适应区播种期 4 月 15—25 日，插秧期 5 月 20—28 日，秧龄 35d 左右，插秧规格为 30cm×13.3cm，每穴 3 ～ 5 株。施纯氮 120kg/hm²，氮：磷：钾 -2：1：1.2。氮肥比例：基肥：蘖肥：穗肥：粒肥 =5：3：2：0，基肥量：纯氮 60kg/hm²，纯磷 60kg/hm²，纯钾 36kg/hm²；蘖肥量：纯氮 36kg/hm²；穗肥量：纯氮 24kg/hm²，纯钾 36kg/hm²。秋翻，节水控灌。收获期 9 月末开始。注意事项：减氮、稳磷、增钾。

3. 三江二号

特征特性：粳稻。主茎 10 片叶，株高 88.7cm 左右，穗长 18cm 左右，每穗粒数 87.4 粒左右，千粒重 24.5g 左右。品质分析结果：出糙率 79.6% ～ 83.3%，整精米率 60.6% ～ 69.0%，垩白粒米率 0 ～ 2.0%，垩白度 0 ～ 0.2%，直链淀粉含量（干基）16.6% ～ 18.8%，胶稠度 69 ～ 73.5mm，食味品质 74 ～ 83 分。接种鉴定结果：叶瘟 3 级，穗颈瘟 1 ～ 3 级，耐冷性鉴定结果：处理空壳率 8.8% ～ 18.26%。在适宜种植区出苗至成熟生育日数 133d 左右，与对照品种同熟期，需 ≥ 10℃活动积温 2 332℃左右，产量 9 191.5kg/hm^2。

栽培技术要点：4 月 15—25 日播种，5 月 15—25 日插秧。插秧规格 30×10cm 左右，每穴 3 ～ 4 株。中等肥力地块施尿素 200 ～ 250kg/hm^2、二铵 100 ～ 120kg/hm^2、硫酸钾 100 ～ 150kg/hm^2。分蘖期浅水灌溉，而后进入间歇灌溉，进入出穗期保水层 2 ～ 5cm，齐穗后间歇灌溉，出穗后 30 天以上停灌到黄熟期排干，及时进行病虫草害的防治，9 月末成熟及时收获。

4. 绥粳 18 号

特征特性：香稻品种。在适应区出苗至成熟生育日数 134d 左右，需 ≥ 10℃活动积温 2450℃左右。该品种主茎 12 片叶，长粒型，株高 104cm 左右，穗长 18.1cm 左右，每穗粒数 109 粒左右，千粒重 26.0g 左右。平均产量 7 987.1kg/hm^2。

栽培技术要点：播种期 4 月 5 日，插秧期 5 月 15 日，秧龄 35d 左右，插秧规格为 30cm×10cm，每穴 3 ～ 5 株。施纯氮 95kg/hm^2，氮：磷：钾 =2：1：1。旱育插秧栽培，浅湿干控水。成熟后及时收获。预防青枯病、立枯病、稻瘟病，预防潜叶蝇、二化螟。

第七节　新技术推广

一、有机水稻栽培技术

有机稻是在原生态环境中，从育种到大田种植不施用化肥、农药，全部采用微生物、植物、动物防治相结合的方法进行病虫的综合防治，所产大米属于国际上最高标准的绿色食品。

1. 隔离区

有机稻种植区必须有独立的排灌系统。隔离区至少间隔 8 ～ 10m。有机稻种植田块和常规种植田块之间须建立缓冲带。有机稻种植田块四周田头不允许种植其他农作物。

2. 有机稻转换期

有机稻米生产必须经过转换期，老稻田转换期不少于 24 个月，新开荒或撂荒多年的稻田地也要经过至少 12 个月的转换期才可进入有机稻米生产。转换期间不允许使用任何化学合成的化肥、农药、植物生长调节剂等物质。

3. 有机稻品种选择

要求使用有机种子，在得不到认证的有机种子情况下（有机稻米生产的初级阶段）可使用未经禁用物质处理的正常种子。无论是有机种子还是常规种子必须选择适合当地土壤和气候特点对病虫害抗性强的优质品种。禁止使用任何转基因种子。如百香 139、宜香 237、甬优 6 号等品种，合理密植，加强通风透光，提高植株抗病力。

4. 有机稻肥料运筹

有机稻谷生产是一种完全不用化肥、农药、生长调节剂等任何有毒有害物质，也不使用基因工程生物及其产物的农业生产体系，其核心是建立和恢复农业生态系统生物多样性，实现良性循环，保持农业可持续发展。因此，作物秸秆、禽畜粪肥、豆科作物、绿肥、菜籽饼等有机生物肥料是有机田块土壤肥力培肥的主要来源。

5. 有机稻植保技术

有机稻生长过程中，由于禁用化学农药和生长调节剂等，因此，对病虫草害的控制主要采取如下措施。

（1）选用抗虫抗病品种。

（2）采取稻田放鸭或养鱼，利用鱼鸭捕食控制虫害；如果虫害发生不大，可以人工消灭。

（3）通过科学水层管理和合理使用有机肥控制病害；合理密植，防止栽插密度过大而引发病虫害；科学施用有机肥，防止施肥过多，旺长恋青，造成病虫害发生等。

（4）草害可通过提前泡田，诱草萌发，再耕翻灭草、人工除草、杜绝草源；施用的有机肥一定要充分腐熟，里面不能含有有生命的草种；科学配置株行距，促进有机稻提早封行，进行压草；还可铺有机田块专用除草膜等措施进行防除。

二、有机水稻除草技术

1. 稻田养鸭技术

稻田养鸭技术是一项综合型、环保型生态农业栽培技术。是有机稻米生产的关键技术。对大力发展有机稻米和提高农业效益方面起着越来越重要的作用，具有其他栽培技术不可比拟的诸多优点，在水稻生产上得到普遍认可；具有很好地除草效果，独有的除虫能力，简便的技术要求，更大的效益水平，得到了农户的欢迎。

稻田养鸭技术是在水稻生长季节，在稻田里放养一定鸭令、一定数量的鸭子，使鸭子在稻田里正常生长发育的同时起到除掉杂草、防治害虫、培肥地力的作用。

（1）除草。稻鸭除草效果好于任何化学除草剂，鸭在稻田里，鸭小时吃地里小草，长大后以吃双子叶杂草为主，同时鸭子踩踏可间接起到除草作用。

（2）防虫。防虫效果比较明显，鸭可以吃稻水象甲、二化螟、负泥虫等的成虫和幼虫，减少对稻苗的危害。

（3）增加肥力。因为鸭在稻田里生活，其排泄物成为很好的有机肥料，改善了土壤结构，提高土壤肥力，可增加土壤肥力 15% 左右。

（4）提高产量。

鸭有天生拱地的习性，可起到中耕活水作用，有利于疏松土壤，增加氧气，促进水稻根系发育，活杆成熟，提高水稻千粒重和成熟度，增加水稻产量 7% 左右。

2. 有机稻田稻糠灭草新技术

稻糠富含淀粉和粗蛋白、B 族维生素及氮、磷、钾、镁、钙等营养物质，在水中降解后，释放的营养物质成为水稻生长重要的营养物质。近年来，稻糠在防治水稻田杂草方面的作用日益突显出。研究证明，稻糠在水中发生强还原反应，消耗了水中大量的氧气，释放出二氧化碳，从而阻碍了杂草根系发育和种子的萌发；产生的低级有机酸可抑制杂草发根发芽及损害杂草心叶；稻糠分解后使出水透明度降低，阻碍杂草光合作用。诸多因素均抑制或阻碍了杂草的生长、发育，从而达到了很好的除草效果。

稻糠还田起到了肥药双重作用且安全环保，为此，盘锦鼎翔集团在国家有机米基地经过一系列的摸索与试验，成功总结出高效、便捷的稻糠除草实用技术，成为有机水稻田高效除草的主要措施。

（1）稻糠的选择加工用于有机稻田灭草的稻糠来源于有机米加工厂生产的稻糠。由于稻糠质量轻、颗粒小，在户外极易飞散，施用困难，因此要将其处理成便于操作的剂型。具体方法是用常规造粒机将稻糠加工成直径 3 ～ 4mm 的圆粒，既便于运输，又便于人工撒施。

（2）应用要点经多次试验证明，田间有效用量为用稻糠颗粒 66kg/ 亩，能达到最佳除草效果。施用时间在插秧后 7 ～ 10d、秧苗返青后，以减少杂草萌发的机会。

（3）水稻品种选择因稻糠对水稻生长肥效作用较长，易使水稻倒伏、感病，因此应选择抗倒伏、抗病、成熟期较早的品种。秧苗要选择适龄、健壮、抗逆性强的，以避免产生负面影响。

（4）除草效果表明，利用稻糠覆盖对稗草、鸭舌草、莎草、雨久花等杂草均有较好防效，在 90% 以上；对水草有较强的抑制作用。在田间人工拔除一遍大草，以后不需采取任何除草措施。

（5）注意事项。稻糠灭草主要以低龄杂草为主，因此在农事操作上要尽量缩短整地、沉淀、插秧时间，返青后及时施药，以减少此间杂草萌发的机会。施用稻糠时应保有水层 5～10cm，水层持续 7d 以上，缺水时及时补水。选择无风或 4 级风以下时进行施撒糠，田间尽量避免人员进入。可见，稻糠经加工成颗粒后，66kg/亩在秧苗返青后均匀撒施，对未萌发及低龄杂草防效显著，是有机稻米生产田理想的除草实用技术。

三、大棚育秧技术

水稻大棚育苗相较其他方式有许多突出的优点。

（1）水稻大棚有利于提早育苗、抢夺早春积温、延长生育期、促进早熟、增产增收。大棚育苗可有效避免早春倒春寒及秋季早霜的危害，使优质高产品种的推广得到可靠的技术保证。真正解决优质高产品种生育期长和无霜期短的矛盾。充分利用早春积温，秧苗发育时间充足，为培育壮秧奠定基础。一般大棚可以提前 7～10d 育苗，争抢积温 150℃左右，提前成熟 3～5d，增产 5% 以上，而且米质和成熟度好，出米率高。

（2）提高土地利用率及秧苗利用率。大棚育苗较小棚土地利用率提高 10%，育苗绿色面积比小棚增加 20%～30%，而且因其空间大、四周高，幼苗长势均匀，无边际废弃苗，利用率显著提高。

（3）成苗率高、壮秧效果突出，可以育出带蘖大龄壮苗。大棚保温效果好，棚内昼夜温差小，抗逆缓冲能力强，有效防止棚内温度发生剧烈变化，防止秧苗徒长或受冻害。昼夜温差合适，有利于秧苗生长和干物质的积累，提高秧苗素质。另外，大棚内温光条件好，光能利用率高，加之便于通风，有助于炼苗，湿度适宜，降低了青、立枯病及恶苗病的发病率，有利于秧苗素质的提高。一般大棚育苗成苗率可达 95%，可以育出 4.0～5.0 叶中大苗带蘖壮秧（单蘖率 80%，双蘖率 20%）。大棚苗一般比小棚苗叶片多 0.5～1.0 片，根数多 2.5～4.5 条，根长多 1.1～1.5cm，干物重高 0.4～0.5g

（4）省工省种，利于苗床管理。由于大棚内温湿度和光照条件好，出苗整齐，秧苗素质好，成苗率可比小棚高 10%，边苗利用率 100%，秧本田比例可达 1∶100～150。因此可以节省秧田 1/3，节省种子 15～20kg/hm²，节省了大量的育秧物资和管理用工。另外，由于大棚可以育出大龄带蘖壮秧，可以搞超稀植栽培，插秧进度快，提高工效 20% 以上。大棚由于棚内空间大，人可以在里面直立行走，因此育苗管理可以全部在棚内进行，不受天气限制，便于浇水、施肥、喷药及湿度控制等工作，减少小棚反复揭膜散失温度以及扣膜、压膜用工，一定程度上减轻了劳动强度。

第八节　项目、成果及科技服务

一、项　目

（1）水稻新品种选育合作项目。优质高效水稻引品种松辽 186 选育推广（与公主岭市松辽农业科学研究所合作）。

优质高产水稻新品种松辽 122 选育推广（与公主岭市松辽农业科学研究所合作）。

培育出水稻新品种兴育 13A04（与兴安盟扎赉特旗绰尔蒙珠三安稻米专业合作社合作）。

筛选出水稻新品种兰玉 GA13 提升参加内蒙区试。

（2）水稻新品种引种推广（扎兰屯市科技局特派员项目）。

（3）有机水稻生产基地建设，认证有机水稻 26.67hm²，绿色水稻 1 200hm²。

（4）有机水稻高产栽培模式研究。

（5）有机水稻田除草技术研究。

（6）内蒙古自治区水稻试验。

二、成　果

（1）培育新品种一个："内麦 16 号"。

（2）龙麦 19 号引种推广获得呼伦贝尔盟科技进步三等奖。

（3）内麦 16"新品种推广获呼伦贝尔盟科学技术进步三等奖。

（4）参加主持的"小麦新品种选育及利用研究项目，获内蒙古自治区科技进步三等奖。

（5）2017 年优质高效水稻引品种松辽 122 选育推广，获公主岭市科学技术进步一等奖（与公主岭市松辽农业科学研究所合作）。

（6）2018 年优质高产水稻新品种松辽 186 选育推广。获公主岭市科学技术进步一等奖（与公主岭市松辽农业科学研究所合作）。

（7）培育出水稻新品种兴育 13A04（与兴安盟扎赉特旗绰尔蒙珠三安稻米专业合作社合作）。

三、科技服务工作

稻麦研究室科技人员充分发挥在农业产业中的引领带动作用。围绕呼伦贝尔市水稻、小麦产业发展，为企业建言献策，针对农民需要，结合农时农事，利用科技特派员、12396科技咨询专家平台、以科普讲师、扶贫帮扶干部等身份深入农业生产需要，开展农业科技服务工作。加大科技成果转化力度，推广高产优质的农作物新品种、先进的栽培技术。采用科农技培训、精准扶贫、科技大集、技术咨询、现场观摩等形式，以点带面、点面结合起到了示范带动作用使农业增效，让农民增收，为呼伦贝尔市农业发展和乡村振兴做出贡献。

第八章
科技成果开发与转化

第一节　科技成果开发与转化的历史背景和重要意义

1978 年党的十一届三中全会以来，我国农村和农业的大好形势对农业科研工作提出了新的要求。1993 年 11 月 14 日中国共产党第十四届中央委员会第三次全体会议通过的《中共中央关于建立社会主义市场经济体制若干问题的决定》指出："科学技术是第一生产力，经济建设必须依靠科学技术，科学技术工作必须面向经济建设。科技体制改革的目标是建立适应社会主义市场经济发展，符合科技自身发展规律，科技与经济密切结合的新型体制，促进科技进步，攀登科学高峰，以实现经济、科技和社会的综合协调发展。放开技术开发和科技服务机构的研究开发经营活动。积极发展各种所有制形式和经营方式的科技企业，促进科技成果向现实生产力的转化。"

根据《中共中央关于建立社会主义市场经济体制若干问题的决定》进一步改革科技体制的精神要求，农科所过去的科技体制和科技管理方式已不能适应当时农业发展和农业科技发展的要求，迫切需要改革，尽快把农业科技成果转化为生产力，提高农业科技含量，面向当地农业生产推广科研新成果、新技术，让科技人员大显身手，积极面向农村和农业生产第一线，以社会需求为市场，推广新成果、新技术，开展技术咨询和技术服务，让农业科研单位充满活力，把农业科技成果转化为现实生产力，提高农业科技含量，为农业丰产丰收做出贡献。

第二节　科技开发机构的设立

1996 年 3 月 20 日，呼伦贝尔盟行政公署副盟长高敏主持召开办公会议，专题研究呼盟农研所提交的《呼盟农业科学研究所深化科技体制改革方案》，会议原则通过了这一方案，并发布了会议纪要。会议纪要明确表述，对呼盟农研所办理种子"三证"一照问题，种子部门和物价工商部门要在政策上给予倾斜，给予办理《种子生产许可证》《种子经营许可证》、《种子检验许可证》和《营业执照》，支持农研所搞好良种开发推广工作。

1996 年先后在扎兰屯市工商局注册登记了企业法人《呼盟农研所科技开发中心》营业执照和分支机构《呼盟农研所科技开发中心庄稼医院》营业执照。呼盟农研所科技开发中心法定代表人及总经理由农研所所长兼任，设副总经理 2 名，业务经理 3 名，充实加强了科技开发人员，人员编制 15 名，其中高级技术职称 3 名，中级 3 名，初级 3 名，科技开发中心实行独立核算，财务单设。多方筹措资金改善了仓储晒场条件和检验设备条件。

第三节　科技开发中心开展的工作

一、建章立制

为规范企业经营和员工的行为，呼伦贝尔市农研所科技开发中心和农研所科技开发中心庄稼医院成立后，按现代企业的管理模式来管理和规范企业的经营行为和员工行为。建立了以下规章制度：① 科技开发中心员工行为规则；② 科技开发中心工作制度；③ 科技开发中心财务制度；④ 科技开发中心种子、农药质量监管和检验制度；⑤ 科技开发中心种子、农药保管制度；⑥ 科技开发中心种子标签和包装管理制度；⑦ 科技开发中心种子、农药价格管理制度；⑧ 科技开发中心国家允许经营的种子及农药目录范围。在整个的执行过程中，还进行了逐步的补充和完善。

二、筹措经营资金

为解决呼伦贝尔农研所科技开发中心缺少经营资金的困难，呼伦贝尔市农研所请示申请盟有关部门，经呼伦贝尔盟主要领导批准，呼伦贝尔盟财政局 1996 年 6 月给予解决低息周转金 30 万元，呼伦贝尔市农研所全所单位职工集资 16 万元。两项合计筹集 46 万元。解决了科技开发中心缺少经营资金的困难。

三、广泛开展开发合作

1996 年 5 月科技开发中心分别与所玉米研究室和大豆研究室签定了玉米、大豆新品种合作开发协议，明确了双方的权利和义务，共同开发玉米、大豆新品种。

采取多种形式分别与农研所马铃薯研究室、植保研究室、园艺研究室，开展技术协作和技术开发工作。

从1996年开始至2012年，呼盟农研所科技开发中心先后与内蒙古农科院玉米研究中心、内蒙古铃田生物技术有限公司、辽宁兴佳薯业有限公司、黑龙江省农科院克山分院、佳木斯分院、黑龙江克系种业有限责任公司、黑龙省齐齐哈尔北方草业有限公司、黑龙江省海伦县种子公司、甘南县种子公司、阿荣旗九丰种业、莫旗种子公司等单位，就玉米杂交种子的繁育和经营、马铃薯原种的繁育与开发、青贮玉米种子饲草种子繁育与开发进行了广泛的合作，并取得了很好的效果。

四、采取多种形式开展技术培训、技术咨询和技术服务工作

从1998年至2018年呼伦贝尔市农研所和科技开发中心的技术人员都能采取以下形式开展技术培训、技术咨询和技术服务工作，有力推动了呼伦贝尔市农研所的科技成果开发工作。

（1）到扎兰屯市、阿荣旗、海拉尔市、牙克石市、莫旗的旗市及乡镇开展科技培训，每年培训次数都在10次以上，培训人员800人以上。

（2）结合扎兰屯市科技大集，宣传和讲解新成果、新技术，每年发放技术资料1 600多份。服务前来咨询的人数1 000人以上。

（3）在种子、农药销售季节，每年接待前来庄稼医院进行咨询的农民都在1 200人以上，发放技术资料5 000份以上。

（4）农研所科技人员到农民和种地大户、农场田间地头进行现场技术服务，对其农田中的病、虫、草害进行现场诊治，即开方，又抓药，切实解决他们的技术难题，服务次数每年都在50次以上。

（5）每年3—8月份在扎兰屯电视台黄金时段播放宣传新产品、新成果、新技术的广告。

（6）每年4—6月份安排高级农艺师在扎兰屯电视台做科技讲座，讲解农作物新品种、新农药、新肥料的使用技术，每周一次，每次30min。

五、建立良种繁育基地

为保证有足够数量的农作物新品种供应给农业生产，农研所科技开发中心先后在黑龙江省齐齐哈尔华安农场、辽宁省沈阳市、扎兰屯市高台子镇、扎兰屯市洼堤乡建立玉米制种基地173.3hm²。

在大杨树农场、大河湾农场、扎兰屯市中和镇、扎兰屯市浩饶山镇、扎兰屯市哈多河镇、扎兰屯市原种场、根多河农场，建立大豆原（良）种繁育基地300hm²。

在鄂温克旗大雁镇、牙克石市免渡河镇、扎兰屯市哈拉苏镇、扎兰屯市卧牛河镇、扎兰屯市成吉思汗镇建立马铃薯良种繁育基地106.7hm²。

六、加强经营合作，销售服务网络不断壮大

从科技开发中心和庄稼医院成立之初的两个销售网点起步，科技开发中心就注意与兄弟单位搞好技术和经营合作。到 2002 年销售网络遍布呼伦贝尔市的满洲里、海拉尔、牙克石、阿荣旗、大杨树、黑龙江省的甘南县、龙江县、辽宁省沈阳市、开原县、扎兰屯市境内的大河湾农场、绰尔河农场、卧牛河马场、成吉思汗牧场和扎兰屯市所辖十六个乡镇、办事处。共有合作的销售服务网络 106 家，为科技开发中心农作物种子和农药的销售及技术服务提供了网络保障。

七、开发推广的农作物、农药、果树苗木品种

1. 大豆品种

内豆 3 号、内豆 4 号、呼交 251、呼交 271、蒙豆 5 号、蒙豆 9 号、呼辐 6018、呼系 8613、大粒黄（93102）、黑河 5 号、绥农 10 号、绥农 11 号、北 87-9、北 87-19、北丰 9 号、合丰 25 号、合丰 35 号、合丰 40 号、蒙豆 12 号、蒙豆 13 号、蒙豆 14 号、蒙豆 15 号、蒙豆 16 号、蒙豆 26 号、蒙豆 28 号、蒙豆 30 号、蒙豆 33 号、蒙豆 36 号、蒙豆 37 号、登科 1 号、登科 4 号。

2. 玉米品种

呼单 2 号、呼单 4 号、呼单 5 号、呼单 6 号、海玉 4 号、海玉 5 号、海玉 6 号、承单 22 号、冀承单 3 号、哲单 37、九玉四号、九玉 201。

3. 马铃薯品种

内薯 7 号、蒙薯 10 号、蒙薯 12 号、蒙薯 13 号、蒙薯 17 号、蒙薯 19 号、蒙薯 20 号、蒙薯 21 号、东农 303、费乌瑞它、大西洋、尤金、呼 H99-9、维拉斯。

4. 果树苗木品种

黄太平、大秋、甜玲、七月鲜、绥李 3 号、樱桃、草莓。

5. 农药品种

（1）除草剂：乙草胺、封刹一号、封捷、豆磺隆、噻吩磺隆、氟乐灵、普施特、金豆、金普施特、豆草特、豆施乐、虎威、氟磺胺草醚、克草特、排草丹、灭草松、异噁草松、烯禾啶、拿捕净、精稳杀得、精禾草克、精喹禾灵、烯草酮、24D 丁酯、二甲四氯、绿磺隆、骠灵、玉农乐、玉草净、莠去津、玉警、玉黄大地、耕杰、硝磺草酮、乙氧氟草醚、施田补、草甘膦。

（2）杀虫剂：敌百虫、氧化乐果、敌敌畏、灭杀毙、高效氯氰菊酯、功夫、毒死蜱、吡虫啉。

（3）杀菌剂：百菌清、多菌灵、甲基托布津、福美双、拌种霜、代森锰锌、硫酸链霉

素、阿维菌素、甲霜锰锌、菌核净、苯醚甲环唑、增威赢绿。

（4）植物生长调节剂：植物龙、芸苔素内酯、硕丰481、乙烯利、九二〇赤霉素。

（5）叶面肥：快长快熟、金亮壮、碧护、中华大肥旺、磷酸二氢钾、纯品锌、金力硼、喜多收、爱增美。

第四节　开发推广主要农作物和农药品种的成效

农研所科技开发中心和庄稼医院的全体职工，自成立之日起大家都能团结一心，形成合力，心往一处想，劲往一起使。在种子、农药销售旺季（每年3～7月），马铃薯种薯收购发运、玉米大豆种子收购这几个关键时期，全体职工都是早上班，晚下班，节假日和中午不休息，庄稼医院午饭大多数是在下午2—3时才能吃上。种子入库和出库为了节省装卸费都是职工自己装车、卸车、缝口、码垛，在农药销售季节开发中心男职工还要在庄稼医院轮流值班值宿。经过农研所各研究室科技人员和科技开发中心全体人员的共同努力，取得以下成效。

一、大豆新品种推广成效

1. 内豆4号

1999—2018年推广面积20万hm²，将种植大豆区域从北纬48-49°区域延伸到北纬50-51°，使我国东北大豆栽培区域向北延伸2个纬度线，填补该区域种植大豆"禁区"的空白，种植面积比较稳定。

2. 蒙豆15

2003—2018年推广面积21.3万hm²。

3. 蒙豆9

2002—2010年累计面积6.87万hm²，产值效益4.59亿元，新增效益1.49亿元。

4. 蒙豆13

2003—2007年累计面积23.13万hm²，产值效益20.90亿元，新增效益2.95亿元。

5. 蒙豆14

2004—2017年累计面积21.3万hm²，产值效益14.77亿元，新增效益2.49亿元。

6. 蒙豆16

2005—2017年累计面积18.1万hm²，产值效益11.64亿元，新增效益2.00亿元。

7. 蒙豆30

2009—2017年累计面积14.6万hm²，产值效益14.45亿元，新增效益1.14亿元。

8. 登科 1 号

2009—2017 年累计面积 14.6 万 hm²，产值效益 15.37 亿元，新增效益 0.94 亿元。

9. 蒙豆 33

2010—2017 年累计面积 9.6 万 hm²，产值效益 8.72 亿元，新增效益 0.48 亿元。

10. 蒙豆 36

2012—2017 年累计面积 9.13 万 hm²，产值效益 7.63 亿元，新增效益 0.60 亿元。

11. 蒙豆 37

2013—2017 年累计面积 6.6 万 hm²，产值效益 5.44 亿元，新增效益 0.46 亿元。

12. 蒙豆 28

2008—2010 年在呼伦贝尔市累计推广面积 2.6 万 hm²，增产大豆 729 万 kg，增加效益 2 916 万元。

13. 蒙豆 26

2007—2010 年在呼伦贝尔市累计推广面积 4.87 万 hm²，增产大豆 556 万 kg，增加效益 2 224 万元。

二、玉米新品种推广成效

1. 呼单四号

1999 年至 2006 年在扎兰屯市、阿荣旗，累计推广面积 0.4 万 hm²。

2. 呼单五号

1999 年至 2018 年在扎兰屯市、阿荣旗、兴安盟，累计推广面积 17.3 万 hm²。

3. 呼单六号

1999 年至 2018 年在扎兰屯市、阿荣旗、兴安盟，累计推广面积 1.87 万 hm²。

三、马铃薯新品种推广成效

1. 维拉斯

企业加工型专用高淀粉品种，在呼伦贝尔市累计推广面积 4.8 万 hm²，在黑龙江累计推广面积 4.47 万 hm² 左右。

2. 内薯七号

加工型高淀粉品种，在内蒙古累计推广面积 8 万 hm²，黑龙江推广面积 2.47 万 hm²，吉林省推广面积 1 万 hm²。

3. 蒙薯 10 号

加工型专用高淀粉品种，在内蒙古自治区累计推广面积 6 万 hm²，吉林省推广面积 1.67 万 hm²。

4. 蒙薯 17 号

该品种是鲜食及淀粉加工兼用型品种，在内蒙古自治区推广面积 2.27 万 hm²，在吉林省推广面积 1.4 万 hm²。

5. 国审蒙薯 21 号

中晚熟淀粉加工型马铃薯品种，在黑龙江省哈尔滨市、吉林省长春市、内蒙古自治区呼伦贝尔、乌兰浩特地区等北方一作区累计种植面积 3.8 万 hm²。

6. 蒙薯 12 号

在内蒙古自治区累计种植面积 3.33 万 hm²。

7. 蒙薯 13 号

在内蒙古自治区累计种植面积 2.8 万 hm²。

四、农药新品种推广成效

农药新品种推广应用情况见表 8-1。

表 8-1　农药新品种推广应用　　　　　　（万 hm²）

农药品名	推广年度	推广地区	累计推广面积
乙草胺	1999—2012 年	扎兰屯市	14.67
封刹一号	1999—2012 年	扎兰屯市	80.2
普施特	1999—2012 年	扎兰屯市	53.5
豆草除	1999—2012 年	扎兰屯市	8.0
氟磺胺草醚	1999—2012 年	扎兰屯市	12.0
灭草松	1999—2012 年	扎兰屯市	10.67
拿捕净	1999—2012 年	扎兰屯市	8.0
玉草净	1999—2012 年	扎兰屯市	11.33
2，4-D 丁酯	1999—2012 年	扎兰屯市	12.67
耕杰	1999—2012 年	扎兰屯市	1.33
精喹禾灵	1999—2012 年	扎兰屯市	1.73
烯禾啶	1999—2012 年	扎兰屯市	9.33
烯草酮	1999—2012 年	扎兰屯市	5.73
异噁草松	1999—2012 年	扎兰屯市	3.6
高效氯氰菊酯	1999—2012 年	扎兰屯市	6.13
拌种霜	1999—2012 年	扎兰屯市	4.67
金亮壮	1999—2012 年	扎兰屯市	3.87
磷酸二氢钾	1999—2012 年	扎兰屯市	6.4

第九章
生物技术研究

第一节　生物技术研究室概况

一、工作内容和主要设施

生物技术研究室成立于 2000 年 11 月，主要开展马铃薯茎尖剥离、组织培养、脱毒种薯生产和果树苗木、中草药、牧草及农药药效等方面试验研究。目前有成员 3 人，其中乔雪静正高级职称，孙东显和苏允华副高级职称。有马铃薯病毒鉴定、茎尖剥离和组培苗培养等试验室 50m²，日光温室 400m²，防虫网棚 1 200m²。

二、机构和人员变动

20 年来，科室人员及结构也发生一系列改变，生物技术研究室成立之初仅有 3 名技术人员，分别是雷红、乔雪静和孙东显。

2001 年 12 月，刚刚成立的生物技术研究室与植保研究室合并更名生物技术植保研究室，副所长闫任沛牵头，同年李殿军加入科室。此时科室成员五名。科室在生物室研究项目的基础上开展植物保护业务。

2002 年 9 月雷红同志买断离岗，2003 年 3 月苏允华同志加入生物技术植保研究室。

2010 年 9 月生物技术植保研究室分成生物技术研究室和植保研究室两个独立科室。生物技术研究室由乔雪静、孙东显、李殿军和苏允华 4 名成员组成，科室继续开展马铃薯茎尖剥离、组织培养、脱毒种薯生产和果树苗木、中草药、牧草及农药药效等方面试验研究。

2015 年 5 月，李殿军调任植保研究室副主任，生物技术研究室有乔雪静、孙东显和苏允华 3 人。同年 4 月研究室参与内蒙古自治区农牧业科学院主持的自治区重大科技专项"秸秆留茬覆盖免少耕农田地力恢复与丰产技术示范推广"。

2017年5月至今，生物技术研究室在开展马铃薯茎尖剥离、组织培养、脱毒种薯生产和果树苗木、中草药、牧草及农药药效等方面实验研究的同时参与内蒙古自治区农牧业科学院和内蒙古大学主持的项目"沙化农田保护性耕作与生态修复技术研究"。

第二节　主要科技活动

生物技术研究室前身是马铃薯脱毒研究室。马铃薯脱毒研究室成立于1980年，当时在徐淑琴老师的带领下和中国科学院植物研究所协作，开展了马铃薯茎尖剥离、组织培养和病毒检测等项目。1981年徐素琴老师团队快繁马铃薯脱毒试管苗4万余株，1982年成功剥离呼薯1号、内薯2号、内薯3号等7个品种的试验材料。1983年，马铃薯脱毒种薯课题被列入国家"马铃薯无毒种薯生产技术及良种繁育体系"攻关项目，同年又被列入呼盟科技处的"马铃薯无毒种薯生产技术研究"项目。1990年马铃薯无毒种薯生产技术研究获呼盟行署三等奖。曾经和北京大学生命科学学院合作在全国最早育成审定命名两个转基因马铃薯新品种：呼转基因薯1号、呼转基因薯2号。2000年徐淑琴老师退休，所领导决定在马铃薯脱毒研究室的基础上成立生物技术研究室，生物技术研究室继承了徐淑琴老师团队在马铃薯脱毒种薯繁育体系创建的丰硕研究成果和技术经验，给后来的工作打下坚实的基础。生物技术研究室在传承马铃薯脱毒种薯繁育体系研究的前提下相继开展果树苗木、中草药、牧草及农药药效等方面试验研究课题。自2000年科室成立到2019年近20年里先后承担项目10余项，获得各类奖项6项，发表论文10余篇。生物技术研究室的创新团队，坚持统筹规划，点状布局，分别在岭西海拉尔区、岭东阿荣旗等呼伦贝尔市域内筹建了3个马铃薯组培实验室，指导阿荣旗农牧业局组建组培室并培训专业人员，现三处组培室初具规模，受训人员在实际操作和理论上均达到要求，已生产出上千万株马铃薯脱毒试管苗和蓝莓苗，建立数十栋日光温室和网室。指导大杨树林管局将组培技术应用到蓝莓产业上，现已建成为内蒙古最大的蓝莓工厂化生产基地，蓝莓的生产数量翻了几倍，进一步普及推广了农研所的组培技术。以马铃薯产业化发展为契机，以农民需求、市场需要为导向，制定科研计划，选育优良品种，充分发挥技术专长，重点开展马铃薯脱毒种薯推广工作，为北大荒集团、嵩天集团、内蒙古奈伦公司、麦福劳公司等多家马铃薯加工企业和数千农户提供高质量脱毒种薯、配套栽培技术和病虫害防治措施服务，为公司和农户创造了良好的经济和社会效益。指导广大农户，促进增收致富，主动联系企业，培育加工型品种。2013年以来，累计组织和指导生产微型薯100万粒，马铃薯种薯2 000t，经过几年的试种及扩繁，得到加工企业的充分认可，使呼伦贝尔市农业科学研究所育成的马铃薯品种在生产实践中得到了大面积的推广和应用。

第三节　取得的主要荣誉和成果

一、荣　誉

2015—2016 年，苏允华、孙东显先后当选扎兰屯市科技特派员。

2005 年乔雪静在中国农业科学院作物科学研究所进修分子生物技术课程，负责组建及管理"国家大豆分中心实验室"。

2009—2016 年乔雪静、孙东显先后在东北农业大学读农业推广研究生，均取得硕士学位。

2016 年 9—11 月，乔雪静作为无党派干部参加了呼伦贝尔市委组织部举办的副处级后备干部培训班。

2018 年乔雪静入选呼伦贝尔市第四届政协委员。

二、成　果

1.获奖科技成果

（1）2013 年 9 月，参加的"呼伦贝尔市向日葵有害生物综合防治研究"项目，获得呼伦贝尔市科学技术进步三等奖。

（2）2013 年 11 月，参加的"呼伦贝尔市向日葵有害生物综合防治研究"项目，获得内蒙古自治区农牧业丰收二等奖。

（3）2015 年 11 月，参加的"野生榛子栽培技术研究与推广"项目，获得内蒙古自治区农牧业丰收二等奖。

（4）2016 年 12 月，参加的"呼伦贝尔市马铃薯晚疫病发生规律及综合防控技术研究与推广"项目，获得内蒙古自治区农牧业丰收三等奖。

（5）2017 年 12 月，参加的"芸豆新品种引进及高产高效栽培技术研究与推广"项目，获得内蒙古自治区农牧业丰收二等奖。

（6）2018 年 4 月，参加的"呼伦贝尔市马铃薯晚疫病发生规律及综合防控技术研究与推广"项目，获得呼伦贝尔市科学技术进步二等奖。

（7）2005 年撰写的"加快呼伦贝尔地区脱毒马铃薯推广的措施"论文获得 2006 年呼伦贝尔市自然科学学术交流活动优秀论文二等奖。

2.实用新型发明专利

（1）实用新型名称：一种悬挂式的苗床起苗机。专利号：ZL201820078903.5。专利申请日期：2018年1月11日。

（2）实用新型名称：一种玉米油菜的中耕培土施肥机。专利号：ZL201820078904.X。专利申请日期：2018年1月11日。

（3）实用新型名称：一种玉米小麦免耕播种机的除草装置。专利号：ZL201721647564.X。专利申请日期：2017年11月26日。

（4）实用新型名称：一种苗床旋耕筑畦机。专利号：ZL201820078905.4。专利申请日期：2018年1月11日。

3. 论文及专著

（1）2012年8月在《中国马铃薯》上发表"不同杀菌剂对马铃薯晚疫病的防治效果"约3 700字。

（2）2012年10月在《内蒙古农业科技》上发表"呼伦贝尔市马铃薯生产存在的问题与解决途径"约3 800字。

（3）2012年8月在《内蒙古农业科技上发表》"呼伦贝尔市马铃薯产业现状和发展对策"约4 000字。

（4）2011年8月在《内蒙古农业科技》上发表"呼伦贝尔市施肥存在的问题及对策"约3 500字。

（5）2011年12月在《中国马铃薯》上发表"杀秧机及不同化学制剂对马铃薯杀秧效果比较试验"约3 500字。

（6）2007年发表在哈尔滨工程大学出版社出版的《马铃薯产业与现代农业》一书中发表了两篇文章是"呼伦贝尔马铃薯淀粉品种产业化模式"约3500字。

（7）"呼伦贝尔市马铃薯高淀粉品种引种试验"，中国马铃薯学术研讨会。

（8）"呼伦贝尔市马铃薯晚疫病综合防治技术研究"，《内蒙古农业科技》。

（9）"呼伦贝尔市优质大豆无公害植保新技术"，《内蒙古农业科技》。

（10）"大豆除草剂应用技术探讨"，《福建农业》。

（11）"榛子病虫害的防治措施"，《北京农业》。

（12）2017年11月在《农业工程技术》上发表"呼伦贝尔市食用豆产业发展现状及对策"2 000字。

（13）2017年12月参与编写学术专著"农牧交错风沙区退化农田生态保育研究"在中国农业出版社出版发行。

第十章
党建、人事和科研管理

第一节　机构编制及人事工作
（1999—2018年12月）

　　1999年6月原所长姜兴亚退休，由副所长隋启君牵头管理全所工作。2000年11月，呼伦贝尔市农牧局纪检委副书记刘连义任呼伦贝尔市农业科学研究所代所长至2001年1月，呼盟行署正式任命其为呼伦贝尔市农业科学研究所所长。呼盟农科所党总支委员会也进行了换届选举。2017年1月，刘连义所长退休，副所长闫任沛任代所长。

　　根据呼机编发（1997）174号文件，"关于呼盟农业科学研究所职责任务、内设机构、人员编制和经费来源的通知"，盟机构编制委员会决定，保留呼盟农业科学研究所，增挂呼盟马铃薯大豆专业研究所牌子，为隶属呼盟农业畜牧局的技术服务型副处级事业单位。

　　内设11个科室，均为正科级：分别为马铃薯研究室、大豆研究室、玉米研究室、稻麦研究室、园艺研究室、植保研究室、科研科、政工科、行政科、生产科、计财科。

　　核定盟农科所事业编制85名。其中所领导职数4名（副处1名，正科3名），科室领导职数14名（11正3副）；专业技术人员70名（高级职务12名，中级职务28名，初级及以下职务30名），行政后勤及生产人员15名。

　　盟农科所经费列入财政预算，实行全额管理。

　　组建呼盟农业科技成果推广中心，为隶属于呼盟农业科学研究所的生产经营型正科级事业单位。核定事业编制10名，其中中心领导职数2名（1正1副）；专业技术人员8名（高级职务1名，中级职务3名，初级及以下职务4名），行政后勤人员2名；其经费来源为自收自支。

　　根据呼机编发（2007）71号"关于呼伦贝尔市动物疫病预防控制中心职责任务、人员编制及经费来源的通知"，核减市农业科学研究所全额事业编制7名，减编后：市农业科学研究所全额事业编制78名（专业技术人员65名，行政管理和工勤人员13名）。

实际内设机构 10 个，有马铃薯研究室、大豆研究室、玉米研究室、园艺研究室、稻麦研究室、科技管理科、办公室、计划财务科、生物技术研究室、科技成果开发中心。有党员 19 名，所长 1 名，副所长 2 名。

根据呼机编发（2009）36 号"关于呼伦贝尔市农牧民职业教育中心增挂呼伦贝尔市农牧业技术培训基地牌子的通知"，经 2009 年 4 月 19 日市机构编制委员会研究，同意市农牧民职业教育中心增挂市农牧业技术培训基地牌子，市农牧业技术培训基地设在市农业科学研究所，不增加编制及领导职数。

市农牧业技术培训基地主要职责为：承担农牧业、农机、兽医、草原、水产等行业技术人员、村级基层干部及农牧民科技示范户等的培训工作。

根据呼机编发（2009）89 号"关于成立呼伦贝尔市农牧业综合行政执法支队的通知"，市农业科学研究所原编制数由 78 调整为 77（专业技术人员 66 名、行政管理及工勤人员 11 名）。

根据呼机编办发（2015）46 号"关于呼伦贝尔市农业科学研究所机构设置职责任务、人员编制和经费形式的通知"，呼伦贝尔市农业科学研究所（挂呼伦贝尔市马铃薯大豆专业研究所牌子）为隶属于呼伦贝尔市农牧业局相当于副处级的事业单位。

内设 11 个科室，均为正科级：分别为办公室、财务科、人事科研管理科、马铃薯研究室、大豆研究室、玉米研究室、园艺研究室、稻麦研究室、植保研究室、生物技术研究室、科技推广科。

核定事业编制 77 名（其中管理人员 5 名、专业技术人员 64 名、工勤人员 8 名）；班子领导职数 4 名（副处级 1 名、正科级 3 名），内设机构科级领导职数 14 名（11 正 3 副）。经费列入财政预算，实行全额拨款管理。

根据呼机编发（2015）62 号"呼伦贝尔市农牧业局所属事业单位分类意见的批复"，呼伦贝尔市农业科学研究所（挂呼伦贝尔市马铃薯大豆专业研究所牌子）为公益一类事业单位。

根据呼机编发（2015）82 号"关于成立呼伦贝尔市不动产登记中心的通知"，将呼伦贝尔市农业科学研究所全额事业编制空编 1 名调整到呼伦贝尔市不动产登记中心。

根据呼机编发（2015）236 号"关于核减市农牧业局下属事业单位编制的通知"，核减呼伦贝尔市农业科学研究所（挂呼伦贝尔市马铃薯大豆专业研究所牌子）全额事业编制 6 名。调整后，呼伦贝尔市农业科学研究所（挂呼伦贝尔市马铃薯大豆专业研究所牌子）全额事业编制 70 名（其中：管理人员 5 名、专业技术人员 57 名、工勤人员 8 名）。

所长　　　　　刘连义（2001.1—2016.12）

代所长　　　　闫任沛（2017.1—2018.12）

副所长　　　　闫任沛（2001.6—2018.12）

李东明（2001.6—2018.12）

内设机构　办公室主任　　　　　冯占阁（2001.3—2017.9）

　　　　　　　　　　　　　　　姜　伟（2017.10—2018.12）

　　　　　副主任　　　　　　　姜　伟（2001.3—2017.9）

　　　　　　　　　　　　　　　高广萍（女，2001.3—2015.9）

　　　　　科技管理科科长　　　王　真（2001.3—2002.12）

　　　　　　　　　　　　　　　于　平（2003.1—2018.12）

　　　　　　　副科长　　　　　于　平（2001.3—2002.12）

　　　　　　　　　　　　　　　郑连义（2001.3—2015.9）

　　　　　计划财务科科长　　　张晓莉（女，2001.3—2018.12）

　　　　　马铃薯研究室主任　　刘淑华（女，2001.3—2015.6）

　　　　　　　副主任　　　　　姜　波（2015.10—2018.12）

　　　　　大豆研究室主任　　　张万海（2001.1—2011.12）

　　　　　　　　　　　　　　　孙宾成（2015.10—2018.12）

　　　　　　　副主任　　　　　孙宾成（2003.1—2015.9）

　　　　　　　　　　　　　　　张　琪（女，2015.10—2018.12）

　　　　　生物技术研究室主任　乔雪静（女，2003.1—2018.12）

　　　　　　　副主任　　　　　乔雪静（女，2001.3—2002.12）

　　　　　园艺研究室主任　　　塔　娜（女，蒙，2003.1—2018.12）

　　　　　　　副主任　　　　　塔　娜（女，蒙，2001.3—2002.12）

　　　　　玉米研究室主任　　　徐长海（2003.1—2015.9）

　　　　　　　副主任　　　　　徐长海（2001.3—2002.12）

　　　　　　　　　　　　　　　朱雪峰（2015.10—2018.12）

　　　　　科技成果开发中心经理　李东明（2001.3—2015.12）

　　　　　　　副经理　　　　　张志龙（2001.3—2015.10）

　　　　　　　　　　　　　　　于奇升（2001.3—2015.9）

　　　　　科技成果推广科科长　于奇生（2015.10—2018.12）

　　　　　稻麦研究室副主任　　孙　艳（2015.10—2018.12）

　　　　　　　　　　　　　　　于晓刚（2015.10—2018.12）

　　　　　植保研究室副主任　　李殿军（2015.10—2018.12）

第二节　专业技术人员职称变化情况
（1998.1—2018.12）

1998.6	高级农艺师	李凤英
	农艺师	王淑芳　袁淑明
1998.7	助理馆员	毕晓伟
1999.6	高级农艺师	李东明
2000.7	高级农艺师	孙艳
2001.7	副研究员	刘淑华　张万海　闫任沛
	高级农艺师	塔娜　李惠智
2002.6	研究员	闫任沛
	副研究员	李惠智
	高级农艺师	邵玉彬
2002.9	农艺师	刘连义
	研究实习员	土贵平
	助理农艺师	孙东显
2003.7	研究员	刘淑华
	副研究员	李强　塔娜
	高级农艺师	王晓红
	助理研究员	孙宾成　乔雪静
2003.9	农艺师	任珂
2004.10	助理研究员	王贵平
2004.11	研究员	张万海
	高级农艺师	姜波
	农艺师	胡兴国
2005.9	农艺师	朱雪峰
2005.12	副研究员	姜波
2006.6	助理研究员	李殿军
2006.9	农艺师	张桂萍　徐燕　孙东显
	馆员	毕晓伟
2006.11	高级农艺师	张志龙　郑连义
2007.7	助理研究员	苏允华

2007.11	高级农艺师	常秋丽			
2008.9	研究员	李惠智			
	农艺师	于 平	王燕莉	于奇生	安广日
2009.9	农艺师	孟庆春			
2009.12	副研究员	孙宾成			
	高级农艺师	刘连义			
2010.12	研究员	李 强			
	副研究员	乔雪静	王贵平		
2011.8	助理研究员	张 琪	宋景荣		
	实习研究员	孙如建	刘秩汝		
	助理农艺师	于翠红			
2011.12	高级农艺师	任 珂			
2012.5	助理研究员	郭荣起			
2012.9	助理研究员	李 莉	于晓刚		
2012.12	副研究员	李殿军			
2013.9	农艺师	高广萍			
2013.12	副研究员	邵玉彬	苏允华		
	高级农艺师	胡兴国	许贞淑	徐长海	
2014.12	推广研究员	刘连义			
	副研究员	任 珂			
	高级农艺师	孙东显			
2015.4	二级研究员	刘淑华			
2015.9	农艺师（转系列）	张晓莉	毕晓伟		
	助理研究员	孙如建	邹 菲	胡向敏	
2015.12	研究员	孙宾成			
	高级农艺师	庞全国			
2016.12	研究员	乔雪静			
	副研究员	张 琪	胡兴国		
	高级农艺师	朱雪峰			
	农艺师	王占海	毕秀丽	于翠红	
	助理研究员	刘秩汝			
2017.4	二级研究员	闫任沛			
2017.12	研究员	姜 波			

	高级农艺师	于 平
	助理研究员	魏欣彤 柴 燊
2018.12	研究员	邵玉彬 塔 娜
	副研究员	郭荣起

第三节 历年退休人员情况（1998.1—2018.12）

一、不同时期退休人员

详见表 10-1。

表 10-1 退休人员统计

年 份	月 份	人 员
1998	2	张显贵 高广香 田双全 杨淑梅
	8	孟庆炎
	9	敖日勒玛
	10	姜兴亚
1999	8	郑桂茹 刘玉玲
	11	周瑞华 邹玉珍 韩桂芳
2000	1	于桂芬 吴长荣
2001	12	王 真 王万祥 田金马
2002	1	韩建华
2002	12	邵光仪
2003	10	王克伟
2004	7	刘砚梅
2005	10	李亚琴
2011	9	袁淑霞 田敏娟
	10	徐 燕
	12	王淑芳
2012	2	张桂萍
	4	程晓建
	9	李凤英
	12	常秋丽
2013	7	张万海
2014	5	陈良俊
	11	袁淑明
2015	6	刘淑华
	9	王克军

（续表）

年　份	月　份	人　员
2015	10	刘宝全
2016	1	徐长海
	3	程少栩
	6	张青
	12	刘连义
2017	10	冯占阁
2018	10	徐长庆
2018	11	布和

二、不同时期调入及分配人员（1998.1—2018.12）

2000.10　李殿军（统配）

2001.12　苏允华（统配）　庞全国　王贵平（调入）

2008　　于翠红　毕秀丽　杨志远　那一星（调入　统配　成人）

2009.5　张　琪　宋景荣　绿色通道（硕士研究生）

2009.12　郭荣起　胡向敏（硕士研究生）　孙如建（绿色通道）

　　　　　（硕士研究生985本科生）

2010.2　刘秩汝（统配）

2010.7　李　莉（硕士研究生）　考录

2010.8　于晓刚　绿色通道（硕士研究生）

2011.12　刘宝泉　调入

2012.8　王占海　调入　邹菲　绿色通道（硕士研究生）

2013.12　李　楠　绿色通道（硕士研究生）

2015.1　魏欣彤　绿色通道（硕士研究生）

2017.5　王心海　调入

2018.9　孙宇鑫　海　林　考录

三、不同时期调出人员名单

隋启君　朱　梅　苏二虎　弓仲旭　李　强　李　楠　王占海

第四节　科研工作

一、项　目

1. 国家"863计划"及农业部项目

2001—2005年承担国家"863计划"项目"大豆高效育种技术及优质、高产、多抗、专用新品种培育"；2002—2005年承担国家"863计划"项目"杂交大豆高效制种技术研究与应用——大豆高效育种技术研究与应用"。

2002—2003年承担农业部重大结构调整项目"东北高油大豆新品种选育与优质栽培关键技术研究"；2003—2005年承担农业部"948"项目"大豆优质种质资源和先进生产技术引进——大豆优质种质资源引进与改良"。

2004年承担农业部科技提升计划项目"农业部四大粮食作物综合生产能力科技提升试点行动—大豆综合生产能力科技提升试点行动"；2004年承担国家科技成果重点推广计划"高油大豆新品种生产应用与推广"；2005—2011年承担国家"十一五"科技支撑——"优异大豆基因资源发掘与种子创新利用""北方高油高产大豆育种技术研究及新品种选育"、国家科技支撑项目"大豆重迎茬高产栽培技术研究、国家高新技术发展计划（863）——"优质高产多抗专用大豆分子育种技术研究及新品种创制"、国家农业公益性行业科研计划"高寒地区大豆高产节本增效技术体系研究与建立"、国家现代农业产业体系建设东北高寒地区大豆抗逆育种（岗位专家）、国家农业科技跨越计划——内蒙古高油大豆新品种和大豆垄上三行窄沟密植技术与产业示范"。国家大豆"973"项目"国家育成大豆品种产量鉴定"；国家转基因重大专项——"东北早熟抗草甘膦大豆新品种"；内蒙古自治区科技厅项目"粮丰计划——高产大豆生产技术集成与示范"；自治区财政厅项目"高产抗病大豆新品种登科一号推广与应用"；承担国家"863"项目——"高产优质抗逆大豆分子育种与品种创制；"承担国家"973"项目——"高产优质重要性状形成基因互作效应分析——东北春大豆育成品种生态性状精准表型鉴定"。承担国家转基因重大专项——"东北抗除草剂转基因大豆新品种培育"；承担国家大豆联合育种攻关项目——"广适应性大豆新品种培育"；承担国家主要经济作物分子设计育种项目——"大豆分子设计育种"；承担国家大豆现代产业技术体系呼伦贝尔综合试验站项目；承担国家科技部北方优质新品种培育项目——"北方极早熟大豆优质高产新品种培育"；承担国家大豆良种攻关项目——"高产优质高效大豆新品种培育"；2001—2010年承担国家科技部政府间合作项目和国家外专局引智项目，与白俄罗斯合作开展马铃薯科研项目；2003—2005年、

2009—2012 年承担国家科技部国际科技合作专项，与白俄罗斯开展马铃薯科技合作研究；2001—2005 年承担国家"863"高新技术研究项目"马铃薯新型栽培种资源拓宽与杂种优势利用""优质高产抗逆农作物新品种选育及繁育技术研究"。2006—2010 年承担国家科技支撑计划项目"高产优质专用马铃薯育种技术研究及新品种选育"，2007—2010 年承担国家科技支撑计划项目"马铃薯产业发展中关键技术的研究示范——马铃薯种质资源的发掘、保存和创新与新品种培育"。2007—2009 年承担国家农业科技成果转化资金项目"马铃薯高淀粉品种'蒙薯 10 号'种薯产业化示范"（与鹤声薯业合作），2007—2010 年承担国家公益性行业科研专项"马铃薯旱作节水栽培技术研究与集成示范"；2009—2012 年承担国家科技部科技合作专项"马铃薯产业发展关键技术'新型培养基'的研发推广"与（白俄罗斯合作）。2008—2010 年承担国家科技部政府间国际合作项目"白俄罗斯新型脱毒马铃薯人工培养基质应用和产业化研究"；2007—2009 年承担内蒙古科技厅国际科技合作计划项目"农牧业、高新技术国际合作交流"与（秘鲁、巴西、加拿大合作）；2008—2012 年承担国家马铃薯产业技术体系呼伦贝尔综合试验站；还有国际科技合作基地建设，内蒙古马铃薯工程技术研究中心建设（育种研究室），国家马铃薯品种区域试验与内蒙古马铃薯品种区域试验。

承担国家大豆分子设计育种——"负责聚合优异基因创制育种新材料和新品种的选育"；参加国家产业体系——呼和浩特食用豆综合试验站的试验示范、调查工作；和内蒙古农牧业科学院植保所开展农药试验；参加内蒙古协作项目"马铃薯疮痂病调查及防治研究"；参加呼伦贝尔市科技局协作项目"食用豆引进与推广研究；"

2. 自治区项目

1996—2000 年承担内蒙古自治区科技攻关计划项目"大豆优质、高产、抗病新品种选育和配套丰产栽培技术研究"；2001—2003 年承担内蒙古自治区科技攻关计划项目"优质、早熟、抗病大豆新品种选育及推广应用"；2004—2006 年承担内蒙古自治区重大科技专项"优质高产大豆新品种选育及综合栽培技术示范研究"。内蒙古自治区"十一五"专项"大豆新品种创制及新品种开发"、内蒙古自治区科技支撑项目"高产、优质、多抗大豆品种选育及高新技术的应用研究"、内蒙古自治区"十一五"专项"大豆种质创新和高产、高油（蛋白）多抗新品种选育及示范"、国家转基因重大专项"抗除草剂大豆新品种选育"，承担和主持国家大豆区域试验和生产示范、内蒙古自治区大豆区域试验和生产示范。承担内蒙古大豆十二五"粮丰计划"项目——"大豆品种繁育及栽培技术研究"；承担内蒙古十二五"粮丰计划"项目——"高产大豆生产集成技术核心区示范"；承担内蒙古自治区农牧业科学院青年创新基金项目——"大豆早熟矮化基因发掘与利用"；承担国家大豆绿色高效技术集成示范项目——负责内蒙古地区的绿色高效高产示范田的建立；承担内蒙古农牧业科学院青年创新基金项目——"特早熟大豆资源创新与利用"；承担内蒙古自治区大兴安岭东麓大豆节本增效和高产低耗栽培技术集成与示范——早熟大豆品种鉴选及配套节本增效综合技术研究与示范；承担内蒙古自治区优质高产大豆新品种培育及均衡增产增效关键技术集成与示范——"早熟大豆优质抗逆新品种选育及增效综合技术研究与示范"。承担国家科技部"十二五"科技支撑计划项目——"马铃薯优质生产与产业升级技术研究与示范——华北区马铃薯高效生产技术研究与集成示范；承担国家科技支撑计划项目——"马铃薯优质生产与产业升级技术研究与示范——华北区马铃薯高效生产技术研究与集成示范"。承担国家外专局国际合作引智项目——"引进马铃薯高淀粉品种资源和配套新技术的示范推广"；中国和白俄罗斯政府间科技合作项目——"新型培养基技术复合体的应用研究（国家科技部项目；2014—2016年）；承担呼伦贝尔市科技局"马铃薯高淀粉新品种蒙薯19号、蒙薯21号、维拉斯及配套种植技术推广项目。"同内蒙古农业大学协作承担国家科技支撑项目——粮食丰产科技工程"内蒙古玉米大面积均衡增产技术集成研究与示范项目"。

3.呼伦贝尔市级项目

承担呼伦贝尔市科技局项目"适于机械化收获早（中早）熟玉米新品种选育及开发"；承担呼伦贝尔市科技局项目"高寒地区早熟玉米新品种选育及产业化研究；"承担呼伦贝尔市科技局"玉米保水促熟稳、增产技术集成与示范"；承担呼伦贝尔市科技局项目——"耐密抗逆穗产玉米筛选试验"；承担呼伦贝尔市科技局项目——"高寒地区早熟极早熟玉米新品种选育试验"；承担呼伦贝尔市科技支撑计划项目"呼伦贝尔市玉米粮改饲新品种选育"。参加内蒙古自治区草原英才工程——"水稻综合开发及高效栽培技术集成研究与推广"创新人才团队项目；主持呼伦贝尔有机水稻栽培技术示范与推广项目。"大豆育种人才创新团队"获内蒙古自治区党委组织部批准为草原人才工程项目，3年资助50万元，用于大豆创新育种。

二、成果及奖励

（1）"国审大豆蒙豆14号品种选育及推广应用"获2013年度呼伦贝尔市科技进步一等奖。

（2）"向日葵有害生物及综合防治研究"获2013年度呼伦贝尔市科技进步三等奖。

（3）"向日葵有害生物综合防治研究与推广"获2013年内蒙古自治区丰收二等奖。

（4）"高产高油国审大豆新品种登科1号推广应用"获2014年内蒙古自治区农牧业丰收三等奖。

（5）"马铃薯高淀粉资源的引进与开发利用推广"获2014年内蒙古自治区农牧业丰收三等奖。

（6）"野生榛子栽培技术研究与推广"获内蒙古农牧业丰收二等奖。

（7）"野生榛子人工栽培技术研究"获呼伦贝尔市科技进步三等奖。

（8）高产优质大豆蒙呼 14 号、蒙豆 36 号、登科 1 号品种选育及推广应用获内蒙古自治区科技进步二等奖。

获大豆品种保护权的品种有：蒙豆 9 号、蒙豆 12 号、蒙豆 30 号、登科 1 号、蒙豆 37 号、蒙豆 38 号、蒙豆 44 号、蒙豆 45 号、蒙豆 359 号、蒙豆 1137 号、蒙豆 33 号、蒙豆 36 号。

蒙豆 9 号、蒙豆 12 号、蒙豆 14 号、蒙薯 10 号被列入国家科技部等五部委重点科技新产品计划并确定为国家重点推广品种。

育成的大豆品种有：蒙豆 6 号、蒙豆 7 号、札幌绿、蒙豆 9 号、蒙豆 10 号、蒙豆 11 号、蒙豆 12 号、蒙豆 13 号、蒙豆 14 号、蒙豆 15 号、蒙豆 16 号、蒙豆 17 号、蒙豆 18 号、蒙豆 19 号、蒙豆 20 号、蒙豆 21 号、登科 1 号、登科 3 号、蒙豆 26 号、蒙豆 28 号、蒙豆 30 号、蒙豆 31 号、蒙豆 32 号、蒙豆 33 号、蒙豆 34 号、蒙豆 35 号、蒙豆 36 号、蒙豆 37 号、蒙豆 38 号、蒙豆 39 号、国审大豆蒙豆 359、蒙豆 44 号、蒙豆 45 号 33 个。

育成的马铃薯新品种有：呼转基因薯 1 号、呼转基因 2 号、蒙薯 10 号、蒙薯 12 号、蒙薯 13 号、蒙薯 14 号、蒙薯 16 号、蒙薯 17 号、蒙薯 19 号、蒙薯 20 号、卫道克、维拉斯 12 个。

育成玉米新品种有：呼单 9 号、呼单 10 号。

先后同秘鲁国际马铃薯中心、巴西圣保罗农院、白俄罗斯国家农科院、加拿大、日本等国进行科技合作；到德国、美国、秘鲁、巴西、意大利、朝鲜等国进行学术交流；国内同内蒙古农牧业科学院、河北敦煌种业、黑龙江省农科院克山所、内蒙古鹤声薯业、黑龙江省农垦总局等科研院所长期合作。

先后争取立项并建成的项目有：内蒙古自治区大豆引育种中心（2001 年，自治区项目，拨款 350 万元），国家大豆改良中心呼伦贝尔分中心（2002 年，国家项目拨款 1 100 万元；国家大豆改良中心呼伦贝尔分中心二期建设项目获批，总投资 473 万元，其中中央预算内投资 400 万元，地方配套 40 万元，自筹 33 万元），国家大豆原原种基地建设（2003 年国家项目，拨款 290 万元），国家马铃薯产业技术体系呼伦贝尔综合试验站、国家科技部授予"国际合作交流基地"，国家重点新产品计划——大豆、马铃薯项目实施，内蒙古农牧业科学院呼伦贝尔分院（农业）。

第五节 党组织

总支书记　　刘连义（2001.8—2016.12）

副书记　　　刘维森（2001.8—2004.8）

于　平（2016.7—2018.12）

根据中共扎兰屯市直属机关工委扎市直党工委字（2001）34号"关于呼盟农科所党总支换届选举结果的批复"：

党 总 支 书 记：刘连义

党总支副书记：刘维森

组 织 委 员：于　平

宣 传 委 员：李东明

纪 检 委 员：闫任沛

根据中共扎兰屯市直属机关工作委员会扎市直工委字（2004）82号"关于呼伦贝尔市农科所党总支换届选举结果的批复"：

党 总 支 书 记：刘连义

党总支副书记：刘维森

组 织 委 员：于　平

宣 传 委 员：李东明

纪 检 委 员：闫任沛

根据中共扎兰屯市直属机关工作委员会扎市直工委字（2016）35号"关于同意呼伦贝尔市农科所新一届党总支委员会组成人员及分工的批复"：

党 总 支 书 记：刘连义

党总支副书记：于　平

委　　　　员：闫任沛

委　　　　员：李东明

委　　　　员：李殿军

第十一章
扶贫工作

呼伦贝尔市农业科学研究所作为扎兰屯外驻单位，是一所综合性农业科学研究的地区级科研单位，从1997年开始，根据扎兰屯市委、市政府的统一安排，先后对扎兰屯市中和镇库堤河村、架子山村、光荣村开展扶贫工作，为扎兰屯经济发展作出了显著贡献。2016年4月，根据中央、自治区和呼伦贝尔市、扎兰屯市关于坚决打好脱贫攻坚战的决策部署和要求，确保扎兰屯市2020年圆满完成脱贫攻坚工作任务。呼伦贝尔市农业科学研究所按照扎兰屯市委、市政府相关脱贫攻坚工作任务安排，坚持把脱贫攻坚工作作为最大政治任务，根据贫困村实际情况及本单位工作特点，积极开展扶贫工作。

一、扶贫责任目标

呼伦贝尔市农业科学研究所定点帮扶扎兰屯中和镇光荣村。在对口帮扶中和镇光荣村十多年工作的基础上，根据光荣村基本情况，精准选派帮扶干部，根据贫困户致贫原因有针对性的落实帮扶措施，因户因人施策，确保脱贫人中全部达到脱贫标准，做到"建档立卡贫困人口识别精准度、建档立卡贫困人口脱贫退出准确度、建档立卡贫困户满意度、建档立卡贫困人口受益度"全部达到"区贫县"摘帽标准。

二、扶贫工作组织领导

2016年4月，呼伦贝尔市农业科学研究所成立扶贫工作领导小组。组长：刘连义，副组长：李东明、闫任沛，成员：于平、冯占阁、李殿军。2017年1月，呼伦贝尔市农业科学研究所扶贫工作领导小组作了相应调整。组长：闫任沛，副组长：李东明，成员：于平、姜伟、孙宾成、李殿军。扶贫工作领导小组工作职责是：负责全所扶贫攻坚工作，部署和落实扎兰屯市委、市政府的扶贫工作任务。根据实际对每个阶段工作提出具体要求，制订扶贫工作方案。加强对全所精准扶贫工作的指导、督促和检查，及时掌握进展情况及存在的问题，并提出要求切实加以解决；根据工作需要不定期地召开领导小组会议，及时传达贯彻上级党委政府对精准扶贫工作的新部署、新要求。

三、扶贫干部的选派和结对帮扶情况

2016年4月，经所扶贫工作领导小组研究决定，选派正、副科级干部12人帮扶54户贫困户。2017年，由于工作原因，对帮扶干部帮扶对象进行调整。2018年，按照精准扶贫工作要求，呼伦贝尔市农业科学研究所扶贫工作领导小组经过研究决定，将单位大豆、马铃薯、玉米、园艺、植保、水稻等专业优秀的科技人员纳入帮扶干部队伍，帮扶干部增加到32人结对帮扶54户贫困户。做到一名帮扶干部对接1～2户贫困户（表11-1，表11-2）。

表11-1 2016年呼伦贝尔市农业科学研究所帮扶干部结对帮扶贫困户

帮扶干部	职　务	贫困户
刘连义	所长	初洪章、董占玉、秦林春、赵庆伟、李古元、姜文峰、张玉明
闫任沛	副所长	董云国、郝春林、姜文和、李权、张玉斌、董钦宝、侯福顺
李东明	副所长	苗庆芳、陈晨、姜明悦、梁晓明、肖继军、杨成金、胡玉发
于　平	科技管理科科长	隋彦富、孙玉坤、姜文波、姜秀玲、于样军
冯占阁	办公室主任	王显龙、徐庆、曹桂清、刘春学、侯福林
孙宾成	大豆研究室主任	董占有、郝春会、王洪利、王金龙
于奇生	科技推广科科长	苗金富、彭贵、陈永学、姜文才、王洪有
朱雪峰	玉米研究室副主任	阎玉辉、于亚玲、夏本文、阎玉金
姜　伟	办公室副主任	李宝平、胡长有、苗喜雨、隋志财
姜　波	马铃薯研究室副主任	孟庆荣、孙万金、孙万忠、王长利
李殿军	植保研究室副主任	梁国生、姜文海、李万华、秦迎春
于晓刚	稻麦研究室副主任	唐明文、唐树春、刘永贵、杜彦国、刘秉权

表11-2 2018年呼伦贝尔市农业科学研究所帮扶干部结对帮扶贫困户

帮扶干部	职　务	贫困户
闫任沛	代所长	张玉斌、张玉明
李东明	副所长	胡玉发、杨成金
于　平	科技管理科科长	孙玉坤、姜秀玲
孙宾成	大豆研究室主任	王洪利、侯福林
姜　波	马铃薯研究室副主任	王长利、孟庆荣
于奇生	科技推广科科长	陈永学、孙淑琴
张志龙	副研究员	姜文才、唐明文
孟庆春	农艺师	曹桂清、董钦宝

（续表）

帮扶干部	职　务	贫困户
郑连义	高级农艺师	姜文峰、秦迎春
塔　娜	园艺研究室主任	于样军、初洪章
李殿军	植保研究室副主任	秦林春、李万华
张　琪	大豆研究室副主任	王金龙、苗庆芳
胡兴国	副研究员	陈　晨、肖继军
孙　艳	稻麦研究室副主任	王显龙、刘永贵
任　珂	副研究员	孙万忠
王贵平	副研究员	唐树春
安光日	农艺师	董占玉
宋景荣	助理研究员	孙万金
刘秩汝	助理研究员	刘秉权
王晓红	高级农艺师	李红彦
王燕莉	农艺师	姜文波
张晓莉	财务科科长	李古元
毕秀丽	农艺师	苗喜雨
姜伟	办公室主任	隋志财
徐长庆、海林	农艺师	董占有
郭荣起	副研究员	赵庆伟
邵玉彬	高级农艺师	姜明悦
于晓刚	稻麦研究室副主任	杜彦国
邹　菲	助理研究员	胡长有
高广萍	农艺师	李宝平
朱雪峰	玉米研究室副主任	阎玉辉、闫玉金、夏本文、于亚玲、刘春学
孙东显	高级农艺师	董云国、郝春林、姜文和、李权、侯福顺

四、扎实开展扶贫工作

1. 做好扶贫攻坚基础工作

帮扶干部根据贫困户致贫原因，制订扶贫计划和采取相应的帮扶措施，为每户贫困户建立的扶贫挂历、二维码、扶贫手册、三本帐、建档立卡证等台账建立工作台账。并按照扎兰屯扶贫工作要求，定期入户帮扶、上传帮扶日志。真正做到每名帮扶干部都对所要帮扶的对象家庭及困难情况真正全面的了解。

帮扶干部认真学习扶贫政策并且加强与贫困户的沟通，加强思想教育，坚持扶贫和扶智相结合，让贫困户消除疑虑，增强贫困户的脱贫意识，树立勤劳致富争取早日脱贫的信心。

2．充分发挥农业科研优势，提高贫困户农业种植技术水平

（1）开展农业科技培训。2016—2018年，呼伦贝尔市农业科学研究所在中和镇开展农作物高产栽培技术，农药、化肥减量增效技术，主要农作物新品种、种植新技术，农药安全合理使用等科技培训2 000余人次。发放大豆、玉米种植指导明白纸5 000余份。通过农业科技培训，农民种植技术水平明显提高，科学种田大幅度提升。

（2）帮扶干部积极指导贫困户农业生产。产前、产中、产后全程指导生产，引导村民进行种植业转型，加大绿色食品种植面积，以种植和养殖相结合，提高抵御风险的能力。

（3）开展"送技术、送成果"科技扶贫活动。2018年32名帮扶干部无偿为82户贫困户提供价值4万元优质种子，农研所选育的蒙豆15、蒙豆30大豆种子4 100kg（每户50kg），科技成果推广科引进脱毒马铃薯兴佳2号无偿提供给82户贫困户2 500kg（每户25kg），让他们成为新科技、新成果的体验者。

（4）利用光荣村交通和地域优势，把本单位一些科研项目移至光荣村种植大户组织实施，起到示范带头作用。例如：优质品种试验示范，植保新产品应用与推广等。

（5）组织一批光荣村贫困户年青劳动力到中和镇呼伦贝尔市农研所试验基地务工与学习种植技术相结合，帮助开眼界、换思想、学技术、长本领，以解决光荣村剩余劳动力，增加群众现金收入。

3．开展多种形式的慰问送温暖活动

帮扶干部为贫困户送去各种生产、生活用品，包括衣物、米面、家用电器、农资及钱物等，贫困户减少了农业生产和生活支出（表11–3）。

表11–3　呼伦贝尔市农业科学研究所精准扶贫期间资助款物统计

年份	帮扶物资及钱款	钱物支向及用途	折合人民币
2016	30 000元，1.5t复合肥	用于建设光荣村委会 用于帮扶贫困户	34 500元
2017	1 200元，大米300kg、色拉油30kg、10t优质煤	用于帮助贫困户交纳养老保险金 春节慰问贫困户 用于村委会冬季取暖	11 000元
2018	优质大豆种子4 100kg、脱毒马铃薯种子25 00kg、月饼165kg 优质煤5t	用于帮扶82户贫困户 中秋慰问贫困户 用于村委会冬季取暖	43 000元

呼伦贝尔市农业科学研究所通过对中和镇光荣村三年的帮扶工作，贫困户农业种植水平和思想认识有了很大的提升。根据脱贫攻坚决胜阶段的总体要求，我们还将一如既往加大科技扶贫力度，把光荣村打造成农业科技成果示范基地、绿色食品生产基地，让全体村民共同迈向小康社会。

第十二章
南繁基地

一、南繁工作的重要意义

海南岛是我国唯一的天然大温室、绿色基因库。1956年到20世纪60年代，老一代育种专家就提出了南繁加代理论。通过南繁加代可以明显缩短农作物育种时间，加快新品种选育过程，及时为生产提供早熟、高产、优质、抗逆性强的优良品种。南繁工作不可缺少，尤其在目前新品种出现"井喷"现象，加之国外品种快速进入我国种业市场，品种竞争日趋激烈的残酷现实面前，南繁工作凸显重要，农业科研院校和国内外种业公司纷纷在海南三亚、陵水、乐东等适宜区建立南繁育种基地，充分利用海南冬季光热充足的特殊气候条件，每年加代1～2次，可较北方正常育种时间缩短1/2～2/3，极大地提高了育种效率，同时国内外农业专家、学者、科技人员聚集海南，互相交流育种经验、互相学习、共同进步；互相交流材料，互相合作，取长补短，互惠互利，共同发展。

二、崖州育种基地人文、自然环境条件

崖州古城是秦始皇时期设置的南方三郡之一象郡，唐武德五年改为振州郡，宋开宝五年改为崖州郡，清光绪31年升为直隶州，民国元年改为崖县，解放之后改为崖州镇，2015年改为崖州区。

早期崖州地望遥远，瘴疬严重，社会经济发展落后，自隋唐以来贬谪流放到崖州的有：皇子、宗王、宰相、大臣等二十多人。

崖州是古代丝绸之路商舶往来的必经之路，历史文化源远流长，居住黎、苗、壮、回、汉等民族。经历中原文化、海洋文化、岭南文化的交汇融合，具有朴直、善良、务实、兼容、敢闯的特性，一方水土养一方人，孕育出多姿多彩的民俗文化，创造出别具特色的非物质文化遗产，为中国历史文化名镇。

崖州境区位于海南岛最南端，北纬18°350′、东经109°183′，地处宁远河中下游田野中原，北靠高山，南临大海，低海拔，属于热带海洋性季风气候区，光照充足，年平均气

温 25.7℃，1 月气温最低，平均气温 21.4℃，7 月气温最高，平均气温 28.7℃，年平均日照时数 2 534h，昼夜温差小，空气湿度大，年降水量 1 300mm 左右，6—8 月是台风入侵华南通道，降雨大部分集中在夏季，冬季降水较少。植被丰厚，土地肥沃，水利设施完善与自然资源丰饶，交通方便，生态环境优越。

1962 年四川省农业科学院首次在崖城良种场冬季南繁玉米获得成功，从此影响全国，各省（区）市科研院校等育种人员纷至沓来。

每年的 10 月至次年 5 月为南繁黄金期，全国约 700 家科研单位，6 000 多名科技人员汇聚海南三亚、陵水、乐东等地进行作物基础性研究、品种选育、种子鉴定和种子生产。崖州区是海南最重要的南繁基地，国家重点科研部门、院校及大种业的南繁基地都集中在崖城地区，是名符其实的南繁核心区。

此外，每年冬季，崖城乡村人勤春早，绿翠田园，与南繁同步进行的是果蔬生产，各种应市的新鲜蔬菜瓜果通过绿色通道，渡海峡、过岭南、越黄河，源源不断进入大陆市场。

三、南繁的主要工作

1. 育种材料加代工作

多为亲本材料北、南连续加代，加速自交材料性状稳定一致，为配制杂交组合做好育种基础准备工作。

2. 配制杂交组合工作

各育种单位多在海南配制杂交组合，以玉米为例，一般配制杂交组合数在 2 000～10 000 份，有实力育种单位更多，增大苗头组合选育基数，提高产生优良组合概率。

3. 优异种子材料繁殖工作

各育种单位准备参加区域试验或审定推广的品种，多在海南高倍繁殖亲本或生产杂交种子，尽快生产利用，产生效益，服务社会。

4. 种子生态鉴定工作

利用海南高温、高湿、多菌、多虫等特殊气候条件，对大陆新育成的品种或亲本自交材料进行生态适应性鉴定，效果明显。大陆北方品种以玉米为例，易感茎腐病、叶锈病、粒腐病、性器官返祖、超早熟材料不易结籽粒等不良反应。

5. 种子纯度鉴定工作

当年在大陆生产的玉米、大豆、水稻、高粱等作物种子在海南小面积田间种植，进行种子纯度鉴定要比试验室内发芽试验准确率高。

6. 种子资源引入工作

通过交流、收集各类种子资源，增加种子资源多样性，拓宽遗传基因距离，有利于创新品种或突破性优异种子的选育。

四、南繁育种历程

呼伦贝尔盟南繁育种始于 1969 年冬。

（1）1969—1970 年，南繁人员：布特哈旗种子站刘永厚、呼伦贝尔盟农业科学研究所臧德珍、杨旭年、沈蕴章、于祥芝、高德全等，住宿在崖城公社保港大队部，南繁作物大豆、玉米，面积 0.67～1hm²/年，以繁殖种子为主，只进行少量的自交亲本加代选育，生产种子 600～800kg/年。

（2）1972—1977 年，南繁人员：布特哈旗种子站刘永厚、大河湾农场范守江，成吉思汗劳改农场阚延佐，布特哈旗良种场孙焕田、杨德军，布特哈旗惠风川公社良种场王万祥，呼伦贝尔盟农业科学研究所臧德珍、杨旭年、沈蕴章等，住宿崖城公社保港大队部，南繁大豆、玉米面积 1～1.33hm²/年，生产种子 1 000～1 200kg/年

（3）1986—1988 年，南繁人员：呼伦贝尔盟种子公司邱方吉，扎兰屯市种子公司张培远，扎兰屯市原种场任殿玖、潘洪志，呼伦贝尔盟农研所王万祥、陈新民、刘少新，住宿崖城供销社旅店，南繁玉米、大豆面积 0.8～0.93hm²/年，生产种子 1 400～1 600kg/年。

（4）1989—2000 年，南繁人员：呼伦贝尔盟农业科学研究所孙宾成、徐长海、苏欣，扎兰屯市原种场杨永财，住宿崖城畜牧场吉林农大南繁育种基地，南繁玉米、大豆面积 0.67～0.8hm²/年，生产种子 1 200～1 500kg/年。

（5）2001—2006 年，南繁人员：呼伦贝尔市农业科学研究所孙宾成、徐长海、孙如建、柴燊，扎兰屯市原种场杨永财，住宿崖城畜牧场吉林农大南繁育种基地，南繁作物玉米、大豆面积 0.93～1.07hm²/年，生产种子 1 600～1 800kg/年。2002—2006 年大豆南繁种植二季。

（6）2007—2009 年，南繁人员：呼伦贝尔市农业科学研究所孙宾成、胡兴国、柴燊，住宿崖城镇水南一村农户黎圣丰家，南繁大豆面积 0.4～0.53hm²（含二季加代面积）/年，生产大豆种子 600～800kg/年，同年南繁的还有扎兰屯市原种场杨永财。

（7）2010—2012 年，南繁人员：呼伦贝尔市农业科学研究所张万海、孙宾成、张秀芝、迟荣花、于凤云，住宿崖城镇大蛋村农户家；庞全国、柴燊、扎兰屯市原种场杨永财、扎兰屯市农丰科技研究所王万祥、王世军住宿在水南一村黎圣丰家，农研所南繁大豆、玉米面积 0.67～0.8hm²/年（含大豆二季加代），生产种子 1 200～1 400kg/年。

（8）2012 年，根据科研育种的迫切需要，经所务会研究决定，在海南建立南繁育种基地，2012 年 3 月 20 日《南繁育种基地项目建设方案》上报主管单位呼伦贝尔市农牧业局，文号（2012）10 号。

（9）2013 年 3 月 17 日呼伦贝尔市农牧业局批复《关于实施市农业科学研究所南繁育种基地项目建设的报告》，同意启动基地项目建设。2013 年 5 月 25 日，刘连义所长带队一行 3 人前往三亚市崖城镇进行基地选址，经多点比较，综合考量后确定在水南独村建立呼伦贝尔市农业科学研究所海南育种基地。基地由两部分组成，即基地设施建设和田间试验用地。

① 基地设施建设在水南独村一组村西，占地面积 440m²，建筑面积 274m²。2013 年 6 月 1 日由广东省湛江市粤西建筑工程公司负责施工建筑，11 月 30 日基本完工，12 月份科技人员入住使用。自筹投入资金 1 449 770 元。2013 年租用水南独村土地进行南繁，南繁人员：孙宾成、庞全国、柴燊，大豆面积 7 亩 0.47hm²，玉米面积 3 亩 0.2hm²，因受 11 月 13 日强台风"海燕"影响，产量减少，生产种子 700kg。一同南繁还有扎兰屯市原种场杨永财。海南育种基地建成后南繁人员的工作条件、生活环境明显得到改善，充分调动科技人员工作积极性，全身心地投入到育种事业中去。"南北一线牵，冰火两重天，为圆育种梦，行走天地间"，表达了南繁人员忠于事业，全年劳作的奋斗精神。

② 基地田间试验用地。2014 年 11 月 26 日合同租赁三亚市崖城镇大蛋村六组林葆康土地 1.33hm²，地块在水南独村西边葫芦地，租期十年，租金 40 万元。2014 年南繁面积 1.33hm²，作物玉米、大豆，南繁人员孙宾成、庞全国、柴燊、杨永财、王世军。生产种子 2 500kg。

（10）2015—2016 年，因租地户林葆康与本村农户发生土地纠纷案，租用土地不能继续使用，临时租用水南独村土地进行南繁，2016 年与林葆康解除土地租用合同，剩余租金全部退回至农研所财务室。

① 2015 年大豆南繁面积 0.6hm²（中国农业科学院 0.2hm²），生产种子 1 300kg，玉米面积 0.33hm²，生产种子 700kg，马铃薯试种 8 个品系，面积 333m²，南繁人员：刘淑华、徐长海、庞全国、柴燊、王万祥、王世军、杨永财。② 2016 年大豆南繁面积 0.6hm²（中国农业科学院二季 0.2hm²），生产种子 1 300kg，玉米面积 0.33hm²，生产种子 700kg，马铃薯品系试种 10 份材料，南繁人员：徐长海、庞全国、任珂、孙如建、柴燊、魏欣彤。

（11）2017 年租用崖城水南独村唐土金土地 1.13hm²，地块在水南独村高家坡，租用期限 8 年，即 2017 年 8 月 15 日至 2025 年 8 月 15 日，租金 326 400 元。2017 年大豆南繁面积 0.47hm²，玉米面积 0.33hm²，生产种子 1 800kg，南繁人员：庞全国、李惠智、郭晶志、柴燊、杨永财、王世军。

（12）2018 年南繁大豆面积 0.6hm²（中国农业科学院 0.2hm²），玉米面积 0.27hm²，生产种子 2 000kg。南繁人员：孙宾成、庞全国、李惠智、郭晶志、柴燊、杨永财、王世军。

五、南繁育成品种

1. 大豆品种

蒙豆 12-13，蒙豆 16-18，蒙豆 20，蒙豆 26，蒙豆 28，蒙豆 30-46。

2. 玉米品种

呼单 1-2 号，呼单 4-6 号，呼单 8-10 号。

3. 合作育种

2012 年开始呼伦贝尔市农业科学研究所与扎兰屯市原种场开展玉米合作育种，2015年春审定育成极早熟玉米杂交种呼单 517，2019 年春审定育成极早熟玉米杂交种仁合319。

4. 资源引入

自南繁以来交流引入玉米大豆亲本材料 1 000 份左右，丰富种子资源，提升创新育种能力。

经过全体科技人员 50 年辛勤工作，育成大豆新品种 25 个，玉米新品种 10 个，为呼伦贝尔市乃至东北地区的农业生产做出巨大贡献，南繁育种功不可没。

六、南繁业务联系

（1）自 2013 年海南育种基地建成后，每年去海南都要及时向内蒙古自治区南繁办报到，汇报年度南繁计划和有关南繁项目建设等主要工作安排情况，经常保持沟通联系，认真贯彻落实区南繁办工作布置，按时完成工作任务，积极参加区南繁办在海南组织的各项活动，取得上级领导对南繁工作的支持、帮助。

（2）经常与海南省南繁管理局（国家南繁办公室）沟通联系，定期办理南繁种子出入境植物检疫手续，积极配合南繁局对育种基地定期植物检疫和农作物转基因检查工作，主动汇报南繁工作。通过我们积极工作，努力争取，海南育种基地已进入南繁保护区内，今后将享受国家对保护区内育种基地有关优惠政策待遇。

（3）积极与三亚市农业局、崖州区政府、区农业局、崖城南繁总公司保持联系，争取他们对南繁育种工作的理解、支持和帮助。

（4）积极支持配合水南村委会对辖区的管理工作，遵守当地村规民俗，南北融合，在共同环境内工作、学习、生活，在保证南繁人员安全的前提下，团结一致共同完成南繁育种任务。

（5）与友好育种基地保持联系。工作闲暇时间，经常与赤峰农科院基地、包头市农科院基地、通辽市农科院基地、内蒙古垦丰种业基地、内蒙古九丰种业基地、吉林农大育种基地等专家、学者进行南繁育种业务交流、育种材料交换等活动，互相学习，取长补短，增进友谊，团结互助，共同提高。

七、南繁科技城规划建设简述

为贯彻落实《中共中央国务院关于支持海南全面深化改革开放的指导意见》，加速推进海南自由贸易试验区建设，为了发展南繁事业，2012年海南省决定在三亚崖州湾建立科技城，项目包括：南繁科技城、深海科技城、大学城、南山港和全球动植物种子资源中转基地。规划范围：东起西线铁路，西至南山港和崖州湾滨海，南起港口路，北至宁远河。规划范围总面积2 614.75hm²，其中南繁科技城401.84hm²，区位于崖州科技城中部，分三期完成南繁科技城建设项目。一期工程用地60.6hm²，其中征用水南独村用地9.6hm²。

南繁科技城重点打造国家南繁科研育种基地、国家热带农业科学中心。南繁科技城主要功能是：以农作物育种、畜牧水产和林木花草育种为重点的南繁科技平台与服务枢纽；以生物育种科技、国际种业交易、种业知识产权交易为重点的国际种业服务；以热带特色作物科技、热带特色农业服务、热带特色农科旅游服务为重点的热带农科。

南繁科技城是以南繁科技产业和科教为核心。包括国家南繁试验室和科技创新平台、南繁商务服务和科研生活保障区、南繁贸易检验检疫及科技交流展示区。

国家南繁生物育种专区项目是国家唯一以农作物育种等科研育种为主，集农作物育种加代、种子扩繁、以及生物育种技术与品种科普展示功能于一体的试验基地，是保障南繁生物育种安全、用地稳定、管理有序、服务高效的国家级科研试验基地和科研育种平台，为全国南繁单位提供"一站式"服务。"南繁硅谷"承载南繁事业，乘风破浪，平稳远航！

第十三章
科研平台

第一节 大豆平台建设

2002 年建国家大豆改良中心呼伦贝尔分中心、2014 年进行呼伦贝尔大豆改良分中心二期建设，2017 年国家农作大豆育种创新（育种）呼伦贝尔基地立项，2008—2016 年国家大豆产业体系特早熟育种岗位建立，2017 年始建成国家大豆产业技术体系呼伦贝尔综合试验站。

"国家大豆改良中心呼伦贝尔分中心"一期建设项目于 2002 年实施，国家投资 950 万元，2005 年通过竣工验收。一期工程建设了生物室、检测室、种子库、农机库、挂藏室、考种室、晾晒场、温室、网室、机井、水利设施等基础设施，购置了配套实验仪器和农机具，达到了分中心的功能要求，适应了当时育种水平的需要。项目运行后，在大豆种质资源收集与改良、育种理论与方法的创新研究、重大科技攻关、人才培养、大豆新品种培育等方面发挥了重要作用，并逐步完善了运行与管理机制。二期项目建设国家投入 400 万元，主要建设了低温种子库、中和晾晒场、温室改造、农机具升级、试验仪器更新、中和试验田改造、机井喷灌设备升级改造等。

通过国家大豆改良中心呼伦贝尔分中心的建设，科研基础条件得到极大提高，建成了现代化的生物实验室、生理生化分析室，试验田更加标准。为进一步选育品种服务生产提供了保障。

平台的建设和完善，进一步加强育种基础理论的研究，深入探讨优质、高产的协同统一；加强新品种选育，通过常规育种技术与分子育种技术相结合，挖掘资源的遗传潜力，缩短新品种选育年限，加快育种进程；重点突破分子标记辅助育种与常规育种结合的育种方法，采用分子生物学的手段，应用生物技术与常规育种相结合，构建和识别优异的变异个体，变传统育种为现代育种，促进大豆遗传改良由表型选择向基因型选择的转变；实现对品种的全基因组选择，实现转基因技术在大豆育种中的应用，创新育种技术，提升转基因育种水平，在大豆品种的培育上迈上新台阶。

同时，大豆产业技术体系东北特早熟岗位、呼伦贝尔综合试验站，国家重大专项转基因育种，国家七大作物育种项目、国家良种重大科研联合攻关项目相继落实在呼伦贝尔市农业科学研究所，这些项目的参与，稳定了科研经费的投入，保证了科研的有序计划执行。

通过平台建设，加强了与其他科研单位的合作，如与中国农业科学院合作进行分子设计育种，与河北省农科院合作进行大豆不育轮回群体构建，丰富早熟品种基因的多样性，与东北林业大学合作开展耐旱耐盐基因的筛选，大豆突变体的诱变筛选等。

加强了与基层推广单位的合作。国家大豆产业体系呼伦贝尔综合试验站与五个示范县，把集成体系研发的最新成果进行快速展示推广，如秸秆还田技术、整地技术、土壤培肥技术、根瘤包衣技术、减肥减药技术、全程机械化等得到全面的实施，使种植效益得到极大提高。

第二节　国际科技合作基地

国际科技合作基地项目来源于国家科技部，由内蒙古科技厅科技合作处负责项目的实施，内蒙古自治区共有八个国际合作基地，呼伦贝尔市有两个，呼伦贝尔市农业科学研究所是其中之一。

2007年11月28日，呼伦贝尔市农业科学研究所被国家科技部授予"国际科技合作示范基地"，该基地的建成为农研所开展国际交流与合作研究创建了良好的科研平台。

国际科技合作基地主要开展马铃薯方面的国际交流与合作，基地建成以来，马铃薯研究室分别与白俄罗斯、加拿大、巴西、美国、荷兰、蒙古等国家的科研院所开展了广泛的互访考察、技术交流、资源引进及合作项目研究。

1. 与白俄罗斯国际合作

2009年，由内蒙古科学技术厅推荐开展的国家科技部项目2009DFR30490"马铃薯产业发展关键技术新型培养基的研发推广"（2009—2012），拉开了农研所与白俄罗斯国家科学院试验植物研究所合作交流的大幕。合作期间双方互派专家学者开展科研工作，进行杂交组合配置，实生种子的培育筛选，充分利用对方优势资源进行深度交流，引进品种资源、栽培技术、机械化生产技术、产业化生产经验等，取得了丰硕的成果。马铃薯新型培养基、马铃薯高淀粉品种资源的引进利用，填补了我国马铃薯研究在该领域的空白。

与白俄罗斯国家科学院试验植物研究所开展"新型培养基生物技术复合体的应用研

究"国科外字 148 号（2014）的合作，本项目应用的技术复合体其核心是自然和合成的离子交换剂为原料组成人造土（新型培养基）。技术复合体具有科学合理的防病免疫和营养平衡系统，阻断有害微生物的侵染，避免病虫害的传播和危害，可以实现十年不用更换培养基，只需按着马铃薯不同生长阶段，满足光照、温度和湿度条件，有计划的进行灌溉，增加补充新的培养基即可。技术复合体可用于工厂化培育无毒苗薯扩繁生产，在特定条件下取代 MS 培养基进行脱毒苗快速繁殖，降低成本，提高生产效率，提高马铃薯脱毒种薯的普及率。

在引进研发利用白俄罗斯马铃薯脱毒苗薯技术复合体专利的基础上，通过合作研究和消化吸收，利用我国的本土资源进行技术创新，形成适合我国生产利用的马铃薯脱毒苗薯培养基技术复合体及模式，技术设备和配套技术，可以一年四季培育马铃薯脱毒苗薯，开展周年大规模产业化培育马铃薯脱毒苗和微型种薯。

2. 与巴西国际合作

与巴西圣保罗州坎比那斯农业研究院合作研究，研究推广巴西脱毒种薯芽繁新技术，降低脱毒种薯生产成本和价格，提高脱毒种薯普及应用。在芽繁种薯技术中，将与马铃薯优质脱毒种薯块茎分离的芽作为繁殖种薯的基础材料进行长途运输，节省运输费用，节省大量的种薯储存库和种植土地，更为贫困地区应用优质脱毒种薯创造有利条件。

3. 与加拿大国际合作

与加拿大农业部马铃薯研究中心合作引进利用加拿大的新型栽培种、普通栽培种、二倍体等珍贵材料，为新品种选育提供丰富的亲本资源；引进加拿大的适合淀粉、炸片炸条、土豆泥加工等兼用型品种；引进加拿大的马铃薯高产栽培技术和全程机械化、规模化生产技术。

4. 与蒙古国国际合作

蒙古国植物和农业研究院从 2012 年和呼伦贝尔市农业科学研究所马铃薯研究室开始国际科技合作交流，合作初期我们为对方提供四个高淀粉新品种，这些品种在蒙古国种植表现良好，得到对方认可，2018 年又为他们提供了一个新品种。双方有意愿在原有的基础上加强合作，增加互派专家出访，进行科研考察、开展科技交流和合作研究的机会，共同探讨优良新品种的应用推广，合作开展高效生产技术的开发利用，共同解决两国马铃薯产业发展和育种研究等相关关键技术问题。

5. 人才交流

国际合作基地建设期间，引进白俄罗斯国家科学院马铃薯专家巴拿代谢夫、瓦季姆、塔玛拉等 12 名顶尖级专家来访，合作研究新技术的引进，开展马铃薯高淀粉品种资源、马铃薯脱毒种薯新型培养基质等引进研发推广，获得内蒙古自治区骏马奖和国家友谊奖；引进加拿大农业部马铃薯研究中心专家亨利；引进巴西马铃薯芽繁优质脱毒微型种薯专家琼斯等，为国际间科技互访和学术交流做出一定的贡献。

呼伦贝尔市农业科学研究所专家也于 2008 年赴美国、朝鲜，2007 年赴秘鲁，2010 年赴白俄罗斯、荷兰、德国等国家考察学习，并接待了蒙古、秘鲁国际马铃薯中心、乌克兰专家的来访，广泛开展学术交流、合作研究，发挥了国际科技合作基地应有的作用。

第三节　国家农业科学实验站简介

一、农业部发布关于启动农业基础性长期性科技工作（构建以国家农业科学实验站）的通知

1. 总体思路

按照"统一部署、系统布局、整合资源、持续稳定"的思路，系统梳理观测监测工作任务，加快构建以国家农业科学实验站和国家农业科学数据中心为实施主体的工作网络，持续开展农业基础性长期性科技工作。

（1）统一部署。由农业部统一领导，委托中国农业科学院牵头组建的国家农业科技创新联盟组织协调和具体实施，形成中央–省–地三级联动、全国一体化的工作格局。

（2）系统布局。在任务方面，涉及到土壤质量、农业环境等 10 个学科领域（表 13-1），起步阶段可聚焦重点指标，积累经验、夯实基础后，再全面安排。在实施主体方面，依托农业部部属三院、省地农业科研院所、涉农高校和相关技术机构等，在全国布局一批负责观测监测的国家农业科学实验站和负责数据分析研究的国家农业科学数据中心。

（3）整合资源。充分利用现有农业部学科群重点实验室的农业科学观测实验站、现代农业产业技术体系的综合试验站等已有基础条件，统筹基本科研业务费、全国农业科技创新能力条件建设经费等经费投入。

（4）持续稳定。积极争取中央、地方等经费支持，建立固定的专业人才队伍和观测监测站点，确保经费稳定、队伍稳定、场所稳定，连续系统地开展工作。

2. 目标任务

（1）总体目标。到 2020 年，建立由 500 个左右国家农业科学实验站、10 个国家农业科技数据中心和 1 个国家农业科技数据总中心等构成的农业基础性长期性科技工作网络，按照统一规范的数据标准，构建土壤质量、农业环境等 10 个学科领域的基础数据库，研究提出一系列的专业性、综合性分析报告，为科技创新、政策制定等提供服务和支撑。

（2）在土壤质量方面，重点监测土壤质量状况、肥料效应变化等。在农业环境方面，重点监测种植结构、气候变化等对农业环境的影响。在植物保护方面，重点监测农作物及

草地病虫草鼠害发生、流行规律和变化趋势。在畜禽养殖方面，重点开展畜禽种质资源收集和养殖环境监测。在动物疫病方面，重点监测重要疫病分布、流行规律及发展趋势。在作物种质资源方面，重点开展种质资源收集、整理、分析以及精准鉴定。在农业微生物方面，重点开展优异功能菌株筛选、保藏、评价。在渔业科学方面，重点了解我国水生生物资源衰退原因及水产外来物种分布状况。在天敌等昆虫资源方面，重点开展优异天敌等昆虫资源的收集评价。在农产品质量安全方面，重点开展主要农产品品质鉴定、污染物残留评价及预警分析。

3.工作要求

（1）系统布点观测。国家农业科学实验站是做好农业科技基础性长期性工作的基础，要确保系统性、代表性，充分反映我国农情。经与各省农业行政主管部门、农业科学院等充分协商，初步遴选了456个国家农业科学实验站（详见附件2），开展试运行工作。涉农高校等单位的观测监测站点，将在农业基础性长期性科技工作启动运行、积累经验后再遴选布局。

（2）规范数据采集。要抓紧组建10个国家农业科学数据中心和1个国家农业科学数据总中心，确保工作经费和人员队伍。围绕10个学科领域，制订工作方案和观测监测、数据采集的标准规范，经国家农业科技创新联盟组织论证后，于2017年4月正式发布实施。

（3）深入分析数据。要从促进农业科技创新、指导农业生产等角度，系统收集整理数据，深入挖掘和剖析数据，从而掌握动态、梳理规律、把握趋势，定期提出专业性、综合性分析报告，及时提交农业部和国家农业科技创新联盟。

（4）长期持续运行。国家农业科技创新联盟和各数据中心要与承担本学科领域观测监测任务的国家农业科学实验站进行有效对接，5月1日之前，签订任务合同书，明确工作要求；8月1日之前，完成观测监测和数据收集整理人员的业务培训。试运行期间，国家农业科学实验站要积极主动与各学科领域数据中心对接，及时完成各项观测监测任务和数据提交工作，确保工作的长期性、连续性。运行一段时间后，国家农业科技创新联盟将组织考核，选择工作认真负责、能够长期运行的依托单位，正式命名为国家农业科学实验站（2017年3月25日）。

表 13-1　内蒙古自治区国家农业科学实验站（试运行）名单

序号	依托单位	观测监测地点
1	内蒙古农牧业科学院	呼和浩特市玉泉区
		呼和浩特市武川县
		乌兰察布市四子王旗
		呼和浩特市托克托县
		锡林郭勒盟正蓝旗

（续表）

序号	依托单位	观测监测地点
2	阿拉善盟畜牧研究所	阿拉善盟阿拉善左旗
3	乌海市农业研究所	乌海市海勃湾区
4	鄂尔多斯市农牧业科学研究院	鄂尔多斯市达拉特旗
5	巴彦淖尔市农牧业科学研究院	巴彦淖尔市临河市
6	包头市农牧业科学研究院	包头市九原区
7	乌兰察布市农牧业科学研究院	乌兰察布市察右前旗
8	锡林郭勒盟农牧业研究所	锡林郭勒盟太卜寺旗
9	赤峰市农牧业科学研究院	赤峰市松山区
10	通辽市畜牧兽医科学研究所	通辽市科尔沁区
11	通辽市农业科学院	通辽市科尔沁区
12	兴安盟农牧业科学研究所	兴安盟乌兰浩特市
13	呼伦贝尔市畜牧科研所	呼伦贝尔市海拉尔区
14	呼伦贝尔市农业科学研究所	呼伦贝尔市陈巴尔虎旗
		呼伦贝尔市扎兰屯市
15	包头市果树果品科学技术研究所	包头市东河区

二、国家农业科学实验站——呼伦贝尔标准站简介

国家农业科学实验站呼伦贝尔标准站由农研所争取，内蒙古综合站推荐，农业部委托中国农业科学院牵头组建的国家农业科技创新联盟审核批复后，开始试运行的。按计划，试运行时间大约为3年，即从2017年春到2019年末，通过逐年考核淘汰的方式，最后保留一批有基础、有经费、专业人员充足、试验效果良好的站点正式授牌，将来有可能采取垂管方式，保编制，保经费，保试验设施的完善更新。试运行阶段不提供任何经费支持，只提供组织培训和网上试验指导。按照农业部设想，为便于组织协调，各省区农科院将建立国家科学试验站综合站，承担项目的各地区农科所建立标准站，承担项目多少，根据基础条件、区位和推荐、审批结果而定。按农业部初步要求，每个中心观测点承担人员必须是专业人员，一般不少于3人。农研所最初还想申报国家农用微生物数据中心和国家农产品质量与安全数据中心，但限于各方面条件，暂且搁置。

试运行以来，由于各中心进度不均衡，运行制度和标准在不断修改，有些中心已完成两轮培训，如天敌、环境和植保，土肥完成一次培训，种质资源可能是人多面广，作物繁杂，难以统一，因而到2018年末一次培训也未能进行。

在农研所人员编制、事业费不断减少的情况下，所务会和各科室经过充分论证，决心全力推进试验站的试运行，全力争取进入国家科学实验站行列。对于已开展工作的观测

点，人员配备上单位鼓励跨科室协作、不同岗位兼职的方式予以解决；对于经费短缺的承接科室，所里协调增加了部分试验地指标，同时农研所人才团队在经费上给予了一定支持。对于缺少的人员和设备，所里数次专门向有关部门和领导汇报，请求支持（表13-2）。

农研所各承接任务科室和人员，通过两年的工作，已逐步适应了上级要求和工作节奏，各项试验和观测任务正有条不紊的展开。

表13-2　国家数据中心及呼伦贝尔标准站承担任务人员

依托单位：呼伦贝市农业科学研究所（总负责人：闫任沛，总联系人：于　平）

国家数据中心名称	观测监测地点	负责人	联系人
国家作物种质资源数据中心	内蒙古扎兰屯	孙宾成、朱雪峰、孙　艳、塔　娜	孙宾成、朱雪峰、孙　艳、任　珂
国家土壤质量数据中心	内蒙古扎兰屯	李殿军	李殿军、郑连义
国家农业环境数据中心	内蒙古扎兰屯	孙东显	孙东显、苏允华
国家植物保护数据中心	内蒙古扎兰屯	闫任沛	孙东显、海林、乔雪静
国家畜禽养殖数据中心			
国家动物病害数据中心			
国家农用微生物数据中心			
国家渔业科学数据中心			
国家天敌及昆虫资源数据中心	内蒙古扎兰屯	于　平	郭荣起、孙宇鑫
国家农产品质量与安全数据中心			

注：（1）根据表1任务指标填写相应国家数据中心（只填写对应的中心）负责人及联系人等信息。

（2）和国家作物种质资源数据中心对应的负责人和联系人分别是：大豆：孙宾成；玉米：朱雪峰；小麦、水稻：孙艳；果树：塔娜；马铃薯：任珂等。

第四节　马铃薯综合试验站

2008年我国农业部成立国家马铃薯产业技术体系，呼伦贝尔市农业科学研究所以其四十年研究历程、得天独厚的自然优势和三代人刻苦钻研获得的科研实力，进入到国家马铃薯产业技术体系，被设立为呼伦贝尔综合试验站，下设5个示范县，在呼伦贝尔市全面开展马铃薯产业技术集成、示范、研究。

"十二五"国家马铃薯产业技术体系呼伦贝尔综合试验站承担了6项试验内容并如期圆满完成试验任务，项目编号，项目内容及完成情况具体如下。

（1）CARS-10-01A："一季作马铃薯抗旱增产增效综合技术研究"。完成东北马铃薯抗旱、抗病大垄机械化增产增效综合技术集成试验任务，总结出1套轻简栽培技术，提供生产应用。

（2）CARS-10-03A："马铃薯晚疫病综合治理技术研究与示范"。在示范县鄂温克族自治旗和牙克石建立测报站 2 个并预警示范，完成马铃薯晚疫病综合治理技术集成试验任务。

（3）CARS-10-04B："马铃薯品质性状遗传分析及改良技术"。利用岗位专家创制的高干物质含量（> 25%）、低还原糖含量（< 0.2%）和高蛋白含量（> 3%）的育种材料开展育种材料应用试验。

（4）CARS-10-07B："马铃薯早疫病流行及综合防控技术研究示范"。建立马铃薯早疫病测报站 2 个，完成马铃薯早疫病综合防控技术集成试验任务，综合防效在 70% 以上。

（5）CARS-10-10B："马铃薯机械化种植关键技术及装备研究"。试验示范了马铃薯施肥种植机、茎叶切碎机、薯块收获机械集成应用技术，总结出马铃薯生产机械实用技术1 套。

（6）CARS-10-13B："马铃薯产业发展与政策研究"。按《马铃薯产业经济监测工作方案》要求，及时准确填报产业所有调查任务表。

"十二五"国家马铃薯产业技术体系呼伦贝尔综合试验站成果简述如下。

（1）建立和逐步完善人机械（行距 80cm）和小机械（行距 75cm）两种大垄机械化高产栽培模式，在呼伦贝尔综合试验站和示范县试验示范累计辐射带动马铃薯种植面积13 000 多亩。

（2）总结"呼伦贝尔市马铃薯早、晚疫病发生规律与综合防治技术"各 1 套。

（3）收集、引进、试验了国审、省审马铃薯品种 42 份试验材料，为本区域抗旱、抗病、优质马铃薯适用品种的选择提供依据。

（4）通过品种引进、试验鉴定，选择出来优良马铃薯品种 5 份提供呼伦贝尔市生产应用。收集整理农家品种 5 份提交国库。

"十三五"国家马铃薯产业技术体系呼伦贝尔综合试验站承担 6 项试验任务，试验开展已经 3 年，阶段性任务完成良好，具体如下。

（1）CARS-09-01A："马铃薯品质提升与安全关键技术研发与示范"。开展了马铃薯富钾、铁、镁品质提升试验，农药残留检测、贮藏加工等试验及相关技术集成与示范。

（2）CARS-09-02A："马铃薯绿色增产增效生产技术研发与示范"。开展了马铃薯"双减"试验、肥料联合试验、马铃薯早晚疫病的技术集成示范等。

（3）CARS-09-03A："马铃薯主要土传病害综合防控技术研发与示范"。开展了马铃薯黑痣病，疮痂病的药剂筛选试验及相关技术集成与示范。

（4）CARS-09-05B："马铃薯早疫病与晚疫病的致病机理"。采集马铃薯早疫病的病样共五十多份，共分离出三十份菌株。

（5）CARS-09-08B："马铃薯气吸精准施肥播种技术示范"。为岗位专家提供马铃薯试验示范共100亩。

（6）CARS-09-11B："马铃薯产业经济与市场管理研究"。

按《马铃薯产业经济监测工作方案》要求按时填报示范县和农户两种调查表。

"十三五"国家马铃薯产业技术体系呼伦贝尔综合试验站科研进展：

（1）马铃薯绿色丰产高效生产技术试验取得了阶段性成果，其大面积示范推广对呼伦贝尔地区马铃薯产业发展具有重大意义。

（2）马铃薯节本增效生产技术试验取得了阶段性成果，在马铃薯生产中应用节本增效技术，达到既提高马铃薯品质，又节本增效，提高种植户收益，推广前景广阔；2017年试验了减肥控药技术在节本增效上的作用，亩增效达到10%以上，2018年将试验该技术对品质提升的作用。

（3）在呼伦贝尔地区大力推广马铃薯储藏保鲜技术应用，其对呼伦贝尔地区马铃薯储藏加工业具有重大现实意义。

（4）发表了相关内容的学术论文5篇，均发表在核心期刊《中国马铃薯》杂志。

"十三五"国家马铃薯产业技术体系呼伦贝尔综合试验站将工作重点放在了推进农业提质增效、农业绿色发展以及促进农民增收等技术试验、示范推广上，其中提高马铃薯品质方面，进行了富钾、铁试验，结果钾含量能提高30%以上，并且相应的产量提高了10%以上，铁含量能提高10%以上；在马铃薯绿色丰产、节本增效技术集成试验方面取得了阶段性成果，该技术对于提高马铃薯品质、增加农民收入方面效果明显，增收幅度大于10%，2018年进一步完善后可以大力推广；在引领农业科技创新方面，将工作重点放在了东北片区肥料联合试验筛选上，初步取得了良好效果，筛选出2套适合本地区应用的绿色、安全、高效的生物菌肥、复混肥应用技术，增效达到10%以上；积极开展技术培训及科技服务，开展科技下乡扶贫工作。

呼伦贝尔综合试验站为本区域马铃薯产业提供优良新品种和领先的科学技术，发挥新品种、新技术示范辐射带动作用；解决本区域马铃薯生产实际问题和应急事件，对晚疫病、干旱和除草剂药害、主要病害等灾害事件及时现场指导，制定抗灾减灾措施等；发挥高产高效栽培的导向作用；帮助本区域支柱产业搞合作、建基地等。

国家马铃薯产业技术体系呼伦贝尔综合试验站开展的科技成果转化和科技服务，为本区域马铃薯产业发展提供一定的技术支撑；同时收集、调查呼伦贝尔市马铃薯产业生产、加工领域主要仪器设备及市场信息等马铃薯产业情况，为国家马铃薯产业数据库提供基础数据，为国家层面马铃薯政策的制定提供依据。

第十四章
人物和重要团队简介

第一节 专家风采

于平简介

于平，男，汉族，出生于1968年1月8日，内蒙古扎兰屯市人，大学本科学历，高级农艺师，中共党员，副书记，科技管理科科长（人事科研管理科科长），工会主席。

1985年9月参加工作，先后任办公室秘书、党办秘书、科技管理科副科长、科技管理科长（人事科研管理科科长）等行政、科研管理职务，2001年后，兼任党总支组织委员开始党务工作，2016年任党总支副书记，现负责党务工作、劳资人事工作、科研管理工作、老干部工作、工会工作、精神文明建设等工作。

参加工作30多年来，一直负责单位重要材料的撰写，包括单位工作总结、规章制度修订，重大科研项目材料完善及修改；专业技术人员职称评审及聘任，在岗及退离休人员工资福利待遇，党员教育培训及管理，精神文明建设工作日常管理，老干部待遇及管理工作。在人事工作方面，先后引进硕士研究生、本科生20余人，在职进修包括博士研究生、硕士研究生、本科生、专科生26人，专业技术人员职称晋升聘任87人次，及时完成在职人员及退离休人员工资调整、退休手续办理，使农研所人才工作2016年被呼伦贝尔市委和市人民政府授予"第七届全市人才工作先进单位"荣誉称号，本人连续20多年年度考核为优秀。在党务工作中，能够按照上级党组织要求积极开展"三会一课"、党员教育培训、党员进社区开展活动，发挥基层党组织的先锋堡垒作用，2004年被扎兰屯市直属机关工委评为"优秀党务工作者"，2008年被中共扎兰屯市委评为"优秀共产党员"，2011年被扎兰屯市直属机关工委评为"优秀共产党员"，2012年被中共扎兰屯市委评为"优秀党务工作者"。

在科研管理工作中，现主持农业基础性长期性科技工作国家天敌等昆虫资源数据中心呼伦贝尔实验站监测工作，先后参与大豆、玉米、马铃薯、园艺等多项科研项目课题研究工作，参与并审定国审大豆品种登科一号、蒙豆 14 号、蒙豆 359 3 个新品种、内蒙古区审品种蒙豆 10 号、蒙豆 11 号、蒙豆 30 号、蒙豆 33 号、蒙豆 34 号、蒙豆 37 号、蒙豆 39 号、蒙斗 44 号、蒙豆 45 号、玉米呼单 9 号，马铃薯蒙薯 13 号等 20 多个作物新品种。

个人先后获得多项科研成果奖励：①"大豆新品种内豆 4 号选育及开发"获 1996 年呼盟科技进步一等奖；②"新品种蒙豆 12 选育及推广应用"获呼伦贝尔市 2007 年科技进步一等奖；③"国审大豆蒙豆 14 号品种选育及推广应用"获 2013 年呼伦贝尔市科技进步一等奖；④"高蛋白大豆蒙豆 30 号、蒙豆 36 号、蒙豆 37 号品种选育及推广应用"获 2016 年度呼伦贝尔市科技进步一等奖；⑤"高产高油国审大豆新品种登科一号推广应用"获 2014 年内蒙古农牧业丰收三等奖；⑥"野生榛子栽培技术研究与推广"获 2015 年内蒙古农牧业丰收二等奖。

先后发表论文 20 多篇：其中"大豆新品种蒙豆 39 号的选育以及栽培要点""关于北方大豆种植技术的研究与分析""试论绿色大豆种植机械化方法研究""转 cp4-EPS Ps 基因大豆杂交后代对草甘膦的抗性水平与遗传背景的相关性""大豆新品种蒙豆 31 号的选育及栽培技术""呼伦贝尔市实用豆产业发展现状及对策"等论文分别发表在《作物学报》《种子科技》《大豆科技》《中国马铃薯》《农业工程技术》《内蒙古农业科技》等刊物上。

先后参加过内蒙古大豆引育种中心，国家大豆改良中心呼伦贝尔分中心（1 期和 2期），国际合作交流基地建设项目的一部分管理工作。

王贵平简介

王贵平，男，汉族，出生于 1973 年 6 月，内蒙古阿荣旗人。毕业于新疆石河子大学，本科学历，副研究员。中国作物学会马铃薯专业委员会委员。

先后参加"十五"到"十三五"国家科技部、农业部多个重大科研项目，其中在与白俄斯合作项目中，完成新型离子交换基质应用测试、组分筛选、改良复配等多项重要内容，负责合作协议第一至第三阶段所有书面翻译工作，完成中俄文对照档案 18 份，并完成约 3 万字国际合作技术研究报告一篇。

2002—2018 年，参加育成马铃薯新品种 8 个，其中蒙薯 14 号 2007 年获得国家重点新产品证书；2014 年获自治区农牧业丰收三等奖 1 项—马铃薯高淀粉品种资源的引进与开发利用推广；2015、2016 年度入选国家科技部内蒙古自治区三区选派人才，对口支援扎兰屯，工作顺延至 2018 年度。

王晓红简介

王晓红：女，1964 年 7 月出生，高级农艺师，于 1985 年内蒙古农业学校果树蔬菜专业毕业，分配到呼盟农研所工作至今，1990年东北农学院园艺专业大专毕业。

三十五年来一直从事果树，蔬菜花卉，设施农业等方面的研究工作。具体主要工作是：① 小苹果抗寒育种工作，1985—2005年培育出的两个优质抗寒苹果新品种"海黄果""甜铃"分别获内蒙和呼盟科技进步奖。② 内蒙"八五"攻关项目"山定子显性矮化基因"的发现和利用研究，获内蒙古农业厅科技进步特等奖。③ 在保护地栽培方面，有着更深入的研究。1985—1992年，在扎兰屯地区完成了葡萄、草莓、食用菌立体栽培技术研究。④ 2000—2010年，主攻"有机生态型无土栽培研究推广"工作在保护地内进行蔬菜、花卉等无土栽培研究并取得可喜成果，同时，在扎兰屯地区保护地栽培桃、葡萄等已栽培成功，并已进入丰产栽培实验中。⑤ 2005—2010年呼伦贝市科研项目"野生榛子的引种驯化研究"。⑥ 花卉百日草的杂交育种的研究；⑦ 2007年开始引进高档鲜切花玫瑰，康乃馨，非洲菊四千余株，栽植表现非常好，填补了我地区没有高档鲜切花栽培的空白；适合高寒地区种植的果树育种，育苗工作。

在呼盟果树育种方面曾获得过自治区、农业厅、盟级四项科研成果奖，其中：① 抗寒苹果新品种"海黄果"1990年获内蒙古自治区科技进步三等奖；② 矮化性状显性遗传抗寒种质资源—扎矮山定子1996年获内蒙古农业厅特等奖；③ 苹果新品种甜玲1994年获呼盟科技进步三等奖；④ 山定子显性矮化基因的发现1994年获呼盟科技进步一等奖。

在国家级，省市级刊物上发表论文10篇：《中国果树》1997年第3期，介绍经本人育成的苹果属矮生抗寒种子—扎矮山定子；《北方园艺》1998年第1期，探讨北方地区抗寒苹果矮化研究现状及发展方向；《内蒙古农业科技》1987年第2期，梨新品种：秀水香梨简介；《内蒙古农业科技》1990年增刊，苹果新品种介绍；《北方园艺》1980年第9期，山定子苹果抗寒育种中的利用；《北方园艺》2015年第11期大棚葡萄套种毛豆技术。

2013—2019被扎兰屯市科技局聘为科技特派员为扎兰屯地区的果树、蔬菜、花卉和设施农业方面的发展做了大量的工作。

朱雪峰简介

1986年9月—1990年7月，内蒙古农业学校，园艺专业学习；1990年9月—1995年11月，呼伦贝尔市农业科学研究所，从事大豆新品种推广及田间鉴定工作，任技术员；1995年12月—2005年8月，呼伦贝尔市农业科学研究所，科技成果推广，任助理农艺师，（2002年3月—2004年9月，东北农业大学网络教育学院，农学专业大专函授学习。）；2005年9月—2010年11月，呼伦贝尔市农业科学研究所，科技成果推广，任农艺师（2006年1月—2009年1月，内蒙古民族大学，农学专业，专升本函授学习）；2010年12月—2019年，呼伦贝尔市农业科学研究所，玉米研究室副主任，任高级农艺师；

2013年11月—2018年11月，扎兰屯市政协常委；2018年12月—2023年11月，扎兰屯市人大代表，呼伦贝尔市人大代表。

品种选育情况：马铃薯品种选育（2010—2011）：参与育成蒙薯16和蒙薯20；玉米品种选育（2016—2018）：育成中早熟玉米品种两个：呼单517和呼1890。

承担项目情况：2011—2015年，"十二五"国家科技支撑计划"粮食丰产科技工程"第一期；2012—2016年，"十二五"国家科技支撑计划"粮食丰产科技工程"第二期；2013—2017年，"十二五"国家科技支撑计划"粮食丰产科技工程"第三期。

获奖情况：2006年，获呼伦贝尔市自然科学交流活动优秀论文二等奖；2007年，获两高一优农业与农业创新特等奖；2014年，获内蒙古自治区农牧业丰收奖三等奖。

论文发表情况：内蒙古畜产品加工业知识产权状况和问题，现代农业，2013年1月；西葫芦新品种引种试验，内蒙古农业科技，2014年12月；玉米新品种先玉696高产栽培技术研究，内蒙古农业科技，2014年12月；不同氮肥模式对玉米干物质及产量的影响，现代农业科技，2017年9月；呼伦贝尔地区早熟、抗逆、宜机收玉米品种鉴选标准研究，现代农业科技，2018年6月。

乔雪静简介

乔雪静，女，汉族，内蒙古扎兰屯人，1972年7月出生，1997年12月参加工作，研究生学历，研究员，从2001年任生物技术室副主任，2003年任主任。2005年在中国农业科学院作物科学研究所进修分子生物技术课程，负责组建及管理"国家大豆分中心实验室"。2009—2013年在东北农业大学读农业推广硕士研究生。2016年9—11月，作为无党派干部参加了呼伦贝尔市委组织部举办的副处级后备干部培训班。2018年入选呼伦贝尔市四届政协委员。

擅长实验室工作，精通组织培养脱毒技术。主持或参加各级各类科研项目10余项，发表科技论文14篇。培训农民技术员、农校学生近万人次。其中获得各类奖项有：① 在"淀粉加工专用型马铃薯新品种云薯201选育及应用"项目中负责异地试验，2010年4月获云南省科学技术二等奖。② 在《向日葵主要病虫草害的综合技术规程》项目中主要负责室内鉴定工作，2013年11月获内蒙古自治区农牧业丰收二等奖。③ 在高产高油国审大豆新品种登科1号项目中主要负责品种检测、技术服务等工作，并在2014年12月获内蒙古自治区农牧业丰收三等奖。④ 在"野生榛子栽培技术研究与推广"项目中主要负责组织培养的关键环节，并在2015年11月获内蒙古自治区农牧业丰收二等奖。⑤ 在"呼伦贝尔市马铃薯晚疫病发生规律"项目中负责实验室鉴定，并于2016年12月获内蒙古自治区农牧业丰收三等奖。

共撰写第一作者学术论文7篇，参与编写专著一部（部分章）。包括：呼伦贝尔市马铃薯高淀粉品种引种试验，中国马铃薯学术研讨会；呼伦贝尔马铃薯高淀粉品种产业化模式研究，中国马铃薯学术研讨会；呼伦贝尔市马铃薯产业现状和发展对策，内蒙古农业科技；呼伦贝尔市马铃薯晚疫病综合防治技术研究，内蒙古农业科技；呼伦贝尔市优质大豆无公害植保新技术，内蒙古农业科技；大豆除草剂应用技术探讨，福建农业；榛子病虫害的防治措施，北京农业。

任珂简介

任珂，女，汉族，出生于1973年9月，内蒙古根河市人。大学本科学历，农业推广硕士，副研究员。中国作物学会马铃薯专业委员会委员，内蒙古自治区作物遗传学会会员。

1995年毕业分配至农研所，一直从事马铃薯育种、栽培技术研究和产业技术集成等科研工作，先后参加了国家"九五""十五""十一五""十二五""十三五"马铃薯科研项目、内蒙古自治区马铃薯重大科技攻关项目和呼伦贝尔市科技计划项目等研究任务十余项；参加育成马铃薯新品种9个，登记马铃薯品种6个；获得内蒙古自治区丰收奖3项。

多次参加国家马铃薯专业委员会学术会议、内蒙古自治区和呼伦贝尔市科技研讨会，在《中国马铃薯》《内蒙古农业科技》《黑龙江农业科学》和《学术论文集》等刊物上公开发表论文19篇。2017年开展呼伦贝尔市地方标准的制定工作，撰写完成并发布实施马铃薯地方标准4项，主要参加人制定完成并发布实施马铃薯地方标准3项。2015、2016、2018年度入选国家科技部内蒙古自治区三区选派人才。

刘玉良简介

刘玉良，男，出生年月1965.01，呼伦贝尔人，博士，副教授。工作单位：扎兰屯职业学院，农业工程系。主要从事教学及科研工作，研究方向为食用菌及牧草育种栽培。主讲课程：食用菌栽培，牧草及饲料作物育种栽培，中草药栽培，微生物等课程。发表相关专业论文20多篇，主编《北方药用植物高效生产技术》及《食用菌现代生产技术》等农牧民培训教材。参加《我国北方草地害虫及毒害草生物防控技术研发与应用》获2015年度内蒙古农牧厅丰收二等奖，参加《向日葵病虫杂草综合防治研究推广》获2013年度内蒙古农牧厅丰收二等奖。被评为内蒙古自治区中等职业农草学科专业带头人，并荣获2015年度呼伦贝尔市模范教师。2015年度及2016年度均被评为扎兰屯职业学院优秀科技工作者。是内蒙古大豆新品种培育创新人才团队和呼伦贝尔植保科技创新团队成员。

2013年受聘扎兰屯市科技特派员，主要服务于扎兰屯市萨马街护林村的科学技术指导工作，定点为萨马街桠辉源食用菌农民种植专业合作社。主要利用寒暑假及周六周日或节假日，指导黑木耳及滑菇高产稳产栽培技术。2014—2017 年，将枨辉源食用菌合作社理事长王光辉从一个普通的农民经过 4 年的现场技术指导与理论培养，使其成为一个很优秀的食用菌生产企业家及技术员，同时也为枨辉源食用菌合作社培养了相关技术环节的技术工人约 160 多人次，确保企业的稳定发展，生产规模不断扩大，从 2013 年春季菌场建立开始小规模化生产，至 2016—2018 年，每年生产黑木耳菌袋达 120 万袋以上，也是扎兰屯区域内食用菌企业中发展比较快而稳定的企业。另外，每年也多次到扎兰屯市多个村镇，进行食用菌栽培技术及中草药栽培技术的技术讲座。2013 年度、2015 年度、2016 年度、2017 年度先后均被评为扎兰屯市优秀科技特派员。

刘连义简介

刘连义，男，1956 年 11 月 2 日出生，山东省栖霞县人，中共党员，推广研究员。

1975 年 7 月，海拉尔第二中学毕业，下乡至哈达图农场。1978 年 8 月至 1980 年 8 月，扎兰屯农牧学校学习，毕业分配至呼伦贝尔农业局经营管理科工作。1984 年 5 月至 1986 年 7 月，西北农业大学学习，毕业调呼伦贝尔盟农水渔业处办公室工作至 1994 年 10 月，担任办公室主任。1994 年 10 月至 1996 年 11 月，任呼伦贝尔盟农牧局党委办公室主任、机关党委书记。1996 年 11 月至 1999 年 6 月，任呼伦贝尔盟农牧局纪检委副书记，监察室主任。期间 1996 年 8 月至 1998 年 12 月，到中央党校呼伦贝尔分院政法专业学习；1999 年 6 月至 2001 年 2 月，任呼伦贝尔盟农业科学研究所工作组组长、代所长。从 2001 年 2 月正式上任至到 2017 年初退休，一直担任呼伦贝尔市农业科学研究所所长、党总支书记。2002 年 9 月至 2003 年 11 月期间，曾被盟委组织部选派进入中国人民大学研究生院学习 MBA。

任职以来争取并建成内蒙古自治区大豆引育种分中心、国家大豆改良中心、国家大豆原原种扩繁基地、国际合作基地、科技部中国白俄罗斯"新型培养基"专利引进等重大项目建设。

公派出访俄罗斯、白俄罗斯、美国、英国、法国、加拿大、巴西等国家进行技术交流、合作，获得国家、自治区等多项表彰奖励。

重视人才队伍建设，鼓励支持青年科技人员深造学习，先后培养多名博士研究生、硕士研究生，提升了科研团队整体素质，增强了科研实力。协调上海市崇明区科委，开展崇明区和呼伦贝尔市农业科学研究所之间的"马铃薯脱毒技术合作"，主持建立马铃薯、大豆、玉米专用品种试验、推广技术合作机制。

刘淑华简介

刘淑华，女，中共党员，1958 年生人，毕业于八一农垦大学，1982 年分配到呼伦贝尔市农业科学研究所工作，一直从事马铃薯新品种选育及繁育技术研究工作，担任马铃薯研究室主任，二级研究员职称，是内蒙古自治区一流马铃薯育种专家。

是中国马铃薯专业委员会委员、理事；是内蒙古自治区农作物品种审定委员会委员；国家科技部国际科技合作项目评审专家；国家农业部科技部重点研发计划重点专项评审专家；内蒙古科技进步奖评审专家；2005年被评为内蒙古自治区劳动模范称号。

2008—2015年担任现代农业产业技术体系国家马铃薯产业技术体系呼伦贝尔综合试验站站长，圆满完成国家马铃薯产业技术体系的各项任务。

连续主持承担国家"六五"至"十二五"马铃薯重大科技攻关计划专项和内蒙古自治区重大科技攻关项目。

主持完成了国内首次"马铃薯高淀粉品种选育"的专项研究。主持育成以内薯7号、蒙薯10号、蒙薯14号等为代表的一系列马铃薯高淀粉品种，曾填补了国内缺少高淀粉品种的空白，专家结论达到国内同类研究先进水平。内薯7号作为国内首次专题研究育成的马铃薯高淀粉品种，参加了国家科技攻关成果博览会。

根据生产实际需要主持创新育成马铃薯高淀粉新品种蒙薯16号、蒙薯17号、蒙薯19号、蒙薯20号、蒙薯21号。达到淀粉加工和食用兼优，通过内蒙古农作物品种审定委员会审定；2013年育成马铃薯高淀粉品种蒙薯21号，通过国家农作物品种审定，编号"国审薯2013002"，这也是内蒙古第一个通过国家审定的马铃薯品种。为内蒙古马铃薯学科建设和事业发展做出突出贡献。

1999—2015年连续主持承担完成国家科技部和国家外专局的重点国际科技合作计划项目、政府间科技合作项目、双引项目和引智项目，与白俄罗斯、加拿大、巴西、秘鲁国际马铃薯中心等国家合作，开展"马铃薯高淀粉品种资源育种技术引进利用""马铃薯新型栽培种资源研究利用""白俄罗斯马铃薯脱毒薯新型培养基引进利用""巴西马铃薯芽繁种薯技术研究利用"等。出国赴白俄罗斯、加拿大、秘鲁国际马铃薯中心（CIP）、巴西等完成科技合作任务，同时圆满承担了接待外国专家任务，为争得国际科技合作基地做出突出贡献。2007年国家科技部批准呼伦贝尔市农业科学研究所为国际科技合作基地。

闫任沛简介

闫任沛，男，汉族。1978年7月，图里河林业局农副处四农场知青。1979年考入黑龙江八一农大农学系农学专业学习。1983年8月毕业后分配到呼伦贝尔盟农业科学研究所工作，曾任土肥室、植保室技术员，1986年任植保室副主任，1990年入党，同年任植保室主任。1995年晋升高级农艺师，1996—2000年兼任农研所庄稼医院院长。2001年转副研究员，任农研所副所长。2002年晋研究员。2001年以来，一直担任分管科研工作的副所长兼植保室主任。2017年受聘二级研究员。

参加工作以来共参加或主持各级植保及其他农作物增产科研项目 50 多项，发表论文 90 余篇。先后获成果奖 27 项次，包括省部级 9 项，厅市级 18 项。其中"大豆疫霉根腐病发生与防治技术研究""呼盟农区主要牧草病害调查与防治研究""大豆根潜蝇预测预报与综合防治技术研究"分获内蒙古科技进步二、三等奖；"大豆新品种及增产配套技术"获国家丰收三等奖；"向日葵列当综合防控技术应用与推广""向日葵病虫杂草综合防治技术研究与推广""马铃薯晚疫病综合防治技术研究与推广"等 5 项成果分获内蒙古丰收一、二、三等奖。《大豆根潜蝇蛹羽化率预测研究》《大豆品种（系）对根潜蝇抗性研究》等论文曾被国际检索刊物收录。

曾获自治区农牧业优秀科技工作者、自治区有突出贡献中青年专家、首届呼伦贝尔英才、第五批草原英才、呼伦贝尔市科协优秀科普带头人、呼伦贝尔市科协中青年学术技术带头人、呼伦贝尔十佳英才暨百名行业科技领军人物、呼伦贝尔十二五期间科技创新先进个人、呼伦贝尔市优秀科技特派员等荣誉称号。是内蒙古"草原英才工程"—大豆育种人才创新团队带头人和呼伦贝尔植保科技创新团队带头人。其带领的团队曾获得首届呼伦贝尔十佳团队。

曾加入中国农学会和中国植物病理学会。现为内蒙古植保学会、内蒙古土肥学会理事。多次受聘内蒙古农作物品种审定委员会专家委员、内蒙古和呼伦贝尔市科技成果评审专家。获聘呼伦贝尔市级科技特派员和扎兰屯市科技特派员。此外还受聘担任呼伦贝尔市 12396 科技咨询专家、内蒙古智力支持三区选派专家、扎兰屯市科普宣讲团讲师等社会职务。

孙东显简介

孙东显，男，满族，内蒙古扎兰屯人，1975 年 10 月出生，1996 年 11 月至今就职于呼伦贝尔市农业科学研究所，研究生学历，高级农艺师，精通组织培养脱毒技术。主持或参加各级各类科研项目 10 余项，获各类成果奖 6 项，发明专利 4 个，发表科技论文 8 篇。

孙如建简介

孙如建，男，汉族，1987 年 3 月 10 日出生于内蒙古扎兰屯市。2005 年 8 月毕业于海拉尔市第二中学，2009 年 8 月毕业于西北农林科技大学并获得农学学士学位。在职期间，于中国农业科学院攻读作物学专业，师从中国农科院科博士生导师、农业部农业科研杰出人才邱丽娟研究员，从事抗草甘膦大豆杂交后代遗传变异分析等研究，获得硕士学位；2016 年考取东北农业大学博士，师从邱丽娟研究员和李英慧研究员，主修作物遗传育种专业，从事大豆重要农艺性状全基因组选择研究；2017 年 7 月作为内蒙古自治区组织部推荐的"西部之光"访问学者，被选派到中国农业科学院作科所进行为期一年的访问学习。

2010 年参加工作以来，主要从事大豆遗传育种工作，2015 年晋升为农业科研类助理研究员。先后参与国家、省部级和地区重大科研项目 11 项，2010—2019 年作为核心团队成员参与国家转基因重大专项子课题—东北抗除草剂转基因大豆新品种培育、国家大豆产业技术体系东北特早熟大豆岗位、大豆产业体系呼伦贝尔试验站、国家重点研发计划七大作物育种专项—北方极早熟大豆优质高产广适新品种培育等任务。

作为主要参加人参与"国审大豆'蒙豆 14 号'品种选育及推广应用""高蛋白大豆'蒙豆 30 号、蒙豆 36 号、蒙豆 37 号'品种选育及推广应用"均获呼伦贝尔市人民政府科技进步一等奖；"高产高油国审大豆新品种'登科 1 号'推广应用"获内蒙古自治区农牧业丰收奖三等奖；获得大豆新品种审定证书 7 个，其中国审品种 3 个，获得植物新品种权证书 5 个；在《作物学报》等核心期刊发表"转 CP4-EPSPs 基因大豆杂交后代对草甘膦的抗性水平与遗传背景的相关性"论文 5 篇，参与编写《中国呼伦贝尔大豆》一部。

孙艳简介

孙艳，女，汉族，出生于 1962 年 10 月，高级农艺师。1983 年毕业于内蒙古扎兰屯农牧学校农学专业，在后期工作中获得了内蒙古农业大学的本科学历。1983 年毕业，分配到呼伦贝尔盟农研所从事小麦新品种育选工作。参加并主持内蒙古自治区的"八五"小麦育种攻关项目获得内蒙古自治区科学技术进步三等奖，同时主持全国东北片小麦中晚熟各项试验，培育出小麦新品种内麦 16 号，获得呼伦贝尔科学技术进步二等奖 1 项，三等奖 2 项。

在 2000 年的单位科研工作调整中，加入了呼伦贝尔市农研所的科技开发团队，从事农作物的推广及植保技术服务，推广了植物生长调节剂"植物龙"在农业生产中应用，获得了一定的经济效益和社会效益。

2011 年由于科研工作的需要，创建了稻麦研究团队，主持承担了内蒙古自治区水稻中早熟组的各项试验，推广了水稻新品种绥粳 -4 号、绥粳 -18 号。推广了水稻大棚育秧、机插秧的水稻高产栽培模式，加入了内蒙古自治区水稻科研团队，在内蒙古自治区"草原英才"工程第五批产业创新创业人才团队中参加了"水稻综合开发及高产栽培技术集成研究"项目。

在近十年的稻麦科研工作中，与吉林省公主岭市松辽农业科学研究所合作完成了优质高产水稻新品种松辽 122 和松辽 186 的选育推广工作，分别在 2017 年和 2018 年获得公主岭市技术进步一等奖，在与兴安盟扎赉特旗三安稻米专业合作社的科研合作中，培育出"13A04"水稻新品种（已通过认定），同时结合生产需求和生产实践，在与小麦生产合作社、水稻生产合作社的纵横联合下，推广种植了黑宝石 1 号、黑宝石 2 号黑小麦新品种，引种推广了娜兰香优质高产香稻品种，引种试验成功了藜麦新品种，生产应用参加了"内蒙古自治区的藜麦生产标准制定"项目。

几经风雨，沧海桑田，在致力于自身团队建设的同时参加了大豆团队建设，植保团队建设，参加的"向日葵病虫杂草综合防治研究"项目获内蒙古农牧业丰收二等奖，认定一个抗线4号大豆品种。

在1998年当选呼伦贝尔盟第九届政协委员；在2002年3月，当选呼伦贝尔市第一届政协委员；在2004年1月，当选扎兰屯市第六届政协委员；在2007年11月，当选扎兰屯市第七届政协委员；在2013年候选扎兰屯市科技特派员；在2018年被聘为呼伦贝尔市党员群众讲习所讲习员和扎兰屯市科普讲师团讲师。

孙宾成简介

孙宾成，1969年出生，研究员，大豆研究室主任，国家大豆产业技术体系呼伦贝尔大豆综合试验站站长，全国第九届作物学会大豆专业委员会理事，内蒙古自治区第七届农作物品种审定委员会棉花、油料类副主任委员，农业农村部特聘大豆专家指导组成员。

1997年进入呼伦贝尔盟农业科学研究所后，一直从事大豆遗传与育种工作，主持、参加国家"863""973""科技支撑""国家转基因重大专项""农转金""农业部资源保种""大豆公益性项目""国家良种协作攻关""农业部绿色高产增效示范"及自治区"粮丰计划"等"十一五""十二五""十三五"项目30多项。

发表论文20余篇，育成大豆品种35个，获科技奖项及荣誉10次，其中国家科技进步二等奖1项，自治区科技进步二等奖2项，呼伦贝尔市科技进步一等奖3项。2014年被授予"首届内蒙古自治区科技标兵"称号、2016年获"十二五"呼伦贝尔市科技创新先进个人荣誉称号、2016年获呼伦贝尔市优秀专业技术人才荣誉称号。2017年被评为呼伦贝尔英才。

育种网络建设：在不同生态区建成了4个大豆育种网络，为选育适合不同生态环境的品种打下了基础。包括抗重迎茬、耐旱、耐瘠薄、耐低温、耐高肥水品种鉴定选育网络。

资源创新：在这期间收集整理了内蒙古区域内的大豆野生资源，并对野生大豆的生境、特征特性进行调查，采集，整理，并对抗旱性、抗病性、抗逆性、耐盐碱性等进行了鉴定和利用，利用野生大豆构建了4个不同类型的回交群体，拓宽了大豆遗传基础。在此基础上创造了当前世界上最早熟（MG0000组）的大豆资源呼交2479、呼交2123，创新了抗疫霉根腐病资源呼交753，高油早熟抗旱资源登科3号等。

育种技术创新：成功引入和改进大豆不育轮回群体，利用不育轮回群体进行资源创新及品种选育，突破了人工杂交的难、费时、费力、成活率低、真假杂交种难辨别的问题。利用分子辅助手段选育新品种，把目标基因通过标记手段与常规育种方法相结合实现多基因聚合，突破高产、优质、多抗聚合难的瓶颈；初步建立了规模化育种、穿梭育种网络平台，联合多家育种单位协作攻关，提高了育种速度和育种水平；株型育种，通过分析当前种植规模较大的品种的生理生化机能，建立空间分布合理的群体结构，从而实施群体增产；转基因育种，通过转入抗除草剂基因，培育抗除草剂大豆，达到节本增效作用。

新品种培育：培育出"蒙字号""登科号"大豆新品种 35 个，其中蒙豆 359、蒙豆 1137、蒙豆 640 为最新育成的国字号大豆品种；大豆新品种蒙豆 36 号蛋白质含量 45.49%，是目前东北高寒地区蛋白质含量最高的大豆新品种；蒙豆 37、蒙豆 39 蛋白质与脂肪的总合超过 63%，为双高品种；育成了具有知识产权的抗草甘膦大豆品系，目前正在进行国家中间试验，达到了育种领域的制高点。

与大豆创新团队共同研制出高寒地区大豆绿色节本增效栽培技术，通过深松整地、精准配方施肥、精量播种、化控除草等技术的组装，达到高产节本增效的目的，新品种、新技术累计推广上千万亩，为农民创造了巨大经济效益。

苏允华简介

苏允华，女，蒙古族，1978 年出生于内蒙古扎兰屯市。2000 年毕业于内蒙古民族大学，农学学士。2001 年至今就职于呼伦贝尔市农业科学研究所，现任副研究员，从事生物技术及植保研究工作。

经过多年试验探索，已成熟掌握从茎尖拨离、组织培养、工厂化快繁育苗、温室扦插、网室栽培到分级种植等完善的脱毒马铃薯繁育体系操作技术。同时，开展了多种农作物的植保试验。

2013 年 9 月，参加的"呼伦贝尔市向日葵有害生物综合防治研究"项目，获得呼伦贝尔市科学技术进步三等奖。2013 年 11 月，参加的"呼伦贝尔市向日葵有害生物综合防治研究"项目，获得内蒙古自治区农牧业丰收二等奖。2015 年 11 月，参加的"野生榛子栽培技术研究与推广"项目，获得内蒙古自治区农牧业丰收二等奖。2016 年 12 月，参加的"呼伦贝尔市马铃薯晚疫病发生规律及综合防控技术研究与推广"项目，获得内蒙古自治区农牧业丰收三等奖。2018 年 4 月，参加的"呼伦贝尔市马铃薯晚疫病发生规律及综合防控技术研究与推广"项目，获得呼伦贝尔市科学技术进步二等奖。

2005 年撰写的"加快呼伦贝尔地区脱毒马铃薯推广的措施"论文获得 2006 年呼伦贝尔市自然科学学术交流活动优秀论文二等奖。2012 年撰写的"呼伦贝尔市马铃薯生产存在的问题与解决途径"发表于《内蒙古农业科技》，为第一作者。

李东明简介

李东明，男，汉族，出生于 1961 年 9 月 27 日，内蒙古扎兰屯市人，1981 年 8 月毕业于扎兰屯农牧学校，2009 年 8 月内蒙古民族大学函授本科农学专业毕业，高级农艺师，中共党员，曾任科技开发中心副经理，现任呼伦贝尔市农研所副所长。

1981 年 8 月至 1994 年 3 月在扎兰屯市种子公司从事农作物良种繁育和推广工作，1994 年 3 月至 1996 年 3 月在扎兰屯市农业技术推广中心从事农业技术推广工作。1996 年 3 月调入呼伦贝尔市农研所工作，任科技开发中心副经理，主持科技开发中心工作，主抓所内外农作物新品种科技成果转化与开发工作，国内新型农药、肥料、试验示范和推广工作。

在主持农研所科技开发中心工作二十多年里，从科技开发中心及庄稼医院的组建和机构设立，到建章建制，筹集开发资金，开展横向合作，开展技术培训、技术咨询和技术服务，建立和完善良种繁育基地，建设经营和服务网络，开发推广农物作、农药、肥料、果树苗木新品种方面都做了大量富有成效的工作。

在实际工作中，能始终坚持同科技开发中心和庄稼医院各位同事一起工作在科技成果开发第一线，不怕苦不怕累，起早贪黑中午不休息。接待前来庄稼医院的农民朋友，回答农民技术问题。不怕风吹日晒雨淋到农民的田间地头进行技术咨询和技术指导，推广科技新成果、新技术，受到广大农民的认可，较好地完成了科技成果转化与推广的工作任务。

到农研所工作以来，参与多项科研项目与推广项目共获各级科研成果 9 项，国家和省部级奖 5 项，其中，"内豆 4 号大豆新品种选育与推广"获 1998 年自治区科技进步二等奖；"农作物平衡施肥与钾肥推广"获 1998 年农业部全国"农牧渔业丰收"二等奖；"呼伦贝尔市耕地地力评估与应用"分别获 2014 年自治区"农牧业丰收"一等奖和 2016 年农业部全国"农牧渔业丰收"三等奖；"呼伦贝尔市马铃薯晚疫病发生规律及综合防控技术研究与推广"获 2016 年自治区"农牧业丰收"三等奖。参与育成大豆品种、玉米品种各 1 项，获呼伦贝尔市科技进步二等奖 1 项、三等奖 1 项。

不断学习新知识、新技术，并理论结合实际加以运用，先后在《北方农业学报》《种子科技》《北京农业》《农技服务》《植物医生》等学术与科技期刊上发表合著论文第一作者 7 篇，第二作者 5 篇，第三作者 3 篇。参加编写专著 2 部。

自 2013 年扎兰屯市开展科技特派员工作以来，一直积极参加科技特派员工作，负责扎兰屯市中和镇前进村和光荣村的科技特派员工作，工作认真负责，业绩突出，2015 年和 2016 年被评为扎兰屯市优秀科技特派员，2017 年被评为"十二五"扎兰屯市科技创新先进个人。

李惠智简介

1983 年 9 月—1987 年 7 月，内蒙古农业大学；1990 年 1 月—1997 年 5 月，负责扎兰屯市原种场承担的呼伦贝尔市科研项目大豆、玉米新品种选育与引育；1997 年 6 月—2019 年，呼伦贝尔市农业科学研究所。

品种选育情况：大豆品种选育（2002）；参与育成蒙豆 10 号；玉米品种选育（2016—2018）；育成中早熟玉米品种 3 个：呼单 7 号、呼单 517、呼 1890。

承担项目情况：2001—2003 年参加内蒙"十五"大豆科技攻关计划项目："优质、早熟、抗病大豆新品种选育和配套丰产栽培技术研究"；2002 年承担内蒙古自治区农业厅"高油大豆品种展示试验""自治区高油大豆引种试验"；承担中国内科院土肥所主持的"环保型大豆线虫专用肥试验"；2004—2006 年，参加内蒙"十五"大豆重大科技攻关专项："优质高产大豆新品种选育及综合栽培技术示范研究"；2004 年承担市农牧局组织的科技项目，"大豆节水灌溉制度研究"；1996—2005 年，参加内蒙农大科研项目："小麦、大豆、马铃薯高产优化栽培管理决策支持系统研究"；2007—2010 年，参加所大豆研究室承担国家大豆"863"计划，"大豆优质高产多抗新品种选育"；2010 年承担孟山都种业公司玉米品种品比试验；2010—2014 年承担呼伦贝尔市"科技支撑计划"项目：① 优质高产多抗粮饲兼用玉米新品种研究与应用；② 适于机械化收获早（中早）熟玉米新品种选育及推广；③ 高寒地区早熟玉米新品种选育及产业化研究；④ 玉米保水促熟稳产增产技术集成与示范研究，项目子课题负责人；2013 年参加内蒙古大学生命科学学院农学系承担的自治区农业综合开发区直科技推广项目《岭东南旱作区玉米深松蓄水合理密植稳产增产高效栽培技术示范与推广》，项目执行人。2011—2017 年参加内蒙古农业大学承担的"十二五"国家科技支撑计划"粮食丰产科技工程"第一期、第二期、第三期工程。课题编号：（2011BAD16B13，2012BAD04B04，2013BAD07B04），项目负责人；第二期项目名称：《内蒙古春玉米大面积均衡增产技术集成研究与示范》（2012BAD04B04）；2016—2017 与中农发种业集团股份有限公司合作进行国家级杂交玉米品种审定绿色通道育种试验。

获奖情况：1996 年 12 月，获扎兰屯市"大豆、玉米种子包衣技术推广"科学技术进步一等奖；1997—2000 年在农研所参加呼伦贝尔市"九五""大豆新品种选育与开发"、负责品种选育及栽培技术研究，获"大豆新品种蒙豆 5 号选育与推广"市科技进步二等奖；2005 年 9 月获内蒙自治区人民政府科技一等奖，排名第九名。

论文发表情况：①《玉米新品种"呼单七号"的选育》，第一作者，《内蒙农业科技》增刊，1999；②《玉米杂交种果穗指示性状选育初探》，独著，《内蒙农业科技》增刊，1999；③《大豆新品种"北 87-19"简介》，第一作者，《内蒙农业科技》，2000.1；

④《呼盟野生经济植物资源》95 版，参加编著；⑤《浅谈大豆辐射育种对性状的改进》，第一作者，《内蒙农业科技》，2001.3；⑥《旱作大豆综合农艺栽培措施与产量关系模范及产量构造分析》，第四作者，《大豆科学》，2004.1；⑦《大豆群体对氮磷钾的平衡吸收关系的研究》，第三作者，《大豆科学》，2004.2；⑧《大豆辐射育种研究概述》，第一作者，《内蒙农业科技》，2006.1；⑨《高产大豆新品种蒙豆 10 号的选育与栽培技术》，第二作者，《内蒙农业科技》，2006.7；⑩《浅谈大豆辐射育种研究动向》，独著，《第八届全国大豆学术讨论会论文摘要集》，2005 年 8 月；⑪《不同氮肥模式对玉米干物质及产量的影响》，第二作者，《现代农业科技》，2017 年第 18 期；⑫《呼伦贝尔地区早熟抗逆宜机收玉米品种鉴选标准研究》，第二作者，《现代农业科技》，2018 第 11 期。

李强简介

李强，男，汉族，1968 年 10 月出生，内蒙古察右前旗黄旗海镇人，中共党员，农学专业，博士学位、研究员，北大荒书法家协会理事、黑龙江省书法家协会会员。现任黑龙江北大荒垦丰种业研发中心水稻资源岗位科学家、黑龙江农垦水稻品种审定委员会委员、黑龙江省水稻品种审定委员会专家。

1987—1991 年 6 月，就读于内蒙古农业大学，获学士学位；1991 年 7 月—1997 年 3 月，就职于呼伦贝尔市农科所从事水稻育种与栽培的研究；1997 年 4 月—5 月，于沈阳农业大学研修；1997 年 6 月—2002 年 8 月，就职于呼伦贝尔市农科所从事水稻育种与栽培的研究；2002 年 9 月—2005 年 6 月，就读于东北农业大学，获硕士学位；2005 年 9 月—2009 年 1 月，就读于东北农业大学，获博士学位。期间于 2007 年 4 月—2008 年 10 月，于中国农业科学院品种资源研究所完成博士课题；2009 年 3 月—12 月为中国农业科学院品种资源研究所访问学者；2010 年 3 月—2013 年 11 月，就职于黑龙江农垦经济研究所；2014 年 1 月—2019 年，就职于黑龙江北大荒垦丰种业研发中心。

1997 年、1998 年和 2001 年先后发表于《内蒙古农业科技》的论文有"浅谈内蒙古水稻生产中的若干问题""呼盟水稻品种在直播与插秧条件下性状的相关性及增产途经分析""呼盟特型稻产业化开发浅析"；2000 年发表于《内蒙古农业科学》的学术论文有"寒地稻作技术研究现状""依靠科技进步发展呼盟现状农业的思路与对策"；2001 年和 2004 年发表于《垦殖与稻作》的学术论文有"水稻不同移栽方式与产量关系的研究""三度一量法于水稻立枯病的防治""黑龙江水稻新品种现状分析"；同年发表于《杂草科学》的论文有"呼盟稻田杂草种类的调查与防治技术的研究"；2008 年发表于《中国农业科技导报》的论文有"水稻产量与株型性状的相关及通径分析"。2007 年在由中国农业出版社出版、刘克礼主编的作为农学专业本科教材的《作物栽培学—水稻章》一书中担任执笔；2012 年在由中国农业出版社出版、郑海春主编的《内蒙古主要农作物测土配方施肥及综合配套栽培技术—水稻》一书中担任编委；发表硕士论文"水稻株型状遗传特征及与产量关系的研究"；博士论文"不同生长环境下水稻地方品种遗传稳定性与多样性的分析"。

在内蒙古工作期间，承担呼盟水稻区试工作，鉴定推广了推广 1 号、推广 2 号、龙梗 3 号、绥梗 4 号等水稻品种，主持育成了呼盟第一个水稻新品系 – 呼交 –92–08，参与了东农 424、东农 425 的选育；完成了内蒙古水稻叶龄模式栽培技术研究的可行性论证；在黑龙江垦区工作期间，主持总局"低碳水稻育种与绿色栽培模式研究"。目前，在北大荒垦丰种业主持水稻资源管理与创新工作，拥有水稻资源 6 000 余份，创新材料 10 余份；科研成果分别是"水稻北移高寒地区综合栽培技术的研究""水稻育苗床土剂的研制""水稻提质增效技术的研究""呼盟稻田杂草种类的调查与防治技术的研究"四项荣获地区级科技进步奖；"黑龙江垦区现代化大农业规划纲要（2011—2047）"荣获 2013 年黑龙江农垦科技进步一等奖。

李殿军简介

2000 年 10 月参加工作，一直从事植物保护研究和示范推广工作，共承担和参加内蒙古自治区、内蒙古农科院、呼伦贝尔市植保相关科研课题 20 余项；获得自治区各类奖项 5 项，发表论文 6 篇，参加编写的著作 2 本。参加工作以来，长期深入呼伦贝尔市农业生产第一线，进行农业生产、植保技术指导和服务工作。2000—2006 年聘为研究实习员，2005 年受呼伦贝尔市组织部推荐为高层次拔尖人才，赴东北农业大学学习深造一年，系统学习植物保护专业知识，为植保研究工作奠定扎实的理论基础和实践技能。2007—2012 年聘为助理研究员，2013 年到现在聘为副研究员。2013 年 8 月—2014 年 8 月受呼伦贝尔市组织部选派到扎兰屯市卧牛河镇红旗村任第一书记，工作职责是加强基层组织建设和引领农村经济健康发展。2017 年内蒙古自治区草原英才工程—大豆新品种培育创新人才团队、"呼伦贝尔市植保科技创新团队"团队核心成员。开展主要农作物有害生物综合防治研究。2017—2019 年兼职党务和扶贫工作。2018 年 4 月聘为扎兰屯市专家型科技特派员，深入包扶村开展农业科技服务工作。

张琪简介

张琪，女，汉族，副研究员，硕士学位，2008 年毕业于沈阳农业大学，同年，进入呼伦贝尔市农业科学研究所，从事大豆资源创新与新品种培育工作。

自 2008 年参加工作以来，先后参与"863 计划"—优质高产多抗大豆分子育种技术研究及新品种创制、"科技支撑"—优异大豆基因资源发掘与种质创新利用研究、"转基因重大专项"—东北抗除草剂转基因大豆新品种培育、"行业科技"—高寒地区节本增效大豆综合配套技术研究与示范、"产业技术体系"—东北特早熟大豆新品种培育等多项国家重大课题；内蒙古自治区"十二五"科技支撑项目：大豆种质创新和高产、多抗新品种选育及示范，内蒙古自治区科技成果转化项目—绿色节本高效国审大豆"蒙豆"的推广应用。主持科研项目两项：七大农作物育种专项子课题—"北方极早熟大豆优质高产广适新品种培育"、内蒙古农牧业科学院青年基金项目—"特早熟大豆资源创新与利用"。参与育成大豆新品种13个，其中国审品种4个—登科1号、蒙豆44、蒙豆359、蒙豆1137，蒙审品种10个—蒙豆30、蒙豆31、蒙豆32、蒙豆33、蒙豆35、蒙豆38、蒙豆42、蒙豆43、蒙豆45；申请新品种权保护8个。先后获得各级奖励5项：2013年，国审大豆蒙豆14号品种选育及推广应用，获呼伦贝尔市科技进步一等奖；2014年，高产高油国审大豆新品种登科1号推广应用，获内蒙古自治区农业丰收奖三等奖；2017年，优质高产蒙字系列大豆新品种选育与应用获内蒙古自治区科学技术奖二等奖；2018年，"高蛋白大豆"蒙豆30号、蒙豆36号、蒙豆37号品种选育及推广应用"获呼伦贝尔市科技进步一等奖；2018年，大豆优异种质挖掘、创新与利用，获国家科学技术进步二等奖，发表论文10余篇。

自2017年起，入选内蒙古自治区三区科技人员和扎兰屯市科技特派员，以科技为支撑，组织开展新品种试验示范，有效促进农业增产、农民增收，为扎兰屯市农业生产提供指导和服务。

陈申宽简介

陈申宽，男，汉族，中共党员。1976年毕业于内蒙古扎兰屯农牧学校农学专业，留校任教，1987年沈阳农业大学农学专科毕业，2000年内蒙古师范大学生物教育本科毕业。1990年讲师，1995年高级讲师，2000年高级农艺师，2008年农业推广研究员，现任扎兰屯职业学院科研管理负责人。2014年3月，牵头成立了"呼伦贝尔申宽生物技术研究所"任所长，2019年同呼伦贝尔市科技情报所邢志军所长合作创建了呼伦贝尔市科技特派员创新创业协会任会长（法人）。

1989年以来先后被自治区畜牧业厅七次评为优秀教师，五次评为年度先进个人。2007年被评为全国优秀教师和呼伦贝尔市优秀科技人才。2008年被评为内蒙古自治区有突出贡献的中青年专家；2009年被评为全国首届职业院校名师和全国农业职业院校名师，并入围中国职教人物。2015年被内蒙古自治区优秀科技特派员。

参加工作以来，边教学边和呼伦贝尔市农业科学研究所、呼伦贝尔市植保站、呼伦贝尔市农业技术推广中心、呼伦贝尔市草原工作站等社会同行合作开展科学研究与新技术推广，主持、参与完成农业部、自治区、呼伦贝尔市科研推广课题20余项。获得农业部、内蒙自治区科技进步二等奖各1项，三等奖2项，呼伦贝尔市科技进步奖18项。

在省级以上期刊发表论文160多篇，其中国家级刊物发表55篇，省级刊物近145篇。

期刊有《植物病理学报》《中国农学通报》《中国草地》《草业科学》、《植物保护》《植保技术与推广》《大豆科学》《作物品种资源》《农药》、《植物医生》《中国食用菌》《食用菌》《内蒙古民族大学学报》《内蒙古草业》《内蒙古农业科学》等。论文的内容涉及到作物、牧草病虫草防治，食用菌栽培等内容。有 10 多篇论文被国内外文献期刊摘录。

主参编科技图书和全国统编教材 20 余部。研究所成立后独立、合作申报发明专利两项已通过了初步审定合格，公布后进入实质审查；实用新型专利两项，通过了认证。

1997 年以来承担了学校扶贫和科技特派员工作，先后深入到成吉思汗镇的永和村、繁荣村、大旬村、新站村；大河湾镇的东升村；卧牛河镇的长发村、富裕村、四道桥村等村，先后四次受到扎兰屯市市委和政府的表彰。

2010 年被选为《农业部教材办公室教材建设专家委员会中等职业教育分委员会》植物生产组委员；《农业部教材办公室教材建设专家委员会农民教育分委员会》植物生产组委员。2011 年被内蒙古自治区教育厅选为中专教材审定委员会委员。

邵玉彬简介

邵玉彬，男，汉族，1963 年 4 月生，吉林省德惠市人，大学本科学历，研究员。1983 年 7 月参加工作，至 2019 年一直就职于呼伦贝尔市农业科学研究所。1983—1991 年从事植物保护研究，进行的项目主要有向日葵菌核病、果树腐烂病；草地螟、大豆根潜蝇；除草剂；增产菌等研究。1991 年后一直从事大豆育种栽培研究。1995.1—2001.10 担任大豆研究室副主任。从事的主要内容有大豆新品种选育、大豆栽培技术及抗旱鉴定、大豆重迎茬及抗胞囊线虫育种、大豆良种繁育及纯度鉴定等。曾任内蒙古科技报通讯员、呼伦贝尔市科技特派员、内蒙古遗传学会理事。

主要成果或研究经历如下。

（1）主持或参加科研项目 15 项；发表论文 22 篇，参编专著 2 部；育成 16 个大豆品种；取得品种权保护品种 10 个；获得各级科技进步奖与荣誉奖励 15 项。

（2）1991—1995 年，呼盟科技局项目"大豆光效应育种"。开创了国内大豆光周期育种先河。该课题育成的很多新品系后续审定了众多新品种．

（3）1992—2001 年，主持内蒙古（呼伦贝尔市）大豆品种试验工作。期间该试验体系共审认定大豆品种 27 个，促进了全市大豆品种更新换代，保证了大豆种植业健康发展。

（4）1994—1999 年，自治区农业厅大豆基地建设项目——主持"大豆品种抗重迎茬研究"等 4 个子课题；筛选抗大豆根潜蝇与根腐病资源 10 份，抗大豆胞囊线虫资源 8 份。

（5）1995—2000 年，组织自治区科委"九五"重点科技攻关项目："960101——主要农作物良种选育及产业化技术发展项目的申报；主持"大豆优质、高产、抗病新品种选育和配套丰产栽培技术研究"课题。

（6）2000—2002年，主持呼伦贝尔市科技局"大豆抗胞囊线虫品种引育研究"课题。引进认定抗线大豆新品种抗线4号，解决了当时大豆生产重迎茬的品种需求。

（7）2002—2011年，自选自费项目"大豆育种与资源创新、良种繁育及技术推广"。育成蒙豆15号、呼北豆1及后续育成的蒙豆48。呼北豆1号是当时呼伦贝尔市推广使用面积最大的大豆品种。蒙豆15自审定以来，深受农民欢迎，是一个典型的"常青树品种"。至今已经在生产上使用16年，目前已经跨省在黑龙江省登记推广。

（8）国家农业部"十二五"大豆产业体系岗位科学家团队核心成员："CARS-004-PS03东北高寒地区大豆抗逆育种"。该课题申报并取得了众多植物新品种权保护品种。

（9）国家科技部"十三五"国家转基因重大专项："2016ZX08004-001-08东北抗除草剂转基因大豆新品种培育"。该课题育成了众多抗草甘膦大豆品系，有望审定为转基因大豆新品种。

（10）国家科技部2017—2020"2017xfd0101301七大作物育种——北方大豆优质、高产、广适应新品种培育"。

（11）在鄂伦春旗、莫旗、阿荣旗、牙克石市、扎兰屯市进行农业技术科学普及授课活动；扎兰屯市农作物种子质量纠纷田间现场鉴定特聘专家。

（12）论文代表作："向日葵菌核病防治研究现状"，《国外农学—向日葵》，1991年第1期；"呼伦贝尔市大豆产业现状与发展战略及措施"，《中国农学通报》2005第21卷第12期；"大豆品种鼓粒期田间抗旱鉴定"，《中国油料作物学报》2018第40卷第6期。

呼如霞简介

呼如霞，女，汉族。1965年9月生人，大学学历。专业技术职务：推广研究员，行政职务：扎兰屯农技推广中心副主任。1988年加入中国共产党。1990年毕业于内蒙古农牧学院园艺系果树专业，学士学位。是呼伦贝尔植保科技创新团队成员。

主要科技成果：① 2000年荣获自治区农牧业厅"水稻抛秧栽培技术的引进和推广"丰收计划一等奖；② 1998年，获呼伦贝尔市"轮作换茬，挖掘农作物稳产增产潜力"科技进步一等奖；③ 2004年获自治区农牧业厅《旱作农业技术研究与推广应用》丰收计划三等奖；④ 2005年获农业部"高油大豆高产栽培技术推广"农牧渔业丰收计划一等奖；⑤ 2013年获呼伦贝尔市"寒地设施蔬菜安全高效生产技术研究与推广"科技进步二等奖；⑥ 2013年获自治区农牧业厅"寒地设施蔬菜安全高效生产技术研究与推广"丰收计划一等奖；⑦ 2015年获自治区农牧业厅"呼伦贝尔市沼肥（沼渣沼液）综合利用技术示范推广"丰收计划一等奖。

主要荣誉奖：① 2005年荣获农业部全国农业技术推广先进工作者。② 2009年荣获呼伦贝尔市优秀专业技术人才。

庞全国简介

1969.9—1976.7，太平川公社北安学校；1976.9—1978.7，惠风川公社高中；1978.9—1979.7，西南乡蘑菇气重点中学；1979.9—1981.7，扎兰屯市农牧学校农学专业；2007.1—2009.8，内蒙古民族大学农学专业；1981.9—1993.3，扎兰屯市原种场技术员、副场长、场长兼党总支书记；1993.3—1998.6，扎兰屯市对外经济贸易局办公室主任兼扎兰屯市对外经济贸易总公司副总经理；1986.6—2001.4，扎兰屯市农业技术推广中心；2001.4—2019年，呼伦贝尔市农业科学研究所高级农艺师；2010.10—2019.3，三亚市崖州区水南村冬季南繁。

品种选育情况：1991.12，主持育成呼单3号玉米杂交种；1991.11，参加育成呼单4号玉米杂交种；2002.1，参加育成呼单9号玉米杂交种；2003.8，参加育成呼单10号玉米杂交种；2006.5，参加育成农丰1号玉米杂交种；2008.4，参加育成农丰2号玉米杂交种；2016.2，参加育成呼单517玉米杂交种。

获奖情况：2013.11，内蒙古自治区农牧业丰收二等奖，向日葵病虫杂草综合防治研究推广；2014.12，内蒙古自治区农牧业丰收三等奖，马铃薯高淀粉品种资源的引进与开发利用推广。

论文发表情况：① 玉米不同时期缺水胁迫对产量和生理指标的影响，《玉米科学》增刊，2002，（4）；② 缺水胁迫对玉米幼苗生长和生理指标的影响，《内蒙古草业》，2002（2）；③ 玉米品种间产量性状遗传与生理指标的研究，《玉米科学》，2002，（4）；④ 大豆连作对植物营养水平、叶绿素含量、光合速率及其产物影响的研究，《大豆科学》，2003，（5）；⑤ 早熟玉米杂交种呼单10号的选育报告，《玉米科学》增刊，2005，（3）；⑥ 饲料玉米品种间生物产量和含糖量差异的研究，《内蒙古农业科技》，2005；⑦ 我国西部地区农业发展与教育，《中国教育与教学》，2005；⑧ 如何加快我国农产品质量标准体系建设，《中国食品》，2005；⑨ 我国北方旱地农业存在的主要问题及发展的主要对策，《内蒙古民族大学之报》，2008。

赵红岩简介

赵红岩，1993年毕业于内蒙古农业大学植保专业。现任扎兰屯市农业技术推广中心能源站站长，推广研究员，20多年一直从事农技推广工作。多年来参与了植保、土肥、推广、能源等多项国家、省部级推广项目，还是呼伦贝尔市植保创新团队成员，曾经多次参与农研所科研活动。2004年起至今一直主持农村能源工作，凭着对事业负责的态度和吃苦耐劳、认真执着的工作精神，抓住机遇迎难而上，通过研究、试验、示范创新出适宜呼伦贝尔岭北特寒冷地方的特型沼气池——燃池式沼气池、玉米沼液浸种新的增产技术措施和沼肥黑木耳栽培新模式，打开了扎兰屯市农村能源工作新局面。踏实的工作也得到了一些点滴回报：1998 年获呼伦贝尔《大豆根潜蝇预测预报技术的研究》科技进步二等奖；2000 年获自治区《测土测方供肥施肥一条龙服务》农业科技承包二等奖；2006 年获《高油大豆高产综合配套技术示范与推广》自治区农牧业丰收三等奖；2013 获《向日葵病虫杂草综合防治研究推广》自治区农牧业丰收二等奖。2014 年获《呼伦贝尔市耕地地力评价与应用）自治区农牧业丰收一等奖；2015 年获《呼伦贝尔市沼肥综合利用技术示范推广》自治区农牧业丰收一等奖。2009 年获自治区农村能源环保工作先进个人；2010 年获扎兰屯市"三八"红旗手、呼伦贝尔市农村能源工作先进个人；2011 年获自治区农牧民科技教育培训优秀教师；2012 年获扎兰屯市"科技人才兴村"工程先进个人、连续多年获呼伦贝尔市农业技术推广工作先进个人。2007 年晋级高级农艺师，2014 年晋级推广研究员。

赵洪凯简介

赵洪凯，蒙古族，党员，硕士研究生学历，内蒙古赤峰市人，呼伦贝尔植保科技创新团队成员。2011 年内蒙农业大学林学院森林培育专业研究生毕业后到扎兰屯林业学校园林教研室工作，一直承担《园林植物》课程的教学工作，并在 2014 年 3 月至 2015 年 3 月担任扎兰屯林业学校学生科长助理的职务，2015 年 3 月至 2015 年 7 月担任扎兰屯林业学校团委副书记的职务。2015 年 7 月扎兰屯职业学院成立后，任科研处科研科临时负责人职务，在工作期间指导学生参加 2016 年"挑战杯"全国大学生创新创业大赛，参赛项目《AR 应用技术》在自治区获得了第七名的成绩，国家级三等奖。2017 年与林业工程系的老师成立扎兰屯职业学院方泽苑园林工作室，期间参与了"内蒙古吉雅泰休闲农业风情园"等项目规划设计工作。

在参与扎兰屯职业学院科研管理工作过程中，其本人也积极从事科研活动，利用业余时间学习机器学习和互联网相关知识，并于 2018 年成功申报内蒙古高校科技项目和呼伦贝尔市科技项目，并担任项目主持人。本人现有软件著作两项，发明专利一项，同时发表论文十余篇。

胡兴国简介

胡兴国，男，1975 年 10 月生，1995 年 8 月参加工作，内蒙古扎兰屯人，副研究员，中国农业科学院农业推广硕士学位。现主要从事大豆新品种选育及区域试验工作，是内蒙古自治区大豆品种试验主持人（2014 年至今），2017 年被聘为内蒙古第七届农作物品种审定委员会专家。2008 年以来承担国家级重点科研项目 6 项，独立完成项目 4 项。其中，2008—2016 年为国家大豆产业技术体系岗位科学家团队第 3 成员；2016—2020 年为农业部转基因生物新品种培育重大专项—抗除草剂转基因大豆新品种培育第 3 参加人；独立完成内蒙古自治区大豆主栽品种生育期组划分工作，并制定出了基于品种生育期组的内蒙古自治区大豆种植区划方案。以第一完成人育成大豆新品种 3 个，分别为蒙豆 35、蒙豆 42 和蒙豆 44，参与审定大豆新品种 24 个；取得植物新品种权 12 项。2013 年以来获奖成果 12 项，其中国家科技进步二等奖 1 项（二级证书），内蒙古自治区科技进步二等奖 2 项，吉林省科技进步二等奖 1 项，黑龙江省科技进步二等奖 1 项，黑龙江省科技进步三等奖 1 项，呼伦贝尔市科技进步一等奖 2 项，黑龙江省丰收奖 3 项，内蒙古自治区丰收奖 1 项。以第一作者在《中国农业科学》发表论文 1 篇。2017 年获呼伦贝尔市人民政府第三届呼伦贝尔英才称号。

姜波简介

姜波，男，汉族，出生于 1966 年 4 月，内蒙古扎兰屯人。毕业于东北农业大学，农学专业，本科学历，研究员。现任马铃薯研究室主任，中国作物学会马铃薯专业委员会委员。

1989 年至今一直从事马铃薯实生种子研究、马铃薯新品种选育研究及开发推广工作。荣获国家科技进步三等奖一项—"马铃薯杂种实生种子选育及开发利用研究一项"；内蒙古农业厅科技进步二等奖两项—"马铃薯近缘栽培种种间杂交育种"和"马铃薯实生种子选育及开发利用研究"；呼伦贝尔市一等奖 1 项—"马铃薯杂种实生种子选育及开发利用研究"；内蒙古农牧业厅丰收三等奖 1 项—"马铃薯高淀粉品种资源的引进与开发利用推广"。

育成高淀粉、优质鲜食、适合机械化作业和产业化生产的马铃薯新品种 11 个，先后通过了国家、内蒙古自治区农作物品种审定委员会审定，分别是蒙薯 10 号、蒙薯 12 号、蒙薯 13 号、蒙薯 14 号、卫道克、维拉斯、蒙薯 16 号、蒙薯 17 号、蒙薯 19 号、蒙薯 20 号、蒙薯 21 号，其中蒙薯 21 号为国家审定品种；蒙薯 10 号和蒙薯 14 号淀粉含量高达 20% 以上，极适合于淀粉加工，获国家重点新产品证书，列入国家重点产品推广计划，被国家农业部科技部评为国家优质农作物新品种。

马铃薯杂交育种方面，延续高淀粉新品种选育和资源创新，继续新型栽培种的利用，同时开展了二倍体资源利用和育种研究，在育种方法上力争有所突破。

农业部 2008 年启动现代农业产业技术体系，负责开展"十三五"国家马铃薯产业技术体系呼伦贝尔综合试验站的各项任务。任务共 5 项：马铃薯品质提升与安全关键技术研发与示范；马铃薯绿色增产增效可持续生产技术研发及示范；马铃薯主要土传病害综合防控技术研发与示范；生物防治：生物源药剂、肥料筛选和应用；综合防控技术示范。

主持国家国际科技合作基地建设项目（项目来源：内蒙古科技厅科技合作处、基地认定时间：2007 年 11 月 28 日呼伦贝尔市农业科学研究所被国家科技部授予"国际科技合作示范基地"）。完成国际科技合作基地建设任务，继续开展与白俄罗斯、加拿大、巴西、秘鲁国际马铃薯中心、蒙古国等国家的科技合作。

呼伦贝尔市农业科学研究所马铃薯研究室与白俄罗斯、加拿大、巴西、秘鲁国际马铃薯中心等具有很好的合作基础，签定了 2010—2016 年等科技合作协议。开展的"马铃薯高淀粉品种资源和育种技术引进利用""马铃薯新型培养基研究利用""芽繁优质脱毒微型种薯现代先进资源技术"能解决我国马铃薯产业的关键技术难题；与白俄罗斯合作开展的"新型培养基生物技术复合体的研究应用"研究，用创新的技术、产业化繁殖优质低成本的马铃薯脱毒种薯，具有极其重大的现实意义。同时引进的各国科学家为我国马铃薯科研、生产水平提高做出了应有的贡献，真正发挥了国际科技合作基地谋求技术领先、聚集人才的重要作用。

2017 年呼伦贝尔市农业科学研究所作为主要起草单位，主持、撰写、制定完成呼伦贝尔市马铃薯地方标准五项—"马铃薯生产机械操作规程""马铃薯大垄栽培技术规程""马铃薯采用大垄自走式喷灌机实施水肥一体化技术规程""马铃薯原种生产技术规程""网棚生产马铃薯原原种技术规程"，五项地方标准于 2017 年 8 月 25 日正式发布实施。2018 年制定呼伦贝尔市马铃薯地方标准两项—"马铃薯大田种薯生产技术规程""高淀粉马铃薯高产栽培技术规程"。在国家级等学术刊物上发表论文共 27 篇。

柴燊简介

柴燊，男，汉族，1988 年 6 月 6 日出生于内蒙古扎兰屯市。2003 年就读扎兰屯市农牧学校学习农学专业。2006 年毕业后进入呼伦贝尔市农业科学研究所大豆室工作，2008 年考入内蒙古民族大学，获得函授本科学历，2012 年 4 月考入吉林农业大学，于 2015 年 6 月顺利完成论文答辩，获得函授硕士学位。2017 年获得农牧业中级专业技术资格，成为助理研究员。

参加工作以来，一直主要从事大豆的科研育种工作，2013 年负责所内苗头大豆品系的精准鉴定，为参加国家或自治区的区域试验提供优秀品系。从 2006 年至 2019 年连续十余年参与、承担海南南繁育种工作。先后参与国家、省级重大科研项目 6 项。在 2009 年至 2015 年期间作为团队成员参与：国家大豆产业技术体系岗位科学家项目：东北特早熟大豆育种；国家转基因重大专项子课题：东北早熟抗草甘膦大豆育种；国家科技支撑计划：优质高产专用大豆等油料作物育种技术及新品种选育，选育出国审品种登科 1 号；自治区科技厅项目：大豆新品种登科 1 号推广与应用；自治区粮丰计划：万亩高产大豆生产技术集成与示范；内蒙古农牧业科学院青年创新基金项目：特早熟大豆资源创新与利用等；草原英才工程"大豆新品种培育创新人才团队"成员。

从事大豆新品种选育工作期间，获内蒙古自治区农牧业丰收奖三等奖1项，共育成了7个不同熟期的优质高产抗病大豆新品种，其中国审品种1个，获得新品种权保护6个。发表科研报告、学术论文6篇，其中国家核心期刊2篇。参与编写《呼伦贝尔大豆》专著1部。

徐长海简介

● 马铃薯育种（1986.8—1994.3）

（1）马铃薯育种　国家科技攻关项目：① 国家"七五"马铃薯育种科技攻关项目《马铃薯品种选育及育种技术研究》，马铃薯呼薯4号通过国家专家组验收，1992年获呼盟科技进步三等奖。② 国家"八五"马铃薯育种科技攻关项目《马铃薯加工专用系列品种选育及脱毒快繁技术研究》1996年获国家"八五"马铃薯加工系列　品种科技攻关重大科技成果证书。

（2）国家马铃薯东北片区域试验，呼盟马铃薯区域试验（1986—1993），主持人。获国家马铃薯东北片区域试验优秀证书。

（3）呼盟马铃薯品种间杂交育种（1986—1993）：育成马铃薯早熟新品种一个："呼8205-2"，中晚熟新品种一个："呼8212-2"，1991年呼盟科技处鉴定验收。

（4）马铃薯高淀粉品种选育（1993—2002）：育成马铃薯新品种一个："蒙薯13号（呼H8313-1）"蒙审薯2002003号。

● 玉米新品种选育及推广（1994.4—2016）

育成呼单4、5、6、8、9、10号，6个玉米新品种，呼单10号为第一育成人。（蒙审玉2003001号）。

● 获奖情况：（6项）

2008年《呼伦贝尔地区糯玉米研究及开发前景》获呼伦贝尔市自然科学优秀论文一等奖。2006年《早熟玉米杂交种呼单10号》获呼伦贝尔市自然科学优秀论文二等奖。2006年《实用杂交玉米制种生产技术》获呼伦贝尔市自然科学优秀论文三等奖。1996年玉米新品种呼单4号获呼盟行政公署科技进步一等奖。1996年国家"八五"马铃薯加工系列品种获国家科技攻关重大科技成果证书。1994年马铃薯新品种呼薯4号获呼盟行政公署科技进步三等奖。

● 聘任情况

2007年—2009年徐长海被聘为呼论贝尔市科技特派员。2003年4月，被聘为第四届内蒙古自治区农作物品种审定委员会专家。

● 论文发表情况（9篇）

《呼伦贝尔市玉米机械化收获存在问题及建议》，内蒙古农村牧区机械化 2012 年第 1 期。《浅析外企进入我国玉米种业面临的挑战与应对措施》，种子科技 2011 年第 9 期。《呼粘一号糯玉米优质高产无公害标准化生产技术》，内蒙古农业科技 2011 年第 2 期。《呼伦贝尔地区糯玉米研究及开发前景》，内蒙古农业科技 2007 年第 1 期。《早熟玉米杂交种呼单 10 号选育报告》，玉米科学 2005 年增刊。《极早熟玉米杂交种呼单 4 号选育及应用》，玉米科学 1999 年增刊。《杂交玉米制种超前抽雄技术》，沈阳农业大学学报 1999 年专辑。《紧凑型玉米新品种呼单 5 号的选育经过》，沈阳农业大学学报 1999 年专辑。《浅折呼盟地区玉米品种现状、存在问题及改进对策》，内蒙古农业科技 1998 年增刊。

郭荣起简介

郭荣起，女，汉族，1980 年 3 月 12 日出生于内蒙古扎兰屯市。2001 年考入内蒙古农业大学生物工程学院，学习生物技术专业。2005 年被内蒙古农业大学生命科学院分子生物学专业录取，攻读硕士学位，师从中国青年女科学家李国婧教授。2006 年 8 月，参加"北大—耶鲁国际植物分子生物学研讨会"。发表论文"拟南芥 VHA-c3 启动子的 GUS 基因融合表达"并荣获 2008 年内蒙古自治区首届植物学学科研究生学术研讨会一等奖和优秀硕士论文奖。

2009 年由呼伦贝尔市人才引进计划进入呼伦贝尔市农业科学研究所，从事大豆新品种选育工作。2012 年晋升为农业科研类助理研究员，2018 年晋升为副研究员。先后参与国家、省部级和地区重大科研项目 13 项，主持项目 2 项。其中，2009—2019 年作为核心团队成员参与：国家大豆产业技术体系东北特早熟大豆岗位、呼伦贝尔试验站—东北特早熟大豆育种项目；参与国家重大转基因专项抗除草剂转基因大豆品种培育—东北抗除草剂转基因大豆新品培育；国家重点研发计划七大作物育种专项—北方极早熟大豆优质高产广适新品种培育；农业基础性长期性科技项目—国家天敌等昆虫资源数据中心观测监测项目，为国家数据中心提供第一手基础数据；国家高新技术"863"项目大豆分子育种与品种创制子课题—高产优质抗逆大豆分子育种与品种创制。2018—2020 年主持内蒙古农牧业科学院青年创新基金项目—大豆早熟矮化基因的发掘和利用；2018—2019 年主持内蒙古呼伦贝尔市科技计划项目—绿色优质高效大豆新品种培育。

自从事大豆新品种选育工作以来，共育成了 11 个不同熟期的优质高产抗病大豆新品种，获得新品种权保护 6 个，获内蒙古自治区科技进步二等奖 1 项，内蒙古自治区农牧业丰收三等奖 1 项，呼伦贝尔市级科技进步一等奖 2 项。在国内外核心期刊发表论文 13 篇，参与编著大豆地区专著一部。

郭桂清简介

郭桂清，女，汉族。1985年9月—1989年7月就读于沈阳农业大学植物保护系。1989年9月参加工作，一直从事农业技术推广工作，侧重农作物病虫害测报及防治工作的推广，化学除草技术、病虫害绿色防控技术的研究与推广，从事植物检疫与农药管理执法工作。期间参加多项技术研究，多次获得区市两级奖项，1995年被评为农艺师，2002年成为高级农艺师。2009年评选为推广研究员。是呼伦贝尔植保科技创新团队成员。

获奖情况：①"大豆疫霉根腐病发生及防治技术研究"项目2003年获自治区科技进步二等奖；②"大豆新良种及增产配套技术"项目1998年获自治区丰收计划二等奖；③"呼盟大豆疫霉根腐病发生及防治技术研究""大豆根潜蝇预测预报技术的研究"分别于2002年、1998年获呼盟科技进步二等奖；④另有五个项目获呼盟科技进步三等奖。

获得荣誉：①1992年"植保转专业统计样点抽样调查工作"被呼盟农业局评为"先进个人"；②2001年被自治区人事厅、农业厅评为防灾减灾先进个人；③2007年"农作物重大病虫害绿色防控工作"被自治区农牧业厅评为先进工作者。

塔娜简介

塔娜，1988年7月毕业于内蒙古农牧学院农学系果树专业，同年8月分配到呼伦贝尔市农业科学研究所工作，在园艺研究室从事园艺作物的栽培、育种及推广工作。2000年获得高级农艺师职称，2001年获得副研究员职称，2018年获得研究员职称。

自参加工作以来从事园艺作物包括果树、蔬菜、花卉的引育种栽培及推广工作，先后承担了内蒙科技厅和呼伦贝尔市科技局的多项科研课题。主持研究的"有机生态型无土栽培实用技术引进研究与推广"课题，通过呼伦贝尔市科技局的验收鉴定。参加优质抗寒果树引育种研究课题的工作，育成的"优质抗寒耐储味甜苹果新品种—甜铃"获呼盟科技进步三等奖。"矮化抗寒种质资源—扎矮山定子的利用"获内蒙农业厅科技进步特等奖。"山定子显性矮化基因的发现"获呼盟科技进步一等奖。主持呼伦贝尔市科技局项目"野生榛子驯化及高产栽培研究"通过呼伦贝尔市科技局验收鉴定，获得呼伦贝尔市科技进步三等奖。"野生榛子栽培技术研究与推广"获得内蒙古农牧业丰收二等奖。参与大豆作物的研究，育成多个大豆品种，获得内蒙古农牧业丰收三等奖1项。参与"向日葵病虫杂草综合防治研究"项目，获得内蒙古农牧业丰收二等奖。在《中国果树》《北方园艺》《内蒙古农业科技》《种子科技》《新农村》及《"西部之光"访问学者论文集》等刊物发表论文十余篇，参与编写专著两部。

2008年9月—2009年8月作为"西部之光"访问学者在中国农业科学院蔬菜花卉所研修一年。

第二节　人才创新团队简介

一、自治区"草原英才"工程——产业创新创业人才团队

（一）自治区"草原英才"工程——产业创新创业人才团队选拔条件、程序及支持奖励办法

按照自治区党委、政府《"草原英才"工程实施方案》总体目标要求，自治区党委组织部会同有关部门组织开展了多批次"草原英才"工程的常规评审和专项推选工作。经过十百部门初评、专家综合评审、人才工作协调小组会审定等环节，共产生产业创新创业团队、高层次人才创新创业基地及"草原英才"若干名。

1.产业创新创业人才团队申报条件

产业创新创业人才团队建设围绕"五大基地、两个屏障、一个桥头堡和沿边经济带"的发展定位，以"人才＋项目＋团队＋基地"为主要培养方式，坚持重大项目、技术、资本与人才智力紧密结合，服务于自治区"8337"发展思路涉及的重点产业和重大项目。

团队依托自治区优势企事业单位某一特定研发项目或科技成果（已经通过立项或评审）来设立，一般由1名团队带头人和若干核心成员组成。带头人及核心成员只能受聘于一个申报团队。团队设立期限根据项目实际需要确定，一般不超过5年。

2.产业创新人才团队还应具备以下基本条件

（1）团队拥有对我区产业转型升级起关键作用的省部级以上重大科技专项或其他高新技术类、特色产业类项目，具备突破关键共性技术问题的持续创新能力和科技成果转化能力，在同行业中具有明显竞争优势。

（2）团队能够做到产学研结合紧密，团队依托的申报单位具备实现成果产业化的能力，且有组建柔性研究机构或进行国内外联合研发的条件。

（3）申报单位研发经费充足，能够为创新人才团队提供必要的工作和生活条件。

（4）团队带头人应是在我区科研、教学第一线工作的全职人员，一般应具有正高级职称；近五年主持过省部级以上重大科研项目，研发能力和工作成果为国内外同行所公认；具有较强的组织管理能力，能够指导、培养高水平创新人才团队；年龄一般不超过55周岁。

（5）团队应是在长期合作基础上形成的研究集体，一般不少于10人，其中核心成员不少于5人，具有相对集中的研究方向以及合理的专业结构、年龄结构和职责分工，合作

氛围好。团队中，具有博士学位或正高级职称人员不少于30%，具有留学或访问经历的人员不少于10%，来自企业的人员不少于20%。

3. 审核程序

（1）组织申报。符合条件的产业创新创业人才团队、基地和高层次人才，在熟悉申报书填写内容后，尽快登录《网上申报系统》进行注册填报，相关附件材料需连同"附件目录"（最好进行分类）一同扫描上传，而且要按照目录顺序逐一上传。经申报单位审核通过，《网上申报系统》自动生成申报书，自行保存并打印后，连同纸质附件材料由申报单位加盖公章统一逐级上报。

（2）初步审核。自治区直属企事业单位将申报材料上报自治区主管厅局；其他企事业单位将申报材料上报所在地盟市委组织部。自治区各主管厅局和所在盟市委组织部要组织专家，对所申报的团队、基地、"草原英才"材料进行认真审核、严格把关，确保信息真实、完整，并在《网上申报系统》中汇总生成团队、基地、"草原英才"培养（引进）汇总表，打印加盖公章后连同申报材料归口上报十大"百人计划"牵头单位。

为方便管理，暂将主管部门定为13个厅局和12个盟市委组织部，申报的团队、基地和高层次人才所依托的申报单位可根据申报情况确认上级主管部门，无法确认的，可直接与当地组织部门联系申报。

（3）归口审核。自治区各主管厅局、盟市委组织部将团队和高层次人才的申报材料，按分类归口上报至十大"百人计划"牵头单位。基地的申报材料直接报自治区科技厅。

十大"百人计划"牵头单位分别为：宣传部（百名宣传文化领军人才）、人社厅（百名高技能人才）、科技厅（百名高层次创新型科技人才）、教育厅（百名教育领域领军人才）、卫生厅（百名医疗卫生高层次人才）、农牧业厅（百名农村牧区高层次实用人才）、金融办（百名金融高端人才）、国资委，国土厅、交通厅、经信委（百名优秀企业经营管理人才）、旅游局（百名旅游人才）、民政厅（百名社会工作优秀人才）配合。

十大"百人计划"牵头单位将各单位各地区的申报材料进行审核汇总，在《网上申报系统》中生成并打印汇总表，加盖公章后连同申报材料统一上报自治区党委组织部。

4. 评审和奖励

自治区党委组织部将会同有关厅局组成专家评审委员会，对申报的产业创新创业人才团队、高层次人才创新创业基地和高层次人才进行评审。对入选的团队、基地和"草原英才"，采取"以奖代投"的方式，用"草原英才"工程专项资金给予奖励性资助。

（二）大豆新品种培育创新人才团队基本情况简介

大豆新品种创新人才团队由呼伦贝尔市农研所、扎兰屯职业学院、鄂伦春瑞杨种业、五大连池富民种业有限责任公司、呼伦贝尔市植保植检站等单位的科技专家组成。专业涉及大豆育种、栽培、植保、园艺、教学、推广、机械、种子销售等领域。团队成员包括：

内蒙古突贡专家、草原英才闫任沛；内蒙古首届科技标兵、国家大豆产业体系岗位科学家孙宾成；农业部大豆专家组成员、大豆岗位专家张万海；全国优秀教师、内蒙古突贡专家陈申宽等共25人。2013年初次入选，2017年第二次入选，闫任沛两次当选团队带头人。

团队成员及所属单位支撑了由呼伦贝尔市承建的国家大豆改良分中心、国家原种基地、自治区大豆引育种中心、国家科学试验站呼伦贝尔标准站、国家食用豆产业技术体系示范县等多个科技平台的正常运行及多项大豆新品种新技术的应用推广。

2013年入选以来承担省级以上大豆科研项目9个，团队成员还开展了多个其他研究和推广项目。争取各种经费1 000余万元。推广蒙豆和登科系列新品种60万公顷、有害生物综合防治和高产栽培技术150万 hm^2。主持审定大豆品种10个，参加审定品种6个。获品种权保护10个。获得科技成果奖18项。在国内公开发表论文（论著）32篇。荣获自治区科技标兵、自治区优秀科技特派员、自治区优秀法人特派员、草原英才、呼伦贝尔英才、呼伦贝尔十佳英才、呼伦贝尔十佳团队、呼伦贝尔植保科技创新团队、呼伦贝尔优秀科技工作者、呼伦贝尔十二五科技创新先进个人、"532"高层次人才培养计划人选、西部之光访问学者、三区人才、科技特派员、12396科技咨询专家、科普讲师团讲师等20多项荣誉。在促进本地大豆品种创新、科技进步、人才培养、产业升级等方面发挥了重要作用。

团队组建以来，在高产、特用、转基因和菜用大豆资源选育、引进和利用方面有了突破性进展。在单位和团队共同努力下，国家大豆改良分中心二期建设项目已基本落实到位；南繁基地在海南崖城建成；一大批农机具、试验仪器已完成采购调试，陆续投入使用；通过加强大杨树、乌兰浩特等5个大豆选育试验基地软硬件，完善了大豆生态育种网络；通过联合协作、资源共享，大豆科研基础条件得到极大改善，团队凝聚力、创新能力显著加强。

经过轮滚动支持共主持审定大豆品种10个（蒙豆37-45号、蒙豆359、蒙豆1137等，其中国审3个）；参加审定6个（登科7-12号）。获品种权保护10个（蒙豆30、登科一号、蒙豆37、蒙豆38等）。获得科技成果奖18项。核心成员获得各种荣誉20多项。争取各种项目经费1 000余万元。在中国农业科学、大豆科学等刊物上发表论文30多篇。团队核心成员5年来增加了5名，有10多人次提高了学历和职称。团队通过多种途径开展技术培训和推广，每年培训基层技术员500多人，示范推广大豆新品种20万 hm^2，有害生物综合防治和增产新技术50万 hm^2，取得了巨大的生态和社会经济效益。加强对外合作交流，尤其和中国农业科学院在分子育种领域深度合作，已育成多个综合性状优良的品种和品系材料，取得多项突破性进展，获得国内同行的高度赞誉。

人才团队包含农科教、产学研及不同单位、学历、职称的科技人才，有许多是自治区甚至国内行业内知名专家。通过5年的发展，核心成员已超过20名。团队在原有基础上新增加植保、园艺专业5人，使菜用大豆、特用大豆和抗病品种研究利用得到较快发展。大豆植保、玉米、水稻、食用豆、马铃薯、园艺等相关学科也得到长足进步。具体人员包括：呼伦贝尔市农业科学研究所研究员闫任沛、孙宾成、张万海、乔雪静、塔娜、邵玉彬，副研究员张琪、胡兴国、李殿军、苏允华、孙东显、郑连义、徐长庆，助研孙如健、胡向敏、柴燊，扎兰屯职业学院推广研究员、高级讲师陈申宽、高级讲师刘玉良，扎兰屯农业技术推广中心推广研究员胡如霞、郭桂清、赵宏岩，呼伦贝尔市植保植检站高级农艺师石家兴，扎兰屯龙翔科技公司总经理庞龙、鄂伦春瑞阳种业公司总经理王继明、黑龙江五大连池富民种业有限责任公司总经理李文国等。

几年来大家相互学习，协作进取，综合素质均取得长足进步，共享资源得到较大扩充。已有4人在职拿到硕士文凭，1人考上博士研究生，有4人晋升正高，大多数晋升了技术职称。团队多次开展了学习培训和对外交流。相继参加了每年举行的全国大豆年会、重点示范推广项目现场会。还积极参加了本地科技特派员行动、智力支援三区、科技扶贫、培养人才、助推产业发展等各项社会公益活动。

团队定期开展内部培训、研讨。鼓励大家学习交流，多方面发展，敢于创新，善于创新，不断创优争先。深化了和多家国内重点科研机构的联系沟通，和本地主要科研推广机构、生产企业的关系不断加强。

团队积极鼓励年轻人才勇挑重担，已推举数名年轻同志主持自治区及国家科技创新项目，团队带头人年轻化也将很快实现。

团队还参加了"国家种子工程——大豆育种基地""大豆转基因试验基地"等项目的争取，并取得积极进展。

二、呼伦贝尔市科技创新团队

（一）呼伦贝尔市科技创新团队选拔条件、程序及确认

1.选拔条件

高层次科技创新人才及创新科研团队认定工作主要面向全市企事业单位（含旗市区、开发区，行政隶属或注册、纳税关系在呼伦贝尔市）的优秀人才（含柔性引进的人才）中认定产生。认定对象重点是从事专业技术或生产研发工作的人员和创新科研团队。

申请认定的创新科研团队，应同时具备以下基本条件：

（1）申请创新科研团队所在单位为创新科研团队依托单位。

（2）创新科研团队须包含1名带头人和至少3名核心成员。

（3）创新科研团队牵头人应主持过2次以上市级科研课题，并拥有2个以上市级认定的科技成果，创新科研团队核心成员应该是全日制本科以上学历或中级以上专业技术资格，从事科研工作两年以上，并直接参与团队的科技项目研发。

（4）创新科研团队具备较高的科技创新能力，学术水平在本领域内具有明显优势，已取得突出成绩或具有明显的创新潜力，对呼伦贝尔市支柱产业和科技创新领域及传统产业发展有重大影响。

（5）创新科研团队研究领域符合呼伦贝尔市产业导向，具备良好的工作基础，有明确的研究目标，掌握核心技术或知识产权。

（6）每个单位推荐创新科研团队不得超过3个。

2. 高层次科技创新人才及创新科研团队认定程序

（1）申请高层次科技创新人才。个人向所在单位提出申请，填写《呼伦贝尔市高层次科技创新人才认定申请表》，并提供相关证明材料复印件（专业技术资格证书、学历学位证书、获奖证书、专利证书等）。申请创新科研团队。申请单位须填写《呼伦贝尔市创新科研团队认定申请书》，并提供企业工商营业执照或事业单位组织机构代码证。团队带头人和核心成员按照所符合的申请条件提供相应的证明和身份证。

（2）单位审核。所在单位对申请人及创新科研团队各项条件进行审核，加具推荐意见、盖章后报主管部门出具推荐意见后报呼伦贝尔市科技局核准。

（3）核准及公示。经呼伦贝尔市科技局核准通过的高层次科技创新人才和创新科研团队，在呼伦贝尔市科技信息网站公示7个工作日。

（4）入库并公告。经确认定的高层次科技创新人才和创新科研团队进入呼伦贝尔高层次科技创新人才和创新科研团队管理库，在呼伦贝尔市科技信息网站上公告。

（二）植物保护科技人才创新团队简介

1. 团队研究领域、代表性成果简介、在研项目情况

团队成员共22人，包含了呼伦贝尔范围内的农科教、产学研各方面的植保从业人员。包括扎兰屯职业学院、呼伦贝尔市植保植检站、扎兰屯市农业技术推广中心、翔龙科技公司等单位。闫任沛为团队带头人。

团队研究领域主要包含作物主要病虫杂草的综合防治技术农业增产技术研究与引进、新品种新技术示范推广。

近10年来相继研究和示范推广了向日葵有害生物综合防治技术、马铃薯病虫杂草综合防治技术、大豆新品种和配套植保技术、榛子高产栽培技术等150多万 hm^2。共发表论文20多篇。团队成员分别获得呼伦贝尔科技进步奖、自治区农牧业丰收奖、农业部中华农业科技奖、吉林省科技进步奖共14项（2017年以来获奖7项）。团队成员分别获得"内蒙古青年创新奖""草原英才""自治区优秀法人科技特派员""呼伦贝尔市十二五科技创新先进个人"等10多项荣誉称号。

2013年以来相继开展了马铃薯疮痂病研究、马铃薯晚疫病防治药剂药效鉴定、大豆抗病品种选育和引进、食用豆品种筛选和保健栽培技术、玉米新品种和高产栽培技术研究与推广、质保标准制定、减肥减药、高粱谷子等耐瘠薄作物引进、无人机喷雾等多项试验示范。团队成员还结合本地主要作物玉米、牧草、果树等开展了多项植保研究和推广项目。通过三区人才、12396 资讯平台、科技特派员、星创天地、示范展示基地还开展了多项科技服务，科技知识普及以及科技扶贫工作。

2.团队未来发展规划

基于近几年市场和生产形势的变化，除去坚持已有的研制目标外，将注重抗病虫、抗旱、高蛋白、菜用、功能性、特异性品种的选育、引进和利用；注重绿色防控技术、减肥减药精细高效保健栽培技术规程的研究与示范推广；加强无人机等高效药械和其他防控增产措施的融合及示范推广；进一步改善和国内外研究机构的合作。

第十五章
重要成果简介

一、向日葵病虫杂草综合防治研究

随着本地区向日葵种植面积不断扩大，由于向日葵特别有利于某些病虫的发生，管理不当极易引起田间病虫源基数的快速上升，引发局部甚至大范围的生态问题。控制向日葵病虫，对大豆、蔬菜等许多作物，有重要的影响。另外由于向日葵品种盲目引进、混杂、退化，病虫杂草基数大、分布广、危害重，田间管理水平低导致有害生物防控方法措施不力，造成向日葵品质不能保证、单产不高、总产不稳、土壤气候资源浪费严重。

本项目于 2009 年开始，2012 年结束。摸清了呼伦贝尔市向日葵有害生物种类，其中病害 17 种，虫害 45 种，杂草 124 种。传染性病害中以菌核病危害最重，细菌性茎腐病、黑茎病是快速上升的新型病害。褐斑、黑斑病、霜霉病、锈病较为普遍。非传染性病害中，生理性缺水是最重要的减产因素，药害、缺素发生也很普遍。虫害主要是地下害虫中的地老虎和食叶害虫中的草地螟，发生严重时二者常会造成局部毁种或绝收；个别地块向日葵螟发生较重，能造成 50% 以上的减产。杂草中稗草、问荆、苍耳、鸭跖草、黎、狗尾草、苣荬菜、反枝苋、刺菜、野黍、酸模叶蓼、卷茎蓼等是优势杂草。

本项目通过对高残留除草剂不同剂量、不同间隔时间的室内外药害试验，掌握了本地主要敏感土壤除草剂对向日葵的药害程度。经试验筛选 20 余种化学农药，其中药害轻、效果好的除草剂单剂及组合有 10 多种。较好的除草剂种类有：乙草胺、施田补、净巧、金银尔、施地收等。在特定条件下播后苗前 2,4-D、扩灭灵、阿特拉津可低剂量使用。杀虫剂经过试验筛选，效果好的有锐胜、苦参碱、高效氯氰，BT、阿维菌素，灭杀毙等，防效达 90% 以上，可满足无公害生产。杀菌剂经试验筛选，苦参碱、氢氧化铜、噻菌铜、凯润、阿米西达、戊唑醇等，对向日葵多种病害有优异的防效。通过对 100 多份向日葵品种进行田间抗病性试验，筛选出 LD5009、SH909、SH909 美葵 T562、白葵杂 9 号等多个分别抗菌核病、褐斑、锈病和茎腐病的材料。

制定了"向日葵主要病虫草害的综合技术规程"，用于生产。其中的向日葵大区轮作是一项从根本上控制气传病害发生的重要措施，又适于大范围的统防统治。坚持下去，可以达到投入少、见效快、持久防控的目标。

本项成果 2013 年获得内蒙古自治区农牧业丰收奖二等奖。

二、呼伦贝尔市马铃薯晚疫病发生规律及综合防控技术研究与推广

本项课题从 1908 年开始调查与试验，经过 2010—2013 年持续六年深入系统的调查研究工作，探明了呼伦贝尔市马铃薯晚疫病发生危害情况：马铃薯晚疫病中心病株出现日期岭北发病早，中心病株在 7 月中旬即可出现，岭南马铃薯晚疫病发病较晚，中心病株出现一般在 7 月下旬或 8 月上旬。岭北晚疫病易发、易流行，每年都有不同规模发生；岭南马铃薯种植区晚疫病每年在个别地块发病，带来的损失相对较轻。马铃薯品种与病害发生的关系密切。呼伦贝尔地区马铃薯主要栽培品种有：呼 H99-9、呼 H99-8、蒙薯 19、蒙薯 21 等约 31 个马铃薯品种。呼 H99-9、呼 H99-8 和黄麻子对晚疫病表现高抗；东农 303、延薯 4 号和兴加 2 号表现抗病；表现中抗的品种有克新 1 号、克新 4 号、深坑、春 3 号等 8 个；表现高感的品种有费乌瑞它、尤金和早大白。

通过近几年的调查研究进一步明确了温度、降水量、相对湿度、种植密度和偏施氮肥与马铃薯晚疫病流行呈正相关，当可控条件一定时，气象条件是马铃薯晚疫病发生流行的主导因素。利用阿荣旗的资料计算出相对湿度与病株率间 $r=0.9473$，$y=135.04425-2.3009\,x$。我地中心病株出现时间在 7 月 22—28 日，发生程度与中下旬降雨量有很大关系，中下旬温湿度是决定晚疫病发生轻重的主要原因。

探明了选育推广适宜当地气候条件、适应性强的优质、高产、抗耐病品种，建立无病留种田，消灭初侵染来源，推广脱毒种薯及包括选地、轮作、配方施肥、喷施叶面肥、初花期喷施多效唑、生长后期培土、提早割蔓等系列措施，可以减少病害发生的健身栽培技术。

搞好中心病株期的预测预报，及时的采用药剂防治，有效控制病害的流行。播前选用杀菌剂和滑石粉处理种薯，可以有效降低种薯腐烂，推迟田间发病时间。大田应急防治，可选用 60% 烯酰嘧菌酯、50% 氟啶胺、53% 烯酰吗啉·代森联水、72% 克露或克霜氰可湿性粉剂 700 倍液、58% 甲霜灵·锰锌可湿性粉剂 900～1 000 倍液或 64% 杀毒矾可湿性粉剂 500 倍液、72.2% 普力克（霜霉威）水剂 800 倍液、1∶1∶200 倍式波尔多液喷雾，隔 7～10 天 1 次，连续防治 2～3 次，可较好地控制马铃薯晚疫病的流行为害。已建成一整套"马铃薯晚疫病综合防治技术规程"，可用于生产。

本项目获得 2018 年内蒙古自治区农牧业丰收奖三等奖。

三、野生榛子栽培技术研究与推广

1.项目研究的主要内容及完成情况

根据榛子生产过程中存在的一些问题，主要进行了以下试验研究：

（1）呼伦贝尔市野生榛子资源调查：通过调查明确了呼伦贝尔市具有丰富的野生榛子资源，明确了榛子生长的最北界、野生榛子主产区及榛子的种类、植物学特性、适宜生长的土壤类型、主要病虫害等。初步选出一个优良的野生榛子类型。

（2）野生榛子苗木繁育技术的研究：主要进行了榛子的实生苗繁育和根段育苗研究，试验取得了很好的效果，总结出了野生榛子种苗的繁育技术。为以后榛子苗木能进行规模化生产，我们与中国农业科学院蔬菜花卉所合作，探索了野生平榛的组织培养试验，该项试验取得了一些进展。

（3）野生榛子栽培技术的研究：利用野生榛子实生苗、分株苗及根段进行栽培试验，榛子园经过栽培管理第三年开始结果，进入盛果期每亩产量可以达到75kg。

（4）野生榛林的垦复试验：通过垦复栽培，野生榛林的榛果产量和质量得到很大的提高。

（5）呼伦贝尔市榛子病虫调查及综合防治技术的研究：通过大量的调查研究明确了呼伦贝尔市野生榛林受虫害影响较大，已发现8目、25科、43种害虫不同程度危害。传染性病害有7种（3类），病原物分属真菌、病毒和寄生性种子植物；非传染性病害5种（类）。根据榛林的病虫害发生情况制定了相应的综合防治措施。

（6）引种栽培及杂交育种试验：辽宁省培育的平欧杂交榛具有欧洲榛子和我国平榛各自的优点，大果、抗寒、丰产，但因其抗寒性能不是很强，还不能在呼伦贝尔市榛子生产上应用。为此我们引进平欧杂交榛，利用其大果、丰产的特性，与当地的野生平榛进行杂交，希望培育出适合呼伦贝尔市栽培生产的抗寒、优质、丰产的榛子品种。该项试验正在进行中。

（7）基于多年的试验和查阅相关资料，形成了一整套"呼伦贝尔市野生榛子生产技术"，可供生产管理者和榛农参考。

2.野生榛子栽培技术推广工作

近几年依托呼伦贝尔市多个旗市林业、农业部门，进行野生榛子栽培技术的推广工作。通过现场指导、电话咨询、集中授课等多种方式对榛子种植户进行培训指导，提高榛农的栽培技术水平，使得该项目的技术成果及早应用到了生产中。

本项成果获得2016年内蒙古自治区农牧业丰收二等奖。

四、优质高产"蒙字系列"大豆新品种选育与应用

在"十一五"内蒙古自治区科技创新引导奖励资金项目"大豆新品种创制及产业化开发""十二五"自治区科技计划项目"万亩大豆生产技术集成与示范"、农业部国家现代农业产业技术体系"东北高寒地区大豆抗逆育种"等项目的资助下，选育出"蒙字系列"优质高产多抗大豆新品种，在示范推广过程中，得到了自治区农业综合开发项目"高产优质大豆新品种蒙豆30、蒙豆32及配套综合技术推广""极早熟大豆新品种蒙豆35及配套综合技术推广"及自治区财政厅农牧业科技推广示范项目"高产、优质、多抗大豆新品种蒙科豆1号、蒙科豆2号及配套栽培技术示范推广"等项目的资助，新品种及新技术示范推广面积逐年快速增长。"蒙字系列"大豆新品种均抗北方大豆主要病害——灰斑病，同时耐旱、抗倒伏、耐密植、适宜机械化作业。选育的同时开展了大豆种植模式、密度、施肥、病虫草害防控等配套栽培技术试验、示范，形成的栽培技术规程轻简、实用、节本、增效；品种转让给企业，联合开发、推广，形成了科研单位+企业+农户的订单农业，并在自治区农业综合开发和农牧业科技推广示范项目带动下，加强科技培训与宣传，加快了品种的推广速度，2014—2016年在内蒙古、黑龙江等地区累计推广面积912.1万亩，增收大豆17.8万吨，新增产值7.17亿元，经济社会显著。

本项目获得2017年内蒙古自治区科学技术进步奖二等奖（第二完成单位）。

五、高产优质大豆"蒙豆14、蒙豆36、登科1号"品种选育与推广应用

本奖项是国家"948"项目"大豆优质种质资源和先进生产技术引进""863"项目"优质高产多抗专用大豆分子育种技术研究及新品种创制"、农业部国家现代农业产业技术体系"东北高寒地区大豆抗逆育种"、公益性科研项目"高寒地区节本增效大豆综合配套技术研究与示范"、农业部"保种计划"和"种植平台建设"在执行过程中取得的部分科研成果。蒙豆14父本为国外种质Weber，拓宽了品种的遗传基础。蒙豆14、登科1号为内蒙古自治区仅有的两个国家审定大豆品种，并且均为高脂肪品种；蒙豆36为蒙审高蛋白和蛋白油脂双高大豆品种，填补了内蒙古及黑龙江北部高寒地区无高蛋白大豆品种的空白。提高了生产上专用优良品种所占的比例。育成品种突破了高产不优质，优质不高产的瓶颈，实现了高产、优质、多抗等优良性状的聚合；提升了品种对环境（光、温、水、肥）的利用效率，促进了内蒙古自治区大豆产业可持续发展。2009—2014年累计推广面积1 464.3万亩，农民增产大豆25.91万吨，新增产值9.94亿元，取得了显著的经济及社会效益。

本项目获得2015年内蒙古自治区科学技术进步奖二等奖（第一完成单位）。

六、大豆优异种质挖掘、创新与利用

针对大豆主产区疫霉根腐病、灰斑病等危害严重，大豆品种油分含量低，优异种质资源缺乏等问题，在国家 973、攻关计划等项目的支持下，开展大豆优异种质挖掘、创新与利用研究。历经 20 余年联合攻关，取得显著成果，包括：创建大豆种质资源表型与分子标记相结合的鉴定技术体系，在国际上率先建立大豆核心种质，挖掘抗病、耐逆、高油等优异种质 149 份；在国际上率先构建和解析大豆泛基因组，挖掘抗病、耐旱 / 盐碱、高油等重要性状 QTL/ 基因 72 个，建立分子标记育种技术体系，创制抗病优质新种质 8 份；创建大豆种质资源高效共享平台，选育出抗病、优质、高产新品种 17 个，实现大面积应用等成果。该项目已获国家发明专利授权 9 项，植物新品种权 10 项，出版专著 4 部，发表论文 166 篇，完全他引 1 694 次，部分成果获省级一等奖 3 项。新品种 2006—2017 年累计推广 1.25 亿亩，新增社会经济效益 97.82 亿元。

本项目获得 2018 年国家科学技术进步奖二等奖（参与完成单位）。

第十六章
呼伦贝尔市农业科学研究所大事记
（1950—2018）

1950 年

内蒙古自治区农业厅决定在扎兰屯市（原布特哈旗扎兰屯镇）成立"呼伦贝尔纳文慕仁盟农事试验站"和"呼伦贝尔纳文慕仁盟果树试验场"。

1952 年

"呼伦贝尔纳文慕仁盟农事试验站"和"呼伦贝尔纳文慕仁盟果树试验场"合并，改称呼伦贝尔纳文慕仁盟示范农场。

1954 年

呼伦贝尔纳文慕仁盟果树试验场从呼伦贝尔纳文慕仁盟示范农场分出，改称呼伦贝尔盟果树园。

1957 年

呼伦贝尔盟果树园改称呼伦贝尔盟农业试验站。

1958 年

农业试验站改称农研所。呼伦贝尔盟农业科学研究所正式成立。盟委副书记闵长城兼所长，浩尼勤任支部书记。

呼伦贝尔盟农业科学研究所参加大豆、小麦、谷子区域试验。开展植保科研活动。

1960 年

雷文凯任所长兼党支部书记。

1964 年

经盟委盟公署研究，在全盟农业比重较大的南部地区乌兰浩特重新建立"呼伦贝尔盟农业科学研究所"，原设在扎兰屯的部分人员和设备调往新建所，原址改为"呼伦贝尔盟农业科学研究所分所"。

1965 年

呼盟农研所开始承担自治区、呼盟玉米区域试验和生产试验。

1969 年

8月，呼伦贝尔盟由内蒙古自治区划归黑龙江省管辖，乌兰浩特及所在的南部地区划归吉林省管辖。在扎兰屯的内蒙古自治区呼伦贝尔盟农业科学研究所分所恢复原建制，同时改名为黑龙江省呼伦贝尔盟农业科学研究所。

开始持续开展大豆、马铃薯、玉米、小麦、谷子、果树资源收集和新品种选育工作。

1969 年冬季首次到海南岛进行玉米种子繁育。繁育基地设在三亚崖城。自此农研所开始了连续多年的"南繁"历程。

1970 年

呼伦贝尔盟所成立革命委员会，邱连山任革委会主任。

1975 年

赵忠恩任革委会副主任、所长兼支部书记。

1976 年

陈万祥任农研所革委会主任。

园艺室发现一株矮化山丁子。后命名为"扎矮 76"，经专家鉴定为国际首次发现质量性状遗传的优质果树矮化资源。

1978 年

农研所育成第一个马铃薯新品种"呼薯 1 号"。

农研所"苹果腐烂病综合防治技术"获黑龙江省科学大会奖。

农研所马铃薯实生种子研究被列入中国农业科学院计划。

1979 年

7月，呼伦贝尔盟由黑龙江省回归内蒙古自治区管辖。乌兰浩特地区仍划归呼伦贝尔盟。呼伦贝尔盟农业科学研究所仍恢复 1969 年前状况，所址及部分人员设备由扎兰屯搬迁至乌兰浩特。呼盟农研所原址扎兰屯留守机构改称呼盟园艺科学研究所。

1980 年

7月，乌兰浩特的呼伦贝尔盟农业科学研究所随着兴安盟成立，拆分成呼伦贝尔盟农业科学研究所和兴安盟农业科学研究所。部分人员重新回归扎兰屯，呼盟园艺科学研究所恢复呼伦贝尔盟农业科学研究所称谓。

晓石任所长兼党总支书记，蒋洪业任副所长。

农研所正式开展马铃薯脱毒快繁研究。

农研所育成内豆 1 号、内豆 2 号。开创了自治区大豆育种先河。

玉米内单 2 号获内蒙古自治区农作物品种审定委员会审定。这是农科所育成的第一个玉米单交种。

"玉米丝黑穗发病条件及防治""马铃薯新品种呼薯 1 号""马铃薯新品种 361"分获

内蒙古科技成果四等奖。

1981年

"马铃薯新品种—内薯3号""呼梨72辐1新品系"分获内蒙古自治区技术改进三等奖。"内豆2号品种培育""马铃薯新品种科新1号引进推广"分获内蒙古自治区技术改进四等奖。

1982年

朋斯格到农研所任党总支书记、副所长，开始主持农研所全面工作。

"呼梨72辐1新品系"获自治区科技进步三等奖。

1983年

蒋洪业、郭先民、姜兴亚、郭秀、孟庆炎、邵光仪、徐东河、于纪祯、安秉植9人获国家三部委颁发的"少数民族地区优秀科技工作者"荣誉证书。

1984年

农研所被盟公署确定为科研体制改革试点单位。

安秉植任农研所总支副书记、所长。蒋兴亚、布仁巴雅尔任副所长。

1985年

农研所科研办公楼建成使用。

"玉米品种资源对大小斑病和丝黑穗病抗性鉴定"分获农业部科技进步一等奖和国家科技进步三等奖。

协作项目"国家攻关—春小麦选育"获国家科技进步一等奖。

1986年

姜兴亚获自治区劳动模范。

"呼梨71-11-9"获得审定。填补了自治区杂交梨空白。

内豆3号获得审定。得到迅速推广，成为80年代呼伦贝尔主栽品种。

农研所科技成果开发公司成立。布仁巴雅尔兼经理。

1987年

农业部大豆专家组长张子金研究员一行，到农科所考察指导大豆科研工作。

参与的"马铃薯脱毒技术和良种繁育体系研究"获中国科学院一等奖。

郭秀获得"全国大区级小麦良种区域试验'六五'成果奖"。

协作项目"呼盟草地螟发生规律与预测预报和防治研究"获农业部科技进步三等奖。

1988年

布仁巴雅尔获"深入生产一线做出贡献科技人员"。

"内豆3号的选育"获得内蒙古科技进步二等奖。

协作成果"旱地农业综合增产技术的开发研究"获内蒙古科技进步二等奖。

"利用马铃薯实生种子生产种薯增产效应的研究"获内蒙古科技进步三等奖。

1989 年

彭斯格任所长兼总支书记。

"犁辐射育种提高抗寒性"获内蒙古自然科学三等奖。

布仁巴雅尔被授予"内蒙古自治区有突出贡献的中青年专家"。

1990 年

"极抗寒苹果新品种海黄果""犁抗寒育种新品种—呼苹香梨""马铃薯无毒种薯生产技术的研究"分别获内蒙古科技进步三等奖。

张万海以访问学者身份赴日本调研学习。

布仁巴雅尔调任阿荣旗任科技副旗长。

1991 年

增补马金、多保永为农研所副所长。

农科所承担自治区农业厅旱作玉米模式化栽培试验。

"内豆 3 号新品种应用开发"获自治区科技进步三等奖。

1992 年

安秉植、徐淑芹被评为国务院有特殊贡献专家，享受国务院津贴。

"梨抗寒新品种选育—呼苹香梨"获自治区科技进步三等奖。

协作项目"东三盟旱地农业综合栽培技术开发"获自治区科技进步三等奖。

"呼盟向日葵菌核病发生规律及防治研究"获呼盟科技进步一等奖。

1993 年

孟庆炎、布仁巴雅尔、姜兴亚被评为国务院有特殊贡献专家，享受国务院津贴。

姜兴亚接替朋斯格，担任所长兼总支书记。张万海任副所长。

"呼盟旱作甜菜十万亩增产技术"获农业部丰收计划二等奖。

协作项目"龙辐二牛心大白菜推广"获黑龙江省成果推广三等奖。

1994 年

玉米呼单 4 号育成。解决了呼盟 ≥ 10℃ 1 900 ～ 2 100℃积温带主栽品种大斑病重没有替代品种的问题。

高淀粉马铃薯新品种蒙薯 7 号育成。综合性状达到国内领先水平。

内豆 4 号育成命名。它是农科所辐射育成的第一个极早熟大豆新品种，使大豆种植区域向北推移 2 个纬度线。

"大豆根潜蝇发生规律与防治研究""马铃薯杂种实生种子选育及开发利用研究""山定子显性矮化基因的发现"分别荣获呼盟科技进步一等奖。"黑河 5 号引进开发"获得呼盟科技进步二等奖"抗寒耐贮味甜苹果新品种甜铃"获呼盟科技进步三等奖。

农研所子弟小学转交扎兰屯市。

邵玉彬获自治区农学青年科技奖。

1995 年

王万祥获第二届自治区科技兴农奖。

邵玉彬任职内蒙古遗传学会理事。

承担呼盟科技局课题：大豆光效应育种（1995 年）

承担内蒙古农业厅课题：大豆基地建设课题（1995—1996 年）

大豆"呼丰 6 号"获自治区农作物品种审定委员会审定命名。

马铃薯呼薯 7 号、呼薯 8 号审定命名。成为国内育成的第一批马铃薯实生品种。

"马铃薯杂种实生种子选育及开发利用研究"获得内蒙古自治区科学技术进步二等奖。

"马铃薯高淀粉品种内薯 7 号"、协作项目"呼盟农区主要牧草病害调查与防治研究"分获内蒙古自治区科学技术进步三等奖。

刘维森、隋启君任副所长。

1996 年

农研所获得盟公署、盟委颁发的"先进集体"称号。

"马铃薯实生种子选育及开发利用研究"获国家科技进步三等奖。

"马铃薯加工专用系列品种"获国家"八五"科技攻关重大成果奖。

"矮化显性遗传抗寒种质资源——扎矮山定子"1996 年荣获内蒙古农业厅科技进步特等奖。

"呼盟向日葵、大豆菌核病流行与生态控制研究""呼单 4 号选育和推广""梨抗旱新品种（3 个新品种）开发"分别获得呼盟科技进步一等奖。

农研所本年度承担各级项目 21 项，获各级成果奖励 12 项。

隋启君被评为"内蒙古自治区有突出贡献的中青年专家"。

农研所科技成果开发公司重建，李东明任经理。农研所庄稼医院成立，成为农研所对外开展生资经营和科技服务的窗口，相关科技人员"开方抓药"、现场指导，广受群众好评。

大豆研究室开始承担内蒙古"九五"大豆攻关项目。

1997 年

4 月，玉米呼单 5 号、呼单 6 号获自治区农作物品种审定委员会审定命名。呼单 5 号是农研所育成的第一个紧凑型玉米品种。

姜兴亚获内蒙古自治区"科技兴区特别奖"。

姜兴亚获内蒙古自治区、呼盟、扎兰屯三级"十佳职工"称号。

孟庆炎被自治区政府授予"内蒙古农牧业深入生产第一线有突出贡献的科技工作者"

称号。

张万海获自治区"优秀留学回国人员"称号。

农研所参加的"内蒙古向日葵、大豆菌核病综合防治研究"项目获自治区科技进步一等奖。

农研所参加的"大豆新品种及增产配套技术"获国家丰收三等奖。

绥农 11 号获自治区农作物品种审定委员会认定品种。

农研所家属楼开始建设。

呼盟机构编委会决定增挂呼盟马铃薯、大豆专业研究所牌子。

1998 年

姜兴亚获国家"五一"劳动奖章。

隋启君获得第二届内蒙古青年科技奖。

本年度发生百年不遇的严重流域性洪涝灾害，扎兰屯对外交通几乎全部中断，农研所试验地、办公区及农田设施遭受严重损失。

呼伦贝尔盟农业科学研究所志正式出版。本书描述了建所以来 40 年的基本状况，是农研所历史上第一本志书。

1999 年

玉米呼单 8 号获审定命名。

农研所联合主持的"大豆根潜蝇预测预报与综合防治技术的研究"获自治区科技进步三等奖。

6 月，隋启君代理农研所所长职务。刘连义被任命为农研所督查领导小组组长。

2000 年

农研所开始执行国家科技部国际合作专项"马铃薯产业发展关键技术新型培养基的研发推广"与白俄罗斯合作项目。

蒙豆 6 号获审定命名，是农研所育成的第一个小粒型大豆品种。

农研所参加的"大豆孢囊线虫病综合防治技术研究与推广"项目获自治区农牧业丰收三等奖。

11 月，刘连义任农研所代所长。

2001 年

刘连义任农研所所长，闫任沛、李东明、刘维森任副所长。

随着呼伦贝尔盟撤盟建市，呼伦贝尔盟农业科学研究所改称呼伦贝尔市农业科学研究所。

2002 年

内蒙古大豆引育种中心在农研所成立。资金用于新品种选育和田间道路、引水渠、部分菜窖、仓库的修建工作。

玉米呼单9号、高淀粉马铃薯蒙薯13号、大粒型大豆蒙豆7号、菜用大豆札幌绿、高油大豆蒙豆9号、高蛋白大豆蒙豆11号以及蒙豆10号、呼北豆1号等相继获得审定推广。

刘淑华、刘连义、姜波当选第四届中国马铃薯专业委员会委员。

2003 年

蒙豆9号获得国家重点新产品证书。

国家大豆改良中心呼伦贝尔分中心一期和国家大豆原种基地建设项目获审批。配套建设了联栋日光温室、晒场、仓库和部分网棚，并对办公楼和实验室进行了改造维修。

极早熟、抗倒伏玉米新品种呼单10号获审定命名，准予在适宜地区推广。呼单10号是农研所育成的第一个极早熟玉米品种。

育成淀粉加工与鲜食兼用马铃薯新品种蒙薯14号。高商品率，抗病毒及晚疫病，抗逆性强。

大豆蒙豆12号、蒙豆13号、蒙豆15号获得审定命名。

农研所参加的"呼伦贝尔盟大豆疫霉根腐病的发生及防治技术研究"获自治区科技进步二等奖。

农研所成功主办内蒙古科技厅豆科牧草适用技术现场会。

2004 年

国家大豆原种繁殖基地建成，承担内蒙古地区的大豆新品种的试验、示范、繁育工作。

高油大豆蒙豆9号、蒙豆12号、蒙豆14号和马铃薯高淀粉新品种蒙薯10号荣获国家重点新产品证书，并列入国家重点新产品推广计划。

马铃薯卫道克、维拉斯、大豆蒙豆14号通过审定。大豆抗线4号获得认定命名。

2005 年

蒙薯10号被国家农业部、科技部评为国家第三批优质农作物新品种。

农研所参加的"小麦、大豆、马铃薯高产优化栽培管理决策支持系统研究"荣获内蒙古自治区科技进步一等奖。

农研所参加的"高油高产大豆新技术示范与推广"获得全国农牧业丰收一等奖。

蒙豆16号、蒙豆17号通过自治区审定。

农研所闫任沛、刘淑华、邵玉彬、徐长海、塔娜、姜波6名科技人员入选呼伦贝尔市级科技特派员（全市共17名）。

2006 年

农研所获得"国家区试工作先进单位"荣誉称号。

蒙豆 14 号通过国家农作物品种审定，审定编号：国审豆国审豆 2006011，是内蒙古自治区第一个获得国家审定的大豆新品种。

蒙豆 19 号、蒙豆 20 号、蒙豆 21 号通过自治区审定。

2007 年

蒙豆 26 号、蒙豆 18 号通过审定命名。

刘淑华被评为自治区"劳动模范"。

闫任沛被内蒙古农牧业厅评为农牧业优秀科技人员。

姜兴亚获内蒙古自治区首届杰出人才奖。

2008 年

国家大豆产业技术体系子课题审批立项。

张万海开始承担"十一五""十二五"期间的国家大豆产业体系岗位专家工作。

刘淑华任国家"十一五""十二五"马铃薯产业技术体系呼伦贝尔综合试验站站长。

转基因生物新品种培育重大专项—东北抗除草剂转基因大豆新品种培育项目审批，项目执行过程中，培育了多个适宜呼伦贝尔地区种植的转基因大豆优质品系。

开始执行国家科技部 国际合作专项"马铃薯产业发展关键技术新型培养基的研发推广"与白俄罗斯合作项目。

闫任沛入选"内蒙古自治区有突出贡献的中青年专家"。

塔娜入选内蒙组织部"西部之光访问学者"，到中国农业科学院研修 1 年。

2009 年

登科 1 号通过国家农作物品种审定，审定编号：国审豆 2009001。

参加的"淀粉加工专用型马铃薯新品种云薯 201 选育和应用"获云南省科技进步二等奖。

呼伦贝尔市机构编委会决定在农研所设立市农牧业技术培训基地。

2010 年

马铃薯新品种蒙薯 16 号和大豆登科 3 号、蒙豆 32 号、蒙豆 33 号获得审定命名。

闫任沛、张志龙分别当选呼伦贝尔市"421 人才工程"第一、第二层次人才。

2011 年

"十二五"国家高新技术"863"子课题项目—"高产优质抗逆大豆分子育种与品种创制"项目获审批。

育成马铃薯新品种蒙薯 20 号。

农研所在呼伦贝尔市农牧业局主持下和扎兰屯市政府签订土地置换协议。协议规定，农研所原址除办公区、资源圃外，悉数转交扎兰屯，扎兰屯市交换中和 1 500 亩试验地给农研所，并在 2012 年底前提供补偿费 3 000 多万元，还要解决每年 98 万元的交通办公费用。

乔雪静获扎兰屯市科技人员兴村工程先进个人。

2012 年

承办国家大豆产业技术体系的中国北方大豆育种协作网会议，60 余位国内大豆育种专家在扎兰屯进行育种工作进展与经验交流和育种资源的互换。

国家科技部"十二五"国家科技支撑计划"马铃薯优质生产与产业升级技术研究与示范"项目圆满完成。

农研所 31 名科技人员参与扎兰屯组织部科技人员助村兴农活动。

蒙豆 34 号、蒙豆 35 号、蒙豆 36 号获得审定。

农研所试验地被扎兰屯河西开发区低价征占。置换区位于 48 千米外的中和镇。农研所试验区正式转移到中和。

2013 年

农研所参加的"大豆优异种质资源创制理论、技术与新品种选育及应用"项目，获吉林省科技进步二等奖。

"国审大豆蒙豆 14 号品种选育及推广应用"获呼伦贝尔市人民政府科技进步一等奖。

"向日葵病虫杂草综合防治技术研究与推广"获得内蒙古农牧业丰收二等奖。

育成马铃薯高淀粉新品种蒙薯 21 号，系内蒙古自治区第一个通过国家品种审定委员会审定命名的马铃薯新品种。

蒙豆 37 号、蒙豆 38 号获审定命名。

闫任沛荣获首届呼伦贝尔英才称号。

农研所有 11 名科技人员相继当选扎兰屯科技特派员，有多人获得市府和市委表彰。

农研所"大豆新品种培育产业创新人才团队"获得自治区认定，闫任沛为团队带头人。

农研所获得呼伦贝尔市委市政府授予的"文明单位标兵"称号。

2014 年

农研所海南三亚崖城南繁育种基地建成。

国家大豆改良中心呼伦贝尔分中心二期建设项目获得审批。

"国审大豆蒙豆 14 号品种选育及推广应用"和"马铃薯高淀粉品种资源的引进与开发利用推广"分获自治区农牧业丰收奖三等奖。"野生榛子人工栽培技术研究"获呼伦贝尔市科技进步三等奖。

孙宾成荣获"首届内蒙古科技标兵"并接替张万海成为国家大豆产业技术体系"育种岗位专家"。

2015 年

刘淑华晋升二级研究员。

农研所荣获自治区组织部、科技厅等十部委授予的"全区优秀法人科技特派员"称号。

"野生榛子栽培技术研究与推广"荣获内蒙古农业丰收二等奖。

姜波、刘连义、刘淑华、王贵平、任珂当选第七届中国马铃薯专业委员会委员。

玉米研究室协助内蒙古农业大学承担"十二五"国家科技支撑计划"粮食丰产科技工程"第三期工程。

闫任沛入选"自治区第五批草原英才"。

蒙豆 39 号获审定命名。

刘连义在扎兰屯中和镇带头参加大引领和科技扶贫、精准扶贫活动。

农研所从今年开始随内蒙古农牧科学院参加每年一度的全区农业工作会议。

闫任沛当选呼伦贝尔市首届 532 高层次人才培养工程第一层次人选。

张琪承担自治区青年创新基金项目（大豆）。

呼伦贝尔市委组织部连续两年，分别选派李殿军、郑连义挂职到扎兰屯任村支部第一书记，任职时间各一年。

2016 年

极早熟适合机械化收割玉米新品种呼单 517 获审定命名。

"大豆绿色增产增效技术集成模式研究与示范"项目，内蒙古地区的试验示范工作启动。

国家食用豆产业技术体系首席专家程如珍研究员率农业部专家考察组来农研所考查呼伦贝尔市综合试验站（食用豆）筹备情况。

农研所多名科技人员分别入选农牧业科技成果评审专家库入库专家、内蒙古科技厅选派的支援三区科技专家。

孙宾成、胡兴国、任珂等当选 2016 年度"呼伦贝尔市 532 高层次人才培养工程"第二层次人选。

孙宾成当选呼伦贝尔优秀科技人员。

农研所荣获第 7 届全市人才工作先进集体。

闫任沛、孙宾成参加呼伦贝尔市科技创新大会，分别获得呼伦贝尔市"十二五"期间科技创新先进个人。

刘连义同志从所长岗位退休。开创了农研所历史上一届所长任职最长记录。

高产优质大豆蒙豆 14、蒙豆 36、登科一号品种选育与推广应用，荣获自治区 2015 年度科技进步二等奖。

联合主持的"马铃薯晚疫病综合防治技术研究与推广"项目获自治区农牧业丰收三等奖。

呼伦贝尔市委组织部选派于晓刚到中和镇挂职党委副书记，任期一年。

2017 年

南繁基地配套试验地开始长期租用。

孙宾成、宋景荣分别当选十三五期间大豆、马铃薯国家产业技术体系呼伦贝尔综合试验站站长。

农研所再次入选自治区草原英才工程—大豆人才创新团队。

农研所大豆人才创新团队入选呼伦贝尔首届十佳团队。

植保人才创新团队入选呼伦贝尔科技创新团队。

孙如健入选西部之光访问学者，到中国农业科学院学习。

闫任沛入选呼伦贝尔首届十佳英才暨百名行业领军人才。

孙宾成、胡兴国分别入选第3届呼伦贝尔英才。

农研所国家农业科学试验站今年开始试运行。和作物资源、植保、天敌、农业环境、土肥5个国家数据中心完成对接，并在参加相关培训后陆续开展工作。

大豆蒙豆44、蒙豆45获自治区审定。大豆蒙豆359获国家农业部审定命名。

完成西山梨树资源圃围栏和输变电所内宽带和监控设备、中和试验地临路围栏、简易农机库等建设项目。

所务会成员和环节干部共11人，按照扎兰屯市委要求，集中精力继续在光荣村开展长期驻村精准扶贫。

闫任沛晋升二级研究员。

农牧局肖明华局长到农研所南繁基地考察。

农研所首次规模化向种子企业转让大豆、马铃薯品种权及高产栽培技术13项。

农研所获扎兰屯市科技创新先进集体。李东明、朱雪峰获扎兰屯市科技创新先进个人。

朱雪峰、乔雪静、姜波分别当选呼伦贝尔市和扎兰屯市人大代表、政协委员。

协作完成的"向日葵列当综合防控技术应用与推广"和"芸豆新品种引进及高产高效栽培技术研究与推广"项目分别获得自治区农牧业丰收奖一、二等奖。

农研所首次参加呼伦贝尔市农业生产技术标准的制定（马铃薯、蔬菜），有5项标准审定通过。

呼伦贝尔市委组织部选派于奇生到莫旗担任精准扶贫驻村工作队队员，为期一年。

2018 年

孙宾成受聘农业部大豆专家指导组成员。

精准扶贫工作进入决胜阶段。农研所扶贫人员增加到 32 名。

联合主持的"优质高产蒙字系列大豆新品种选育与应用"获得自治区 2016 年度科技进步二等奖"高油、稳产、广适应国审大豆黑农 70 的选育与推广"获黑龙江省科技进步三等奖；"高蛋白大豆蒙豆 30 号、蒙豆 36 号、蒙豆 37 号品种选育及推广应用"项目获得呼伦贝尔市科学技术进步奖一等奖。联合主持的"马铃薯晚疫病综合防治技术研究"获呼伦贝尔市科学技术进步奖二等奖。

蒙豆 1137、蒙豆 44 获国家审定命名；蒙豆 42、蒙豆 43 获自治区审定。

农研所和呼伦贝尔市最大的马铃薯种薯繁育企业呼垦薯业签订战略合作框架协议。

邹菲承担自治区青年创新基金项目（玉米）。

郭荣启承担自治区青年创新基金项目（大豆）。

主办"中国北方大豆育种协作网会议"获得圆满成功。

中国大豆著名专家邱丽娟、常汝镇等来所检查指导大豆转基因育种专项落实及进展情况，并开展了学术交流和研讨，对农研所科技人员的工作给予高度认可。

农研所和申宽生物研究所关于西山资源圃科技合作协议，经一年多反复修改征求意见，几易其稿，最后经农牧局党委会 9 月份正式通过。10 月初和乙方正式签订协议。

农研所参加农业部大豆转基因基地建设项目论证答辩会。

呼伦贝尔市委组织部选派朱雪峰到扎兰屯担任精准扶贫驻村工作队队员，为期一年。

根据呼伦贝尔市统一部署，农研所成立扫黑除恶专项领导小组。

农研所参加的"大豆优异种质挖掘、创新与利用"项目，获 2018 年度国家科技进步二等奖。

内蒙古农牧科学院翟秀书记、
刘永志副院长来所检查指导工作

白晨院长、胡明处长到大豆试验区检查指导

刘永志院长、白全江所长来农研所植保试验区
检查指导

中国农业科学院作物科学所万建民所长到
农研所大豆试验区检查指导

农牧局肖明华局长到南繁基地调研

肖明华局长检查南繁试验田

农牧局王向东副局长对农研所小水库水产养殖
进行检查指导

肖明华局长和南繁人员座谈

科技交流与合作

白俄罗斯专家交流参观

瑞士专家来所交流

接待蒙古国农业考察团

接待国际马铃薯中心专家

到白俄罗斯农业科学院交流参观

商讨梨园保护利用合作协议

主办大豆育种科技交流会

开展技术交流和培训

农研所大豆团队部分成员和前来交流的
黑龙江大豆体系专家合影

农业农村部大豆专家组到农研所考察交流

马铃薯专家李文刚来农研所基地考察

食用豆产业技术体系专家孔庆全到中和试验区
参观交流

接待扎兰屯实验小学科学种田体验

农研所果园接待海拉尔少年夏令营的小学生科普参观

全区优秀科技特派员证书

内蒙古科技进步奖二等奖证书

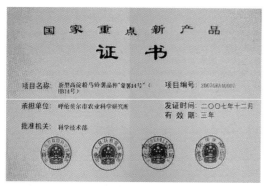

马铃薯蒙薯 14 号获国家新产品证书

孙宾成获奖证书

大豆病害研究获内蒙科技进步奖证书

马铃薯新品种选育获云南科技进步二等奖

内蒙古自治区科技进步一等奖

内蒙古自治区丰收三等奖

内蒙古自治区科技进步三等奖证书

内蒙古科技进步三等奖

突出贡献奖证书

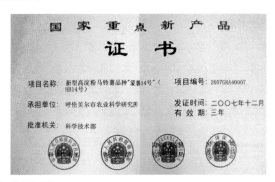

国家重点新产品证书

植物新品种权证书

吉林科技进步二等奖

新品种

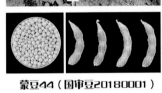

蒙豆1137（国审豆20180007）

蒙豆359（国审豆20170003）

蒙豆44（国审豆20180001）

蒙薯 10 号

蒙薯 12 号

连栋温室中的榛子雄穗

蒙薯 17 号

维拉斯

资源区的山丁子

果园中的绥李 3 号

果园中的黄李子

果园中的毛樱桃

中和试验区黑谷子引种试验

资源区的野生平榛

果园中的樱桃花

果园沙果花

果园沙果盛花期

专家指导

国家大豆产业技术体系首席专家韩天富研究员
来农研所检查指导

国家大豆转基因专项主持人邱丽娟研究员到
试验地检查

中国农业科学院大豆专家组一行在大豆试验区现场进行考评

中国科学院大豆专家朱宝阁来所交流指导

内蒙农科院大豆创新中心专家来所交流指导

中国马铃薯学会专家隋启君到试验基地检查指导

种子管理站专家领导到水稻试验地检查参观

内蒙古农业大学玉米专家高聚林教授到
玉米试验区检查指导

中国马铃薯学会秘书长陈伊里教授一行专家到
马铃薯试验区检查指导

内蒙古植保学会理事长白全江、副理事长胡俊到
植保试验区检查指导

植保专家、推广研究员陈申宽、王秋荣到农研所
基地检查指导

大豆室孙宾成研究员

大豆室郭荣启副研究员

植保室闫任沛研究员

马铃薯研究室主任刘淑华研究员

副所长李东明高级农艺师

生物室苏允华副研究员

大豆室张琪副研究员

生物室孙东显高级农艺师

园艺室塔娜研究员

植保室李殿军副研究员

玉米室李惠志研究员

大豆室胡兴国副研究员

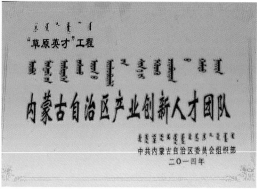

内蒙古大豆育种创新人才团队

任珂田间杂交授粉

植保团队到关门山水稻农民专业合作社开展技术服务

呼伦贝尔市农业科学研究所地理位置

扎兰屯吊桥公园

农研所老试验区 2011 年卫星俯瞰图

农研所老试验区 2018 年卫星俯瞰图

中和试验新区 2011 卫星俯瞰图

呼伦贝尔市农业科学研究所主要建筑

农研所综合办公楼

四楼会议室

联栋温室

呼伦贝尔市农业科学研究所试验基地

马铃薯原种繁殖基地

马铃薯原种繁殖基地（牙克石）

中和试验基地中的马铃薯试验区   梨树园的老树

晚秋金果

梨花绽放

小苹果开花

老试验区的向日葵试验地

老试验区的大豆试验区

中和大豆试验区

国营农场的大豆示范田

老试验区的大豆繁殖田

中和试验基地玉米秸秆收集机械正在作业

中和基地机械化播种和镇压作业

中和试验基地大豆新品种示范正在进行播种作业

大豆示范基地收获季节

收获的玉米

南繁基地

农研所南繁人员在海南繁育基地试验地边合影

老试验区防风林

科技特派员活动

农研所有 30 多名科技骨干定期到光荣村开展精准扶贫活动

开展扶贫知识培训

到阿荣旗参加市局组织的科技特派员三下乡活动

在中和镇开展精准扶贫科技讲座

在光荣村开展技术培训

参加扎兰屯市科技工作者日演讲比赛

参加科普活动

农研所科技特派员参加扎兰屯市科技大集，为农民展示和讲解新品种新技术

参加科技扶贫活动

科普宣传与赠送优质种子现场

到帮扶对象家中调查

到帮扶对象家中了解情况

参加科普宣传和成果展示

技术讲座

在示范展示田召开技术培训现场会

开发公司技术人员服务到田间

科技特派员现场指导马铃薯种植户进行种子处理

进行生产调查

马铃薯晚疫病药剂防治试验小区

在榛子选种圃调查

减肥减药现场会

南繁人员在海南崖州选择试验地

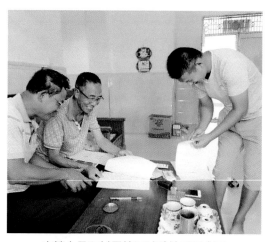

南繁人员和村民签订试验地租用合同

技术人员参加农业灾害损失评估

冒雨进行田间调查

进行无人机药防试验

到中药生产企业调查指导

试验小区正在播种

毛豆田间调查

水稻试验田

参加科普讲师团交流会

开发公司技术人员进行种子田定期检查

到农民合作社进行技术指导

到农民合作社现场指导

项目验收